国家出版基金资助项目

现代数学中的著名定理纵横谈丛书

丛书主编　王梓坤

PERMUTATION AND DICKSON POLYNOMIAL

置换与Dickson多项式

刘培杰数学工作室　编译

哈爾濱工業大學出版社

HARBIN INSTITUTE OF TECHNOLOGY PRESS

内容简介

本书共 26 章,主要内容包括:几个与剩余系相关的近年各国竞赛试题,几个与剩余系相关的奥数试题,迪克森多项式的几个新的性质等.

本书适合数学及相关专业学生和爱好者参考阅读.

图书在版编目(CIP)数据

置换与 Dickson 多项式 / 刘培杰数学工室编译. ——哈尔滨:哈尔滨工业大学出版社,2024.3
（现代数学中的著名定理纵横谈丛书）
ISBN 978 - 7 - 5767 - 0108 - 1

I. ①置… Ⅱ. ①刘… Ⅲ. ①置换群②多项式 Ⅳ. ①O152.1②O174.14

中国版本图书馆 CIP 数据核字(2022)第 109879 号

ZHIHUAN YU DICKSON DUOXIANGSHI

策划编辑　刘培杰　张永芹
责任编辑　王勇钢
封面设计　孙茵艾
出版发行　哈尔滨工业大学出版社
社　　址　哈尔滨市南岗区复华四道街 10 号　邮编 150006
传　　真　0451 - 86414749
网　　址　http://hitpress.hit.edu.cn
印　　刷　辽宁新华印务有限公司
开　　本　787 mm×960 mm　1/16　印张 20.5　字数 220 千字
版　　次　2024 年 3 月第 1 版　2024 年 3 月第 1 次印刷
书　　号　ISBN 978 - 7 - 5767 - 0108 - 1
定　　价　198.00 元

代序

读书的乐趣

你最喜爱什么——书籍.

你经常去哪里——书店.

你最大的乐趣是什么——读书.

这是友人提出的问题和我的回答.真的,我这一辈子算是和书籍,特别是好书结下了不解之缘.有人说,读书要费那么大的劲,又发不了财,读它做什么? 我却至今不悔,不仅不悔,反而情趣越来越浓.想当年,我也曾爱打球,也曾爱下棋,对操琴也有兴趣,还登台伴奏过.但后来却都一一断交,"终身不复鼓琴".那原因便是怕花费时间,玩物丧志,误了我的大事——求学.这当然过激了一些.剩下来唯有读书一事,自幼至今,无日少废,谓之书痴也可,谓之书橱也可,管它呢,人各有志,不可相强.我的一生大志,便是教书,而当教师,不多读书是不行的.

读好书是一种乐趣,一种情操;一种向全世界古往今来的伟人和名人求教的方法,一种和他们展开讨论的方式;一封出席各种活动、体验各种生活、结识各种人物的邀请信;一张迈进科学宫殿和未知世界的入场券;一股改造自己、丰富自己的强大力量.书籍是全人类有史以来共同创造的财富,是永不枯竭的智慧的源泉.失意时读书,可以使人重整旗鼓;得意时读书,可以使人头脑清醒;疑难时读书,可以得到解答或启示;年轻人读书,可明奋进之道;年老人读书,能知健神之理.浩浩乎! 洋洋乎! 如临大海,或波涛汹涌,或清风微拂,取之不尽,用之不竭.吾于读书,无疑义矣,三日不读,则头脑麻木,心摇摇无主.

潜能需要激发

我和书籍结缘,开始于一次非常偶然的机会.大概是八九岁吧,家里穷得揭不开锅,我每天从早到晚都要去田园里帮工.一天,偶然从旧木柜阴湿的角落里,找到一本蜡光纸的小书,自然很破了.屋内光线暗淡,又是黄昏时分,只好拿到大门外去看.封面已经脱落,扉页上写的是《薛仁贵征东》.管它呢,且往下看.第一回的标题已忘记,只是那首开卷诗不知为什么至今仍记忆犹新:

日出遥遥一点红,飘飘四海影无踪.

三岁孩童千两价,保主跨海去征东.

第一句指山东,二、三两句分别点出薛仁贵(雪、人贵).那时识字很少,半看半猜,居然引起了我极大的兴趣,同时也教我认识了许多生字.这是我有生以来独立看的第一本书.尝到甜头以后,我便千方百计去找书,向小朋友借,到亲友家找,居然断断续续看了《薛丁山征西》《彭公案》《二度梅》等,樊梨花便成了我心

2

中的女英雄.我真入迷了.从此,放牛也罢,车水也罢,我总要带一本书,还练出了边走田间小路边读书的本领,读得津津有味,不知人间别有他事.

当我们安静下来回想往事时,往往会发现一些偶然的小事却影响了自己的一生.如果不是找到那本《薛仁贵征东》,我的好学心也许激发不起来.我这一生,也许会走另一条路.人的潜能,好比一座汽油库,星星之火,可以使它雷声隆隆、光照天地;但若少了这粒火星,它便会成为一潭死水,永归沉寂.

抄,总抄得起

好不容易上了中学,做完功课还有点时间,便常光顾图书馆.好书借了实在舍不得还,但买不到也买不起,便下决心动手抄书.抄,总抄得起.我抄过林语堂写的《高级英文法》,抄过英文的《英文典大全》,还抄过《孙子兵法》,这本书实在爱得狠了,竟一口气抄了两份.人们虽知抄书之苦,未知抄书之益,抄完毫末俱见,一览无余,胜读十遍.

始于精于一,返于精于博

关于康有为的教学法,他的弟子梁启超说:"康先生之教,专标专精、涉猎二条,无专精则不能成,无涉猎则不能通也."可见康有为强烈要求学生把专精和广博(即"涉猎")相结合.

在先后次序上,我认为要从精于一开始.首先应集中精力学好专业,并在专业的科研中做出成绩,然后逐步扩大领域,力求多方面的精.年轻时,我曾精读杜布(J. L. Doob)的《随机过程论》,哈尔莫斯(P. R. Halmos)的《测度论》等世界数学名著,使我终身受益.简言之,即"始于精于一,返于精于博".正如中国革命一样,必须先有一块根据地,站稳后再开创几块,最后连成一片.

丰富我文采,澡雪我精神

辛苦了一周,人相当疲劳了,每到星期六,我便到旧书店走走,这已成为生活中的一部分,多年如此.一次,偶然看到一套《纲鉴易知录》,编者之一便是选编《古文观止》的吴楚材.这部书提纲挈领地讲中国历史,上自盘古氏,直到明末,记事简明,文字古雅,又富于故事性,便把这部书从头到尾读了一遍.从此启发了我读史书的兴趣.

我爱读中国的古典小说,例如《三国演义》和《东周列国志》.我常对人说,这两部书简直是世界上政治阴谋诡计大全.即以近年来极时髦的人质问题(伊朗人质、劫机人质等),这些书中早就有了,秦始皇的父亲便是受害者,堪称"人质之父".

《庄子》超尘绝俗,不屑于名利.其中"秋水""解牛"诸篇,诚绝唱也.《论语》束身严谨,勇于面世,"己所不欲,勿施于人",有长者之风.司马迁的《报任少卿书》,读之我心两伤,既伤少卿,又伤司马;我不知道少卿是否收到这封信,希望有人做点研究.我也爱读鲁迅的杂文,果戈理、梅里美的小说.我非常敬重文天祥、秋瑾的人品,常记他们的诗句:"人生自古谁无死,留取丹心照汗青""休言女子非英物,夜夜龙泉壁上鸣".唐诗、宋词、《西厢记》《牡丹亭》,丰富我文采,澡雪我精神,其中精粹,实是人间神品.

读了邓拓的《燕山夜话》,既叹服其广博,也使我动了写《科学发现纵横谈》的心.不料这本小册子竟给我招来了上千封鼓励信.以后人们便写出了许许多多的"纵横谈".

从学生时代起,我就喜读方法论方面的论著.我想,做什么事情都要讲究方法,追求效率、效果和效益,方法好能事半而功倍.我很留心一些著名科学家、文学家写的心得体会和经验.我曾惊讶为什么巴尔扎克在51年短短的一生中能写出上百本书,并从他的传记中去寻找答案.文史哲和科学的海洋无边无际,先哲们的明智之光沐浴着人们的心灵,我衷心感谢他们的恩惠.

读书的另一面

以上我谈了读书的好处,现在要回过头来说说事情的另一面.

读书要选择.世上有各种各样的书:有的不值一看,有的只值看20分钟,有的可看5年,有的可保存一辈子,有的将永远不朽.即使是不朽的超级名著,由于我们的精力与时间有限,也必须加以选择.决不要看坏书,对一般书,要学会速读.

读书要多思考.应该想想,作者说得对吗?完全吗?适合今天的情况吗?从书本中迅速获得效果的好办法是有的放矢地读书,带着问题去读,或偏重某一方面去读.这时我们的思维处于主动寻找的地位,就像猎人追找猎物一样主动,很快就能找到答案,或者发现书中的问题.

有的书浏览即止,有的要读出声来,有的要心头记住,有的要笔头记录.对重要的专业书或名著,要勤做笔记,"不动笔墨不读书".动脑加动手,手脑并用,既可加深理解,又可避忘备查,特别是自己的灵感,更要及时抓住.清代章学诚在《文史通义》中说:"札记之功必不可少,如不札记,则无穷妙绪如雨珠落大海矣."

许多大事业、大作品,都是长期积累和短期突击相结合的产物.涓涓不息,将成江河;无此涓涓,何来江河?

爱好读书是许多伟人的共同特性,不仅学者专家如此,一些大政治家、大军事家也如此.曹操、康熙、拿破仑、毛泽东都是手不释卷,嗜书如命的人.他们的巨大成就与毕生刻苦自学密切相关.

王梓坤

目录

第一编　数学奥林匹克中的有关剩余系的问题

第1章　几个与剩余系相关的近年各国竞赛试题 //3

第1节　两道简单的试题 //3

第2节　从一道伊朗数学奥林匹克试题的解法谈起 //5

第3节　F_p 上的迪克森多项式 //16

第2章　几个与剩余系相关的奥数试题 //22

第1节　剩余类、完系和缩系的若干问题 //22

第2节　一个整系数多项式及同余方程问题 //39

第3节　覆盖同余系 //42

第二编　迪克森多项式

第 3 章　迪克森多项式的几个新的性质 //47

第 1 节　简介 //47

第 2 节　定义与一些基本结果 //48

第 3 节　主要结果 //50

参考文献 //58

第 4 章　关于迪克森多项式 $g_d(x, \pm 1)$ 的不动点问题 //59

第 1 节　引言 //59

第 2 节　主要结果和引理 //61

第 3 节　定理的证明 //63

第 5 章　关于迪克森多项式的不动点问题 //67

第 6 章　迪克森多项式 $g_e(x, 1)$ 公钥密码体制的新算法 //75

第 1 节　引言 //75

第 2 节　整数的标准二进制表示 //77

第 3 节　群元素的整数倍的计算 //79

第 4 节　交换半群 $(R^2, \oplus)$ 及其子群 //80

第 5 节　迪克森多项式 $g_e(x,1)$ 公钥密码体制及其新算法 //81

第 6 节　例 //84

第 7 章　基于 n 阶迪克森多项式的公钥密码系统 //88

第 1 节　预备知识 //89

第 2 节　n 阶的迪克森多项式及其性质 //90

第 3 节　基于 n 阶迪克森多项式的公钥密码体制　//93

参考文献　//96

第 8 章　用迪克森多项式构造差集　//97

第 1 节　简介与背景　//97

第 2 节　定义与基本结果　//100

第 3 节　主要结果　//103

第 4 节　例题　//108

第三编　迪克森论模 p 多项式

第 9 章　模 p 多项式的表示式　//113

第 1 节　变换的解析表示, 整数模 p 的多项式表示　//113

第 2 节　特定性质的数的多项式表示　//118

第 10 章　型的同余理论　//121

第 1 节　模不变量和模共变量　//121

第 2 节　模形式简化为标准型　//130

第 3 节　模不变量和模共变量的形式　//133

第 11 章　$x^N \pm a$ 在有限域上的完全分解　//137

第 1 节　引言　//137

第 2 节　预备知识　//139

第 3 节　主要结果　//142

第 4 节　总结　//164

参考文献　//164

第四编　置换与置换多项式

第 12 章　置换序列与置换多项式　//169

第 1 节　置换序列　//169

3

第 2 节　置换多项式的判别与构造　//171

第 13 章　Z/mZ 上的多元置换多项式　//179

第 1 节　引言　//179

第 2 节　定理的证明　//181

第 14 章　R_m 的置换多项式与科斯塔斯矩阵　//188

第 1 节　符号与定义　//188

第 2 节　引理和推论　//189

第 3 节　结果及其证明　//190

第 15 章　有限域 F_8 上正形置换多项式的计算　//196

第 1 节　预备知识　//197

第 2 节　特征为 2 的有限域上正形置换多项式的判定准则　//198

第 3 节　F_8 上正形置换多项式的判定及计数　//199

参考文献　//203

第 16 章　关于正形置换多项式的注记　//204

第 1 节　引言　//204

第 2 节　预备知识　//205

第 3 节　主要结果和证明　//207

参考文献　//213

第 17 章　有限域 F_{2^n} 上的 2 类正形置换多项式研究　//215

第 1 节　概述　//215

第 2 节　预备知识　//216

第 3 节　$2^d - 1$ 次和 2^d 次正形置换多项式的判定准则　//217

第 4 节　结束语　//223

参考文献　//224

第 18 章　Cyclotomic Polynomials，Primes Congruent to
　　　　　1 mod n　//225

第 19 章　一种正形置换的逐位递增构造方法　//231
　　第 1 节　引言　//231
　　第 2 节　正形置换的定义　//232
　　第 3 节　构造方法及证明　//233
　　第 4 节　应用实例　//238
　　第 5 节　构造方法的性能分析　//239
　　第 6 节　结束语　//241
　　参考文献　//241

第 20 章　特征为 2 的有限域上一类正形置换多项式
　　　　　的非存在性　//243
　　第 1 节　一类正形置换多项式的非存在性　//245
　　第 2 节　有限域 F_{2^n} 上的 4 次正形置换多项式的计数　//
　　　　　253
　　第 3 节　结语　//257
　　参考文献　//258

第 21 章　有限域上一类正形置换多项式　//259
　　第 1 节　引言　//259
　　第 2 节　预备知识　//260
　　第 3 节　主要结果和证明　//262
　　参考文献　//267

第五编　正形置换

第 22 章　关于正形置换的构造　//271
　　第 1 节　引言　//271

第 2 节　正形置换的构造　//272

第 23 章　一种改进的非线性正形置换构造方法及其性能分析　//277

第 1 节　正形置换的定义、记号及有关结果　//278

第 2 节　$NLOP_n$ 的构造方法及其改进　//280

第 3 节　$NLOP_n$ 的差值非线性度　//284

第 4 节　结束语　//285

第 24 章　正形置换的刻画与计数　//286

第 1 节　预备知识　//287

第 2 节　正形置换多项式及其性质　//288

第 3 节　正形置换的刻画　//290

第 4 节　有关正形置换的计数问题　//292

第 5 节　结论　//294

参考文献　//294

第 25 章　正形置换的枚举与计数　//295

第 1 节　引言　//295

第 2 节　和阵　//297

第 3 节　正形置换的枚举法　//300

第 4 节　正形置换计数的上下界　//303

第 5 节　结束语　//305

参考文献　//306

第 26 章　关于正形置换的构造及计数　//307

第 1 节　正形置换的分类及其有关结果　//308

第 2 节　LOP_n 及 $MLOP_n$ 的构造及计数　//309

第 3 节　结束语　//313

参考文献　//314

第一编

数学奥林匹克中的
有关剩余系的问题

几个与剩余系相关的近年各国竞赛试题

第 1 章

第 1 节 两道简单的试题

我们先来看一道简单的竞赛试题：

试题 1 n, r 为正整数 $(n \geqslant 2)$，r 不是 n 的倍数，g 是 n 与 r 的最大公约数，求证

$$\sum_{i=1}^{n-1} \left\{ \frac{ri}{n} \right\} = \frac{1}{2}(n - g)$$

其中 $\{x\} = x - [x]$ 为 x 的非负小数部分.

这是 1995 年日本数学奥林匹克的第一题.

证 记 $n = g n_1$，$r = g r_1$，则 $(n_1, r_1) = 1$，且

$$\sum_{i=1}^{n-1} \left\{ \frac{ri}{n} \right\} = \sum_{i=1}^{n} \left\{ \frac{ri}{n} \right\} = g \sum_{i=1}^{n_1} \left\{ \frac{r_1 i}{n_1} \right\}$$

由于 $\{r_1 i\}$ $(i = 1, 2, \cdots, n_1)$ 构成模 n_1 的一个完全剩余系，所以

3

$$\sum_{i=1}^{n_1} \left\{ \frac{r_1 i}{n_1} \right\} = \frac{1}{n_1}(0 + 1 + \cdots + (n_1 - 1))$$

$$= \frac{1}{2}(n_1 - 1)$$

故

$$\sum_{i=1}^{n-1} \left\{ \frac{ri}{n} \right\} = g \cdot \frac{1}{2}(n_1 - 1)$$

$$= \frac{1}{2}(n - g)$$

日本的数学奥林匹克开展得比较晚,其试题公认比较简单,但是由于其强大的数学研究实力及其全球化的视野,其试题的背景往往很深刻且紧跟主流,所以本题从数学普及的角度看还是有其内在价值的.

剩余系和完全剩余系是初等数论中的基本概念,非常适合出现在以选拔数学人才为目标的数学奥林匹克竞赛中,在世界各国各个时期的试题中都广泛出现过.

再举一例.

试题 2 求所有的正整数 n,使得存在 $1,2,\cdots,n$ 的一个排列 $(p_1, p_2, \cdots, p_n)$,满足集合 $\{p_i + i \mid 1 \leqslant i \leqslant n\}$ 和 $\{p_i - i \mid 1 \leqslant i \leqslant n\}$ 均组成模 n 的完全剩余系.

(2012 年塞尔维亚数学奥林匹克)

解 先假设满足条件的排列存在.

因为 $\{p_i + i \mid 1 \leqslant i \leqslant n\}$ 为模 n 的完全剩余系,所以

$$\sum_{k=1}^{n} k \equiv \sum_{i=1}^{n}(p_i + i) \equiv \sum_{i=1}^{n} i + \sum_{i=1}^{n} p_i \equiv 2\sum_{k=1}^{n} k$$

$$\equiv n(n+1) \equiv 0 \pmod{n}$$

因此

$$\sum_{k=1}^{n} k = \frac{n(n+1)}{2} \equiv 0 \pmod{n}$$

从而,$(n,2) = 1$.

同理

$$
\begin{aligned}
2\sum_{k=1}^{n} k^2 &\equiv \sum_{i=1}^{n} \left[(p_i + i)^2 + (p_i - i)^2 \right] \\
&\equiv \sum_{i=1}^{n} (2p_i^2 + 2i^2) \\
&\equiv 4\sum_{k=1}^{n} k^2 \pmod{n}
\end{aligned}
$$

故

$$2\sum_{k=1}^{n} k^2 \equiv \frac{n(n+1)(2n+1)}{3} \equiv 0 \pmod{n}$$

从而,$(n,3) = 1$. 综上,$(n,6) = 1$.

另一方面,当 $(n,6) = 1$ 时,构造全排列 $(p_1, p_2, \cdots, p_n)$,有

$$p_i \equiv 2i \pmod{n} \quad (p_i \in \{1,2,\cdots,n\})$$

此时

$$\{p_i + i \mid 1 \le i \le n\} \equiv \{3i \mid 1 \le i \le n\} \pmod{n}$$
$$\{p_i - i \mid 1 \le i \le n\} \equiv \{i \mid 1 \le i \le n\} \pmod{n}$$

均为模 n 的完全剩余系,即满足题设条件.

第 2 节　从一道伊朗数学奥林匹克试题的解法谈起

试题 3　设 p 是一个奇素数. 若整系数多项式 $f(x) = \sum_{j=0}^{n} a_j x^j$ 满足 $\sum_{\substack{(p-1) \mid j \\ j > 0}} a_j \equiv i \pmod{p}$,则称 $f(x)$ 为

置换与 Dickson 多项式

"i – 剩余". 证明：$\{f(0),f(1),\cdots,f(p-1)\}$ 为模 p 的完全剩余系当且仅当多项式 $f(x),f^2(x),\cdots,f^{p-2}(x)$ 为 0 – 剩余，$f^{p-1}(x)$ 为 1 – 剩余.

（2011—2012 年第 29 届伊朗数学奥林匹克第三轮）

证 先证明一个引理.

引理：设 p 是一个奇素数，k 是一个正整数，则在模 p 的意义下

$$\sum_{i=0}^{p-1} i^k \equiv \begin{cases} 0 & (p-1) \nmid k \\ -1 & (p-1) \mid k \end{cases}$$

证明：若 $(p-1) \mid k$，由费马小定理，知当 $1 \leq i \leq p-1$ 时，均有

$$i^{p-1} \equiv 1 \pmod p$$

从而

$$i^k \equiv 1 \pmod p$$

因此

$$\sum_{i=0}^{p-1} i^k \equiv p-1 \equiv -1 \pmod p$$

若 $(p-1) \nmid k$，设 g 为模 p 的一个原根，则

$$\sum_{i=0}^{p-1} i^k = \sum_{i=1}^{p-1} i^k \equiv \sum_{i=1}^{p-1} g^{ik} \equiv \frac{g^k[g^{k(p-1)}-1]}{g^k-1}$$
$$\equiv 0 \pmod p \quad (g^k \not\equiv 1 \pmod p)$$

回到原题.

对于每一个整系数多项式 $f(x) = \sum_{n=0}^{m} a_n x^n$，有

$$\sum_{i=0}^{p-1} f(i) \equiv \sum_{i=0}^{p-1} \sum_{n=0}^{m} a_n i^n \equiv \left(\sum_{n=0}^{m} a_n\right)\left(\sum_{i=0}^{p-1} i^n\right)$$
$$\equiv -\sum_{\substack{(p-1)\mid n \\ n>0}} a_n \pmod p$$

若 $f(0),f(1),\cdots,f(p-1)$ 为模 p 的完全剩余系，则对所有的整数 $s(1 \leq s \leq p-2)$，均有

6

$$\sum_{i=0}^{p-1} f^s(i) \equiv 0 \pmod{p}$$

即 $f(x), f^2(x), \cdots, f^{p-2}(x)$ 均为 0 – 剩余.

因为 $-\sum_{i=0}^{p-1} f^{p-1}(i) \equiv 1 \pmod{p}$,所以,$f^{p-1}(x)$ 为 1 – 剩余.

反之,由必要性的证明,知只要证:若 p 个整数 $a_0, a_1, \cdots, a_{p-1}$ 满足

$$a_0^i + a_1^i + \cdots + a_{p-1}^i \equiv 0 \pmod{p} \quad (1 \leq i \leq p-2)$$
$$a_0^{p-1} + a_1^{p-1} + \cdots + a_{p-1}^{p-1} \equiv -1 \pmod{p}$$

则 $\{a_0, a_1, \cdots, a_{p-1}\}$ 为模 p 的一个完全剩余系.

设

$$g(x) = (x - a_0)(x - a_1) \cdots (x - a_{p-1})$$
$$= x^p + b_1 x^{p-1} + \cdots + b_{p-1} x + b_p$$
$$s_i = a_0^i + a_1^i + \cdots + a_{p-1}^i \quad (i \in \mathbf{Z}_+)$$

若对于每个整数 $i(0 \leq i \leq p-1)$,均有

$$a_i \not\equiv 0 \pmod{p}$$

由费马小定理,知 $-1 \equiv a_0^{p-1} + a_1^{p-1} + \cdots + a_{p-1}^{p-1} \equiv \underbrace{1 + 1 + \cdots + 1}_{p} \equiv 0 \pmod{p}$,矛盾.

因此,存在整数 $j(0 \leq j \leq p-1)$ 使得

$$a_j \equiv 0 \pmod{p}$$

从而

$$b_p \equiv 0 \pmod{p}$$

由牛顿恒等式知

$$\begin{cases} s_1 + b_1 = 0 \\ s_2 + b_1 s_1 + 2b_2 = 0 \\ s_3 + b_1 s_2 + b_2 s_1 + 3b_3 = 0 \\ \vdots \\ s_{p-1} + b_1 s_{p-2} + \cdots + b_{p-2} s_1 + (p-1)b_{p-1} = 0 \end{cases}$$

7

于是,由 $s_1 + b_1 = 0$ 及
$$s_1 \equiv 0(\bmod p) \Rightarrow b_1 \equiv 0(\bmod p)$$
由 $s_2 + b_1 s_1 + 2b_2 = 0$ 及
$$s_1 \equiv s_2 \equiv 0(\bmod p) \Rightarrow 2b_2 \equiv 0(\bmod p)$$
$$\Rightarrow b_2 \equiv 0(\bmod p)$$
$$\vdots$$

由
$$s_{p-2} + b_1 s_{p-3} + \cdots + b_{p-3}s_1 + (p-2)b_{p-2} = 0$$
及
$$s_1 \equiv s_2 \equiv \cdots \equiv s_{p-2} \equiv 0(\bmod p)$$
$$\Rightarrow (p-2)b_{p-2} \equiv 0(\bmod p)$$
$$\Rightarrow b_{p-2} \equiv 0(\bmod p)$$

由
$$s_{p-1} + b_1 s_{p-2} + \cdots + b_{p-2}s_1 + (p-1)b_{p-1} = 0$$
$$s_1 \equiv s_2 \equiv \cdots \equiv s_{p-2} \equiv 0(\bmod p)$$
及
$$s_{p-1} \equiv -1(\bmod p) \Rightarrow (p-1)b_{p-1} \equiv 1(\bmod p)$$
$$\Rightarrow b_{p-1} \equiv -1(\bmod p)$$

故
$$g(x) \equiv x^p - x = x(x-1)\cdots[x-(p-1)](\bmod p)$$
从而,$g(x)$ 在模 p 意义下的根既为 $\{a_0, a_1, \cdots, a_{p-1}\}$,
又为 $\{0, 1, \cdots, p-1\}$.

因此,$\{a_0, a_1, \cdots, a_{p-1}\}$ 为模 p 的完全剩余系.

试题 4 求所有正整数 n,满足对任意整数 k,存在一个整数 a,使得 $a^3 + a - k$ 被 n 整除.

(2014 年亚太地区数学奥林匹克)

解法一 本题要求的 n 是使得
$$A = \{a^3 + a \mid a \in \mathbf{Z}\}$$

为一个模 n 的完备剩余系. 我们不妨设此性质为
$(*)$. 显然 $n = 1$ 符合性质 $(*)$,但 $n = 2$ 不符合.

首先,若 $a \equiv b(\bmod n)$,则
$$a^3 + a \equiv b^3 + b(\bmod n)$$
故 n 符合性质 $(*)$ 当且仅当不存在 $\{0,1,2,\cdots,n-1\}$
中的不同的两数 a,b,使得
$$a^3 + a \equiv b^3 + b(\bmod n)$$
现在我们证明 $3^j(j \geqslant 1)$ 符合性质 $(*)$. 若
$$a^3 + a \equiv b^3 + b(\bmod 3^j)$$
其中 $a \neq b$,则必须
$$a^2 + ab + b^2 + 1 \equiv 0(\bmod 3^j)$$
而容易验证
$$3 \mid (a^2 + ab + b^2 + 1)$$

下一步,我们注意到,若集合 A 不是一个模 r 的完
备剩余系,则也不会是 r 的任何一个倍数的完备剩余
系,因此我们只要证明对任何素数 $p > 3$,p 不符合性质
$(*)$ 即可.

若 $p \equiv 1(\bmod 4)$,我们知道 -1 是 p 的二次剩余,
故存在 b,使得 $b^2 \equiv -1(\bmod p)$,我们再取 $a = 0 \neq b$,
此时
$$a^3 + a \equiv b^3 + b(\bmod p)$$
现在我们假设 $p \equiv 3(\bmod 4)$,我们将证明存在 $a,b \equiv$
$0(\bmod p)$,使得
$$a^2 + ab + b^2 \equiv -1(\bmod p)$$
若 $a \equiv b(\bmod p)$ 满足
$$a^2 + ab + b^2 \equiv -1(\bmod p)$$
则 $(-2a)^2 + (-2a)a + a^2 + 1 \equiv 0(\bmod p)$,且
$$-2a \equiv a(\bmod p)$$

故取 $b = -2a$ 即可. 所以我们不妨设 $a \equiv b \pmod{p}$, 取 b 在模 p 的剩余系中的逆元 c (即 $bc \equiv 1 \pmod{p}$), 故

$$a^2 + ab + b^2 + 1 \equiv 0 \pmod{p}$$

等价于

$$(ac)^2 + ac + 1 \equiv -c^2 \pmod{p}$$

而由于 $p \equiv 3 \pmod{4}$, 故 $-c^2$ 可取遍 p 的所有非二次剩余, 所以如果我们找到一个整数 x, 使得 $x^2 + x + 1$ 是 p 的一个非二次剩余, 我们便可确定出 a, c 的值, 从而得到符合需要的 a, b.

注意到若

$$x, y \in B = \{0, 1, 2, \cdots, p-1\}$$

则

$$x^2 + x + 1 \equiv y^2 + y + 1 \pmod{p}$$

当且仅当 $p \mid x + y + 1$, 即 $x + y + 1 = p$, 从而当 x 遍历集合 B 时, $x^2 + x + 1$ 可取 $\dfrac{p+1}{2}$ 个不同的值, 而 p 只有 $\dfrac{p-1}{2}$ 个非二次剩余, 故这 $\dfrac{p+1}{2}$ 个值一定为 0 及所有的二次剩余. 令集合 C 表示 p 的所有二次剩余及 0, 记 $y \in C$, 则存在 z, 使得 $y \equiv z^2 \pmod{p}$, 由于 p 为奇数, 故总存在整数 w, 使得 $z \equiv 2w + 1 \pmod{p}$, 从而

$$y + 3 = 4(w^2 + w + 1) \pmod{p}$$

由之前的论述知 $4(w^2 + w + 1) \in C$, 这便说明了 $y \in C$ 可推出 $y + 3 \in C$, 而 $p > 3$, 故 $(p, 3) = 1$, 从而 B 中所有元素均可被推出在集合 C 中, 矛盾.

解法二 取 p 为 n 的素因数, 故当 $1 \leqslant a \leqslant p-1$ 时, $a^3 + a \pmod{p}$ 应为 $1, 2, \cdots, p-1$ 的一个排列. 当 $p = 2$ 时, 只可能 $a^3 + a \equiv 0 \pmod 2$, 不符合题意. 当 $p \geqslant 3$ 时

$$\prod_{a=1}^{p-1}(a^3+a)\equiv(p-1)!(\mathrm{mod}\ p)$$

$$左边\equiv\prod_{a=1}^{p-1}a\cdot\prod_{a=1}^{p-1}(a^2+1)$$

$$\equiv(p-1)!\prod_{a=1}^{p-1}(a^2+1)(\mathrm{mod}\ p)$$

而由威尔逊(Wilson)定理知

$$(p-1)!\equiv-1(\mathrm{mod}\ p)$$

从而

$$\prod_{a=1}^{p-1}(a^2+1)\equiv1(\mathrm{mod}\ p)$$

注意到若

$$a^2+1\equiv s(\mathrm{mod}\ p)$$

则

$$a^2\equiv s-1(\mathrm{mod}\ p)$$

由费马小定理可知

$$(s-1)^{\frac{p-1}{2}}\equiv a^{p-1}\equiv1(\mathrm{mod}\ p)$$

且每个不同的 s 可对应 2 个不同的 a,从而当 a 取遍 1,$2,\cdots,p-1$ 时,一共会有 $\dfrac{p-1}{2}$ 个 s,这些 s 恰为方程

$$(x^2-1)^{\frac{p-1}{2}}\equiv1(\mathrm{mod}\ p)$$

的 $\dfrac{p-1}{2}$ 个不同的解. 由韦达定理知这些解的乘积为

$(-1)^{\frac{p-1}{2}}-1(\mathrm{mod}\ p)$,即 0 或 2,故

$$\prod_{a=1}^{p-1}(a^2+1)\equiv0^2\ 或\ 2^2(\mathrm{mod}\ p)$$

为 0^2 或 2^2,从而 $0\equiv1(\mathrm{mod}\ p)$ 或 $4\equiv1(\mathrm{mod}\ p)$,而 $p\geqslant3$,所以只能 $p=3$. 至于验证 $n=3^b(b\geqslant1)$ 均符

合题意,可参阅解法一的前半段.

试题 5 设 p 是一个素数,a,k 是正整数,满足

$$p^a < k < 2p^a$$

证明:存在正整数 n,使得

$$n < p^{2a}$$

且

$$C_n^k \equiv n \equiv k \pmod{p^a}$$

(第 54 届 IMO 中国国家队选拔考试)

证法一 我们证明加强的命题:对任意的非负整数 b,存在正素数 n,满足 $n < p^{a+b}$

$$n \equiv k \pmod{p^a} \text{ 且 } C_n^k \equiv k \pmod{p^b}$$

原命题即是 $a = b$ 的特殊情形.

当 $b = 0$ 时,$p^b = 1$,取 $n = k - p^a$ 即可.

假设结论在 b 时成立,设正整数 $n < p^{a+b}$ 满足

$$n \equiv k \pmod{p^a} \text{ 且 } C_n^k \equiv k \pmod{p^b}$$

设 $1 \leqslant t \leqslant p - 1$,考虑

$$C_{n+tp^{a+b}}^k = \prod_{i=0}^{k-1} \frac{n + tp^{a+b} - i}{k - i}$$

对整数 m,设 $P(m) = p^{v_p(m)}$,$r(m) = \dfrac{m}{P(m)}$. 这里,$v_p(m)$ 表示 p 在 m 的标准分解中出现的次数.

由于

$$k - i < 2p^a \leqslant p^{a+1}$$

故

$$v_p(k - i) \leqslant a$$

又

$$n - i \equiv k - i \pmod{p^a}$$

故

$$P(k - i) \mid n + tp^{a+b} - i$$

于是

$$C_{n+tp^{a+b}}^{k} = \prod_{i=0}^{k-1} \frac{\dfrac{n-i}{P(k-i)} + tp^{a+b-v_p(k-i)}}{r(k-i)}$$

当 $j - i \neq p^a$ 时

$$v_p(k - i) \leqslant a - 1$$
$$a + b - v_p(k - i) \geqslant b + 1$$

而当 $k - i = p^a$ 时

$$v_p(k - i) = a$$

故

$$C_{n+tp^{a+b}}^{k} \equiv \prod_{i=0}^{k-1} \frac{n-i}{P(k-i)r(k-i)} +$$

$$\Big(\prod_{\substack{0 \leqslant i \leqslant k-1 \\ i \neq k-p^a}}^{k-1} \frac{n-i}{P(k-i)r(k-i)} \Big) \cdot tp^{b}$$

$$\equiv C_n^k + \Big(\prod_{\substack{0 \leqslant i \leqslant k-1 \\ i \neq k-p^a}}^{k-1} \frac{r(n-i)}{r(k-i)} \Big) \cdot tp^{b} \pmod{p^{b+1}}$$

这只要注意到当 $k - i \neq p^a$ 时,由于

$$p^a \mid (n - i) - (k - i)$$

故 $v_p(n - i) = v_p(k - i)$.

由于 $\displaystyle\prod_{\substack{0 \leqslant i \leqslant k-1 \\ i \neq k-p^a}}^{k-1} \frac{r(n-i)}{r(k-i)}$ 是与 p 互素的整数,故

$$C_{n+tp^{a+b}}^{k} \quad (0 \leqslant t \leqslant p - 1)$$

取遍模 p^{b+1} 的如下一些余数

$$C_n^k + jp^b \quad (j = 0, 1, \cdots, p - 1)$$

由于 $C_n^k \equiv k \pmod{p^b}$,故存在 $j(0 \leqslant j \leqslant p - 1)$,使得

$$\mathrm{C}_n^k + jp^b \equiv k (\bmod p^{b+1})$$

即存在 $t(0 \le t \le p-1)$，使得

$$\mathrm{C}_{n+tp^{a+b}}^k \equiv k (\bmod p^{b+1})$$

令 $N = n + tp^{a+b}$，则 $N < p^{a+b+1}$

$$N \equiv n \equiv k (\bmod p^a) \text{ 且 } \mathrm{C}_N^k \equiv k (\bmod p^{b+1})$$

由数学归纳法可知，加强的命题获证. 因此原结论成立.

证法二　证明：$\mathrm{C}_{k+tp^a}^k (t = -1,0,1,\cdots,p^a-2)$ 这 p^a 个数构成模 p^a 的一个完全剩余系.

约定 $v_p(m)$ 为 m 的素因数分解中素数 p 的次数. 令

$$r_p(m) = \frac{m}{p^{v_p(m)}}$$

注意到

$$p^a < k < 2p^a$$

故对每个 $t \in \{-1,0,1,\cdots,p^a-2\}$，有

$$
\begin{aligned}
\mathrm{C}_{k+tp^a}^k &= \prod_{i=1}^{k} \frac{i + tp^a}{i} \\
&= \frac{p^a + tp^a}{p^a} \prod_{\substack{i=1 \\ i \ne p^a}}^{k} \frac{p^{v_p(i)} r_p(i) + tp^a}{p^{v_p(i)} r_p(i)} \\
&= (1 + t) \prod_{\substack{i=1 \\ i \ne p^a}}^{k} \frac{r_p(i) + tp^{a-v_p(i)}}{r_p(i)} \\
&= (1 + t) \frac{M(t)}{M}
\end{aligned}
$$

其中

$$M(t) = \prod_{\substack{i=1 \\ i \ne p^a}}^{k} (r_p(i) + tp^{a-v_p(i)})$$

14

$$M = \prod_{\substack{i=1 \\ i \neq p^a}}^{k} r_p(i)$$

当 $1 \leqslant i \leqslant k (i \neq p^a)$ 时，由 $v_p(i) \leqslant a-1$，知

$$(r_p(i) + tp^{a-v_p(i)}, p) = (r_p(i), p) = 1$$

从而，$(M(t), p) = (M, p) = 1.$

假设存在整数 $t, s(-1 \leqslant t < s \leqslant p^a - 2)$，使

$$C_{k+tp^a}^k \equiv C_{k+sp^a}^k (\bmod p^a)$$

则

$$
\begin{aligned}
(1+t)M(t) &= MC_{k+tp^a}^k \\
&\equiv MC_{k+sp^a}^k \\
&= (1+s)M(s)(\bmod p^a)
\end{aligned}
$$

记

$$s - t = p^b l$$

其中，$b = v_p(s-t)$，$l = r_p(s-t)$，则

$$b \leqslant a-1, (l, p) = 1$$

故

$$
\begin{aligned}
(1+t)M(t) &\equiv (1+s)M(s) \\
&= (1+t+p^b l)M(s) \\
&= p^b l M(s) + (1+t)\prod_{\substack{i=1 \\ i \neq p^a}}^{k}[r_p(i) + \\
&\quad (t+p^b l)p^{a-v_p(i)}] \\
&= lM(s)p^b + (1+t)\prod_{\substack{i=1 \\ i \neq p^a}}^{k}(r_p(i) + \\
&\quad tp^{a-v_p(i)} + lp^{a-1-v_p(i)}p^{b+1}) \\
&\equiv lM(s)p^b + \\
&\quad (1+t)M(t)(\bmod p^{b+1})
\end{aligned}
$$

因此

$$lM(s)p^b \equiv 0(\bmod p^{b+1})$$

而 $(l,p) = (M(s),p) = 1$，矛盾. 所以，对任意 t, $s(-1 \leqslant t < s \leqslant p^a - 2)$，有

$$C_{k+tp^a}^k \not\equiv C_{k+sp^a}^k (\bmod p^a)$$

这表明，$C_{k+tp^a}^k (t = -1,0,1,\cdots,p^a - 2)$ 构成模 p^a 的一个完全剩余系.

取 $t \in \{-1,0,1,\cdots,p^a - 2\}$，使得

$$C_{k+tp^a}^k \equiv k(\bmod p^a)$$

并取 $n = k + tp^a$.

此时

$$0 < n < 2p^a + (p^a - 2)p^a = p^{2a}$$

且

$$C_n^k \equiv n \equiv k(\bmod p^a)$$

第 3 节　F_p 上的迪克森多项式[①]

本节中，我们介绍有限域上一类重要的置换多项式，它是由迪克森(Dickson) 多项式构成的.

设 k 是正整数，x_1 和 x_2 是变元，有恒等式

$$x_1^k + x_2^k = \sum_{j=0}^{[\frac{k}{2}]} \frac{k}{k-j}\binom{k-j}{j}(-x_1x_2)^j(x_1 + x_2)^{k-2j}$$

$$(1)$$

---

① 本节摘自《数论讲义》(下册，第 2 版)，柯召，孙琦编著，高等教育出版社，2003.

定义迪克森多项式如下

$$g_k(x,a) = \sum_{j=0}^{\left[\frac{k}{2}\right]} \frac{k}{k-j}\binom{k-j}{j}(-a)^j x^{k-2j} \qquad (2)$$

在式(1)中令 $x_1 = y, x_2 = \dfrac{a}{y}$,得

$$y^k + (\frac{a}{y})^k = g_k(y + \frac{a}{y}, a) \qquad (3)$$

特别地,当 $a = 0$ 时,有

$$g_k(x,0) = x^k$$

设 p 是一个素数,$g_k(x,0)$ 是 F_p 的置换多项式当且仅当 $(k, p-1) = 1$.

设 $a \neq 0, a \in F_p$,对于 F_p 上的迪克森多项式,我们有如下的定理.

定理 1 设 $a \neq 0, a \in F_p$,则 F_p 上的迪克森多项式是 F_p 的置换多项式当且仅当 $(k, p^2 - 1) = 1$.

证 设 $(k, p^2 - 1) = 1$,若有 $b, c \in F_p$ 使得 $g_k(b, a) = g_k(c, a)$,我们来证明 $b = c$. 在 F_p 的某一个二次扩域中取一非零元 β 使 $\beta + a\beta^{-1} = b$,同样又在 F_p 的另一个二次扩域中取一非零元 r 使 $r + ar^{-1} = c$. 因 F_p 的所有二次扩域都是同构的,β 和 r 都可在 F_p 的同一个二次扩域 F_{p^2} 中选取. 由式(3)有

$$g_k(b,a) = \beta^k + (\frac{a}{\beta})^k = r^k + (\frac{a}{r})^k = g_k(c,a)$$

因此 $(\beta^k - r^k)(\beta^k r^k - a^k) = 0$,可得 $\beta^k = r^k$ 或 $\beta^k = (ar^{-1})^k$. 因为 $(k, p^2 - 1) = 1, \beta^{p^2-1} = 1, r^{p^2-1} = 1$,所以可推出 $\beta = r$. 同理,可由 $\beta^k = (ar^{-1})^k$,推出 $\beta = ar^{-1}$. 无论在哪种情况下,都有 $b = c$. 这就证明了 $g_k(x,a)$

是 F_p 的置换多项式.

现在我们来证明,若 $g_k(x,a)$ 是 F_p 的置换多项式,则 $(k,p^2-1) = 1$. 否则 $(k,p^2-1) = d > 1$. 若 $2 \mid d$, 则 $2 \mid k, 2 \nmid p$, 此时由式(2)表明 $g_k(x,a)$ 只含 x 的偶数次方幂. 因此对所有 $c \in F_p^*$ 有

$$g_k(c,a) = g_k(-c,a)$$

而 $c \neq -c$, 故 $g_k(x,a)$ 不是 F_p 的置换多项式. 当 $2 \nmid d$ 时, 则有 d 的奇素因子 $v, v \mid k, v \mid p-1$ 或 $v \mid p+1$. 当 $v \mid p-1$ 时, 方程 $x^v = 1$ 在 F_p 上有 v 个解, 因此, 存在 $b \in F_p^*, b^v = 1, b \neq 1, b \neq a$, 且 $b^k = 1$. 由式(3)可得

$$g_k\left(b + \frac{a}{b}, a\right) = b^k + \frac{a^k}{b^k} = 1 + a^k = g_k(1 + a, a)$$

因 $b \neq 1, b \neq a$, 故 $b + \dfrac{a}{b} \neq 1 + a$, 这样 $g_k(x,a)$ 就不是 F_p 的置换多项式. 当 $v \mid p+1$ 时, 设 δ 是 F_p 的二次扩域 F_{p^2} 中的一个元, 使 $\delta^{p+1} = a$. 因 $x^v = 1$ 在 F_{p^2} 中有 v 个解, 因此, 存在 $\beta \in F_{p^2}, \beta^v = 1, \beta \neq 1, \beta \neq a\delta^{-2}$. 这样就有 $\beta^{p+1} = 1, \beta^k = 1$, 且

$$g_k\left(\delta + \frac{a}{\delta}, a\right) = \delta^k + \frac{a^k}{\delta^k} = (\beta\delta)^k + \frac{a^k}{(\beta\delta)^k}$$

$$= g_k\left(\beta\delta + \frac{a}{\beta\delta}, a\right)$$

因为 $x^p - x$ 在 F_p 中所有的零点组成 F_p, 所以 $\delta + \dfrac{a}{\delta} = \delta + \delta^p \in F_p, \beta\delta + \dfrac{a}{\beta\delta} = \beta\delta + (\beta\delta)^p \in F_p$. 由于 $\beta \neq 1$, $\beta \neq a\delta^{-2}$, 我们推得 $\delta + \dfrac{a}{\delta} \neq \beta\delta + \dfrac{a}{\beta\delta}$. 因此 $g_k(x,a)$ 不

是 F_p 的置换多项式.

为了说明迪克森多项式在公开密钥码中的重要应用,下面,我们不加证明地介绍几个结果.

定义 1 设 $f(x),g(x) \in F_p[x]$,多项式 $f(g(x))$ 叫作 $f(x)$ 与 $g(x)$ 的合成,用"。"表示合成运算,则有
$$f(x) \circ g(x) = f(g(x))$$

从置换多项式的定义可看出,两个置换多项式的合成仍然是一个置换多项式,由于合成运算还满足结合律,因此,F_p 的所有置换多项式在合成运算下是一个群,记为 P.

对于迪克森多项式,它们是否能作成 P 的一个子群呢?

定义两个多项式类如下
$$P(0) = \{g_k(x,0) \mid k \in \mathbf{N}_+, (k, p-1) = 1\}$$
$$P(a) = \{g_k(x,a) \mid k \in \mathbf{N}_+, (k, p^2-1) = 1\}$$
上式中 $\mathbf{N}_+$ 表示由全体正整数组成的集,a 是 F_p 中的非零元. $P(0),P(a)$ 均是由置换多项式组成的集. 我们有以下定理.

定理 2 $P(a)$ 在多项式的合成运算下是封闭的当且仅当 $a = 0, \pm 1$,且此时还有关系 $g_{km}(x,a) = g_k(g_m(x,a),a)$,即
$$g_k(x,a) \circ g_m(x,a) = g_{km}(x,a) = g_m(x,a) \circ g_k(x,a)$$
因此,当 $a = 0, \pm 1$ 时,$P(a)$ 在合成运算下是置换多项式群 P 的一个交换子群.

设 m 是一个正整数,现在,我们给出模 m 的置换多项式的定义.

定义 2 设 $f(x)$ 是一个整系数多项式,如果当 x 过模 m 的一个完全剩余系时,$f(x)$ 也过模 m 的一个完

全剩余系,则称 $f(x)$ 是模 m 的置换多项式.

显然当 m 是素数 p 时,模 p 的置换多项式即为 F_p 上的置换多项式. 模 m 的置换多项式与 F_p 上的置换多项式有何关系?可以由下面的定理表示出来.

定理3 (1) 设 $m = p_1^{l_1} \cdots p_t^{l_t}$ 是 m 的标准分解式,则 $f(x)$ 是模 m 的置换多项式当且仅当 $f(x)$ 是模 $p_i^{l_i}(i = 1, \cdots, t)$ 的置换多项式;

(2) 设 p 是一个素数,k 是大于 1 的整数,则 $f(x)$ 是模 p^k 的置换多项式当且仅当 $f(x)$ 是模 p 的置换多项式,且导数 $f'(x) \equiv 0(\bmod p)$ 无解.

回忆 RSA 公开密钥码体制:设 $m = pq$, p, q 是不同的大素数,选择 x^k, $(k, \varphi(m)) = 1$ 作为加密函数,实际上,这里选择的是模 m 的迪克森多项式 $g_k(x, 0) = x^k$,因为 $g_k(x, 0)$ 是模 p 的置换多项式当且仅当

$$(k, p-1) = 1$$

$g_k(x, 0)$ 是模 q 的置换多项式当且仅当

$$(k, q-1) = 1$$

再由定理3(1)知 $(k, \varphi(m)) = (k, (p-1)(q-1)) = 1$ 时,x^k 是模 m 的置换多项式. 再设 k_1 是一个正整数,满足

$$kk_1 \equiv 1(\bmod \varphi(m))$$

则当 $(M, m) = 1$ 时,有

$$(M^k)^{k_1} = M^{kk_1} \equiv M(\bmod m)$$

这里 k, m 是公开的,k_1 是保密的,p, q 适当大,通过分解 m 来求得 k_1 是几乎不可能的. 当 $a = 0$ 时,迪克森多项式簇 $\{g_k(x, 0) = x^k \mid k = 1, 2, \cdots\}$ 有下面一些性质:

(1) 在多项式的合成运算下,$\{x^k\}$ 构成一个交换

群 $x^k \circ x^l = x^l \circ x^k = x^{kl}$.

（2）对每一个正整数 k，$(k,\varphi(m)) = 1$，存在正整数 k_1，使得 $x^k \circ x^{k_1} = x^{k_1} \circ x^k$ 是模 m 的单位置换多项式 x.

（3）给定一个正整数 k，满足 $(k,\varphi(m)) = 1$，只知道 k 和 m，很难求得 k_1，使 $x^k \circ x^{k_1} = x^{kk_1}$ 是模 m 的单位置换多项式 x.

可以用迪克森多项式簇 $P(a) = \{g_k(x,a) \mid k = 1,2,\cdots\}$ $(a = \pm 1)$ 来代替多项式簇 $\{x^k \mid k = 1,2,\cdots\}$ 构造公开密钥码体制. 我们知道当 $a = \pm 1$ 时，多项式簇 $\{g_k(x,a)\}$ 构成一个交换群，且满足

$$g_k(x,a) \circ g_n(x,a) = g_{kn}(x,a)$$

即条件（1）满足.

当 $a = 1$ 时，设 $g_k(x,1) = g_k$ 满足递推关系

$$g_{k+2} - xg_{k+1} + g_k = 0, g_1 = x, g_2 = x^2 - 2$$

因此，g_k 可用上述递推关系来计算.

如果 $m = pq,p,q$ 是不同的素数，$g_k(x,a)$ 是模 m 的置换多项式当且仅当 $(k,(p^2 - 1)(q^2 - 1)) = 1$，进一步，还可证明在 $a = \pm 1$ 时，$g_{k_1}(x,a)$ 是 $g_k(x,a)$ 的逆当且仅当

$$kk_1 \equiv 1(\bmod (p^2 - 1)(q^2 - 1)) \tag{4}$$

条件（2）满足.

从式（4）可以看出，如果仅知道 k 和 m，要求出 k_1 几乎是不可能的，因为仍然要分解大整数. 因此条件（3）也成立.

几个与剩余系相关的奥数试题

第
2
章

第 1 节　剩余类、完系和缩系的若干问题

设 m 是一个大于 1 的正整数,则下述集合

$$A_r = \{n \mid n \equiv r(\bmod m),$$
$$0 \leqslant r \leqslant m-1, n \in \mathbf{Z}\}$$

是模 m 的一个同余类,也叫剩余类. 易知, 这样的集恰有 m 个,即

$$A_0, A_1, \cdots, A_{m-1}$$

且　　$A_0 \cup A_1 \cup \cdots \cup A_{m-1} = \mathbf{Z}$

从 $A_0, A_1, \cdots, A_{m-1}$ 中各取一个数,构成模 m 的一个完全剩余系,简称完系. 最典型的例子是 $0, 1, \cdots, m-1$.

定理 1　若有 m 个整数 $a_1, a_2, \cdots, a_m$, 对任意的 $1 \leqslant i < j \leqslant m$

$$a_j \not\equiv a_i(\bmod m)$$

22

则 $a_1, a_2, \cdots, a_m$ 是模 m 的完全剩余系.

定理2 若 $a_1, a_2, \cdots, a_m$ 是模 m 的完全剩余系, $(b, m) = 1$,则 $a_1 b + c, a_2 b + c, \cdots, a_m b + c$ 也是模 m 的完全剩余系,这里 c 是任意整数.

模 m 有 m 个剩余类 $C_0, C_1, \cdots, C_{m-1}$. 如果 i 与 m 互素,那么 C_i 中的每个数均与 m 互素,$i = 0, 1, 2, \cdots, m - 1$. 这样的剩余类共有 $\varphi(m)$ 个,$\varphi(m)$ 是 $0, 1, 2, \cdots, m - 1$ 中与 m 互素的数的个数,称为欧拉函数.

从这 $\varphi(m)$ 个剩余类中各取出一个数作代表,这样得到的 $\varphi(m)$ 个数称为模 m 的缩剩余系,简称缩系.例如 $\{5, 7\}$ 是模 6 的缩系.

例1 证明:对于任意素数 p,都有一个 p 的倍数 kp,使得 kp 十进制后 10 位相互不同.

证 $p = 2$,我们可以取 2 的倍数 1 345 678 902;$p = 5$,我们可取 5 的倍数 1 234 567 890;对于 $(p, 10) = 1$,$p, 2p, 3p, \cdots, 10^{10} p \pmod{10^{10}}$ 两两不同,构成一个完系,因此肯定有一个 $1 \leqslant k \leqslant 10^{10}$,使得

$$kp \equiv 1\ 234\ 567\ 890 \pmod{10^{10}}$$

它的后 10 位为 1 234 567 890.

例2 求所有正整数 $n > 1$,使得存在 n 个正整数 $a_1, a_2, \cdots, a_n$,其中任意两数之和 $a_i + a_j (1 \leqslant i \leqslant j \leqslant n)$ 关于 $\dfrac{n(n+1)}{2}$ 都互不同余.

解 由题意可知所有形如 $a_i + a_j (1 \leqslant i \leqslant j \leqslant n)$ 的数构成一个模 $\dfrac{n(n+1)}{2}$ 的完全剩余系. 不妨设

$$1 \leqslant a_1 < a_2 < a_3 < \cdots < a_n$$
$$\leqslant \frac{n(n+1)}{2} < a_{n+1} = a_1 + \frac{n(n+1)}{2}$$

则当 $n \geqslant 3$ 时,所有形如 $a_{i+1} - a_i (1 \leqslant i \leqslant n)$ 的数两两不等(否则,如果 $a_{i+1} - a_i = a_{j+1} - a_j$,那么 $a_i + a_{j-1} = a_j + a_{i-1}$),故这些数分别取值为 $1, 2, \cdots, n$,设 $a_{t+1} - a_t = 1$,考虑两种情况:

(1)$t > 1$,此时 $a_{t+2} - a_t$ 和 $a_{t+1} - a_{t-1}$ 必有一个不大于 n,即等于某个 $a_{j+1} - a_j$,与题设矛盾.

(2)$t = 1$,此时 $a_3 - a_1$ 与 $a_2 + \dfrac{n(n+1)}{2} - a_n$ 也必有一个不大于 n,与情形(1)同理,和题设矛盾.

这就证明,当 $n \geqslant 3$ 时,符合题意的 n 不存在;而当 $n = 2$ 时,取 $a_1 = 1, a_2 = 2$,即符要求. 因此,所求正整数为 $n = 2$.

例 3　设 m 是给定的整数,求证:存在整数 a, b 和 k,其中,a, b 均不能被 2 整除,$k \geqslant 0$,使得
$$2m = a^{19} + b^{99} + k \cdot 2^{1999}$$

(1999 年第 14 届中国中学生数学冬令营)

证　(1) 设 r 和 s 是正整数,其中,r 是奇数,x 和 y 是 $\bmod 2^r$ 互不同余的奇数,由于
$$x^s - y^s = (x - y)(x^{s-1} + x^{s-2}y + \cdots + y^{s-1})$$
关且 $x^{s-1} + x^{s-2}y + \cdots + y^{s-1}$ 是奇数,则 x^s 和 y^s 也是使 $\bmod 2^r$ 互不同余的奇数. 因此,若 t 取遍 $\bmod 2^r$ 的缩剩余系,则 t^s 也取遍 $\bmod 2^r$ 的缩剩余系.

(2) 由(1)的讨论,对于奇数 $2m - 1$,必有奇数 a 使得
$$2m - 1 = a^{19} + q \cdot 2^{1999}$$
于是,对于 $b = 1$,有
$$2m = a^{19} + b^{99} + q \cdot 2^{1999}$$
如果 $q \geqslant 0$,那么题目已经得证.

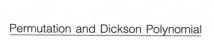

如果 $q < 0$,那么分别以

$$\bar{a} = a - h \cdot 2^{1\,999}$$

$$\bar{q} = \frac{a^{19} - (a - h \cdot 2^{1\,999})^{19}}{2^{1\,999}} + q$$

$$= \frac{(h \cdot 2^{1\,999})^{19} + a^{19}}{2^{1\,999}} + q$$

代替 a 和 q,仍有

$$2m = \bar{a}^{19} + b^{99} + \bar{q} \cdot 2^{1\,999}$$

取足够大的 h,可以使 $\bar{q} \geqslant 0$. 于是本题得证.

例4 整数数列 $a_1, a_2, \cdots$ 中有无穷多个正项及无穷多个负项,已知对每个正整数 n,数 $a_1, a_2, \cdots, a_n$ 除以 n 所得到的余数互不相同.

证明:每个整数在数列 $a_1, a_2, \cdots$ 中都出现且只出现一次. (2005 年 IMO)

证 由数列各项同时减去一个整数并不改变本题的条件和结论,故不妨设 $a_1 = 0$. 此时对每个正整数 k,必有 $|a_k| < k$. 若 $|a_k| \geqslant k$,取 $n = |a_k|$,则 $a_1 \equiv a_k \equiv 0(\bmod n)$,矛盾.

现在对 k 归纳证明,将 $a_1, a_2, \cdots, a_k$ 适当重排后是绝对值小于 k 的 k 个相邻整数,显然 $k = 1$. 设 $a_1, a_2, \cdots, a_k$ 适当重排后为 $-(k-1-i), \cdots, 0, \cdots, i(0 \leqslant i \leqslant k-1)$,由于 $a_1, a_2, \cdots, a_k, a_{k+1}$ 是 $\bmod (k+1)$ 的一个完全剩余系,故必有 $a_{k+1} \equiv i+1(\bmod k+1)$,但

$$|a_{k+1}| < k+1$$

因此,a_{k+1} 只能是 $i+1$ 或 $-(k-i)$,从而 $a_1, a_2, \cdots, a_k, a_{k+1}$ 适当重排后是绝对值小于 $k+1$ 的 $k+1$ 个相邻整数.

由此得到:

（1）任一整数在数列中最多出现一次；

（2）若整数 u 和 $v(u < v)$ 都出现在数列中,则 u 与 v 之间的所有整数也出现在数列中.

最后由正负项均有无穷多个（即数列含有任意大的正整数及任意小的负整数）就得到：每个整数在数列中出现且只出现一次.

例5 设 $m > 1$ 是正整数,$(a,m) = 1$,又假定 b_1,$b_2,\cdots,b_{\varphi(m)}$ 是模 m 的简化剩余系,而

$$ab_i \equiv r_i(\bmod m) \quad (0 \leqslant r_i < m, 1 \leqslant i \leqslant \varphi(m))$$

证明

$$\frac{1}{m}(r_1 + r_2 + \cdots + r_{\varphi(m)}) = \frac{1}{2}\varphi(m)$$

证 设 $1,a_2,\cdots,a_{\varphi(m)}$ 是所有不大于 m 且和 m 互素的全体正整数,因此

$$1,a_2,\cdots,a_{\varphi(m)} \qquad (1)$$

是模 m 的一个简化剩余系. 又由假设 $b_1,b_2,\cdots,b_{\varphi(m)}$ 是模 m 的简化剩余系,$(a,m) = 1$, 故 $ab_1, ab_2,\cdots,$ $ab_{\varphi(m)}$ 也是模 m 的简化剩余系,而

$$ab_i \equiv r_i(\bmod m), 0 \leqslant r_i < m \quad (i = 1,2,\cdots,\varphi(m))$$

因此

$$r_1,r_2,\cdots,r_{\varphi(m)} \qquad (2)$$

也是模 m 的一个简化剩余系. 由于 $0 \leqslant a_i < m, 0 \leqslant r_i < m$, 故数列（1）和（2）仅是排列的顺序不同,从而

$$r_1 + r_2 + \cdots + r_{\varphi(m)} = 1 + a_2 + \cdots + a_{\varphi(m)}$$

因 $\qquad 1 + a_2 + \cdots + a_{\varphi(m)} = \frac{1}{2}m \cdot \varphi(m)$

故 $\qquad \frac{1}{m}(r_1 + r_2 + \cdots + r_{\varphi(m)}) = \frac{1}{2}\varphi(m)$

例6 设 m,n 是正整数. 证明:

(1) 若 $(m,n) = 1$,则存在整数 $a_1,a_2,\cdots,a_m$ 与 $b_1,b_2,\cdots,b_n$,使得集合 $\{a_i b_j \mid 1 \leqslant i \leqslant m, 1 \leqslant j \leqslant n\}$ 是模 mn 的完系.

(2) 若 $(m,n) > 1$,则对任意整数 $a_1,a_2,\cdots,a_m$ 与 $b_1,b_2,\cdots,b_n$,集合 $\{a_i b_j \mid 1 \leqslant i \leqslant m, 1 \leqslant j \leqslant n\}$ 均不是模 mn 的完系.

证 (1) 取 $a_i = in + 1, b_j = jm + 1$ $(i = 1,2,\cdots,m; j = 1,2,\cdots,n)$ 即可.

(2) 假如结论不成立,设有 $a_1 b_1 \equiv 0 \pmod{mn}$,记 $a' = (a_1, mn), b' = (b_1, mn)$,则 $a'b' \equiv 0 \pmod{mn}$.

若 $a' < m$,则有 $a_s \equiv a_t \pmod{a'}$,从而 $a_s b_1 \equiv a_t b_t \pmod{mn}$,所以 $a' \geqslant m$.

又 $a_1 b_1, a_1 b_2, \cdots, a_1 b_n$ 都是 a' 的倍数,因此 $\dfrac{mn}{a'} \leqslant n$,故 $a' = m$. 于是 $b_1, b_2, \cdots, b_n$ 是模 n 的完系,同理 $a_1, a_2, \cdots, a_m$ 是模 m 的完系.

设有素数 $p \mid (m,k)$,则通过考查 a_i, b_j 和 $a_i b_j$ 中不能被 p 整除的数的个数得

$$\left(m - \frac{m}{p}\right)\left(k - \frac{k}{p}\right) = mk - \frac{mk}{p}$$

但此式不可能成立,矛盾!

例7 设 a,b 是给定的正整数,现有一机器人沿着一个有 n 级的楼梯上下升降. 机器人每上升一次,恰好上升 a 级楼梯;每下降一次恰好下降 b 级楼梯. 为使机器人经若干次上下升降后,可以从地面到达楼梯顶,然后再返回地面,问 n 的最小值是多少?

解 我们先考虑 $(a,b) = 1$ 的情况,这时 a,

27

$2a,\cdots,(b-1)a,ba$ 中任意两个数对模 b 不同余,从而这 b 个数是模 b 的完全剩余系.

当 $n=a+b-1$ 时,易见机器人在任何位置都要么只能上升 a 级楼梯,要么只能下降 b 级楼梯,亦即机器人的行动是唯一确定的.

如果机器人在第 r 级,而 $r+a>n$,那么 $r\geqslant b$. 从而机器人要先下降若干次,直至所在的级数小于 b,然后再上升 a 级. 这就说明,机器人所走过的级数可以分别和 $a,2a,\cdots,(b-1)a,ba$ 位于模 m 的同一个剩余类中. 特别地,由于存在整数 h,使得 $1\leqslant h<b$ 且 $ha\equiv b-1(\bmod\ b)$,所以机器人所走过的级数曾与 $b-1$ 对模 m 同余,从而它下降若干次后便得第 $b-1$ 级,再上升 a 级,即达到楼梯顶. 又机器人所走过的级数可以和 ba,即 0 对模 b 同余,从而它再下降若干次即回到地面.

当 $n<a+b-1$ 时,如果机器人能够到达楼梯顶然后再回到地面,则它所走过的级数仍然要分别和 a,$2a,\cdots,(b-1)a,ba$ 位于模 b 的同一个剩余类中.

特别地,机器人所走过的级数曾位于模 b 为 $b-1$ 的那个剩余类中,但由于 $b-a+a>n$,从而它以后只能降 b 级,不能升 a 级,被永远禁锢在这个剩余类中,不能回到地面,矛盾!

综上所述,在 $(a,b)=1$ 时,n 的最小值为 $a+b-1$.

在 $(a,b)=d>1$ 时,机器人所到的级数都是 d 的倍数,从而我们将 d 看作 $(a,b)=1$ 时的 1,即知此时 n 的最小值为 $d\left(\dfrac{a}{d}+\dfrac{b}{d}-1\right)$,即 $a+b-(a,b)$. 这也正

是本题的答案.

例 8 (1) 设 $(m,k) = 1$. 证明：存在整数 a_1, $a_2, \cdots, a_m$ 与 $b_1, b_2, \cdots, b_k$, 使每一乘积 $a_i b_j (i = 1, 2, \cdots, m; j = 1, 2, \cdots, k)$ 除以 mk 时得出不同的余数.

(2) 设 $(m,k) > 1$. 证明：对任意整数 $a_1, a_2, \cdots, a_m$ 与 $b_1, b_2, \cdots, b_k$, 总有两个乘积 $a_i b_j$ 与 $a_s b_t ((i, j) \neq (s, t))$ 除以 mk 时得到相同的余数.

(1987 年第 28 届国际数学奥林匹克候选题)

证 (1) 令 $a_i = ik + 1, b_j = jm + 1 (i = 1, 2, \cdots, m; j = 1, 2, \cdots, k)$.

若有两个乘积 $a_i b_j$ 与 $a_{i'} b_{j'}$ 对模 mk 同余，即

$$a_i b_j \equiv a_{i'} b_{j'} (\text{mod } mk)$$
$$ijkm + ik + jm + 1 \equiv i'j'km + i'k + j'm + 1(\text{mod } mk)$$
$$ik + jm \equiv i'k + j'm(\text{mod } mk)$$
$$k(i - i') \equiv -m(j - j')(\text{mod } mk)$$

因为 $(k, m) = 1$

所以 $k \mid j - j'$

又 $1 \leqslant j, j' \leqslant k$

则 $|j - j'| < k$

从而有

$$j = j'$$

同样有

$$i = i'$$

所以每一乘积 $a_i b_j$ 除以 mk 的余数都不同.

(2) 若 $a_i b_j (i = 1, 2, \cdots, m; j = 1, 2, \cdots, k)$ 表示模 mk 的 mk 个不同的剩余类，则不妨设

$$a_1 b_1 \equiv 0(\text{mod } mk)$$

记 $a' = (a_1, mk)$，$b' = (b_1, mk)$，则

$$a'b' \equiv 0 \pmod{mk}$$

若 $a' < m$，则在 $a_1, a_2, \cdots, a_m$ 这 m 个数中，必有两数 a_s, a_t 对模 a' 同余，即必有

$$a_s \equiv a_t \pmod{a'}$$

从而有

$$a_s b_1 \equiv a_t b_1 \pmod{mk}$$

这与 $a_i b_j$ 表示对模 mk 的不同的剩余类相矛盾.

所以有

$$a' \geqslant m$$

但在 mk 个积 $a_i b_j$ 中至少有 k 个 $a_1 b_1, a_1 b_2, \cdots, a_1 b_k$ 是 a' 的倍数，而这 mk 个数分别与 $0, 1, 2, \cdots, mk - 1$ 对模 mk 同余.

所以其中至多有 $\dfrac{mk}{a'} \leqslant \dfrac{mk}{m} = k$ 个为 a' 的倍数.

于是 mk 个积 $a_i b_j$ 中有 k 个是 a' 的倍数. 因而

$$a' = m$$

从而 $b_1, b_2, \cdots, b_k$ 必属于模 k 的不同类（否则 $a' b_j$ 中将有属于模 mk 的同一类的）.

同样，$a_1, a_2, \cdots, a_m$ 属于模 m 的不同类.

若 $(k, m) > 1$，设素数 $p \mid (m, k)$，则 a_i 中有 $m - \dfrac{m}{p}$ 个不被 p 整除，b_j 中有 $k - \dfrac{k}{p}$ 个不被 p 整除. 从而有 $\left(m - \dfrac{m}{p}\right)\left(k - \dfrac{k}{p}\right)$ 个 $a_i b_j$ 不被 p 整除.

另一方面，对于模 mk，$a_i b_j$ 不在同一类中，所以应有 $mk - \dfrac{mk}{p}$ 个不被 p 整除. 由于

$$mk - \frac{mk}{p} \neq \left(m - \frac{m}{p} \right) \left(k - \frac{k}{p} \right)$$

从而导出矛盾.

这表明 $a_i b_j$ 中必有两个数除以 mk 得到相同的余数.

例9 设 p 为奇素数,$a_1,a_2,\cdots,a_{p-1}$ 都是正整数且不能被 p 整除. 证明:存在数 $\varepsilon_1,\varepsilon_2,\cdots,\varepsilon_{p-1}$

$$\varepsilon_1^2 = \varepsilon_2^2 = \cdots = \varepsilon_{p-1}^2 = 1$$

使得 $\varepsilon_1 a_1 + \varepsilon_2 a_2 + \cdots + \varepsilon_{p-1} a_{p-1}$ 能被 p 整除.

证 我们对 k 用归纳法证明如下的命题:

设 $a_1,a_2,\cdots,a_k$ 为正整数且不能被 p 整除,其中 $1 \leqslant k \leqslant p-1$,则它们的部分和

$$e_1 a_1 + e_2 a_2 + \cdots + e_k a_k \quad (e_i = 0,1;i = 1,2,\cdots,k)$$

至少属于模 p 的 $k+1$ 个不同的剩余类.

当 $k=1$ 时,0 和 a_1 分别属于模 m 的两个不同的剩余类,命题成立.

设当 $k = l-1$ 时命题成立,则当 $k = l$ 时,若满足 $e_l = 0$ 的部分和已经属于模 p 的 $l+1$ 个不同的剩余类,则命题成立,否则由归纳假设可知它们恰属于模 p 的 l 个不同的剩余类. 从每个剩余类中各取出一个满足 $e_l = 0$ 的部分和,记为 $k_1,k_2,\cdots,k_l$.

若满足 $e_l = 1$ 的部分和也均属于这 l 个不同的剩余类,则由于 l 个部分和 $k_1 + a_l,k_2 + a_l,\cdots,k_l + a_l$ 分别属于模 p 的不同剩余类,于是有

$$k_1 + k_2 + \cdots + k_l \equiv (k_1 + a_l) + (k_2 + a_l) + \cdots +$$
$$(k_l + a_l)(\bmod p)$$

即 $l \cdot a_l \equiv 0(\bmod p)$. 但是 $1 \leqslant l \leqslant p-1$,$p \nmid a_l$,矛盾!

从而当 $k = l$ 时命题成立.

31

下面我们来解本题.

在前述命题中取 $k = p - 1$，即知 $a_1, a_2, \cdots, a_{p-1}$ 的部分和属于模 p 的所有不同的剩余类.

设 $S = a_1 + a_2 + \cdots + a_{p-1}$，因为 $(2,p) = 1$，所以存在整数 t 使得 $p \mid S - 2t$. 取与 t 在模 p 的同一个剩余类中的部分和

$$e_1 a_1 + e_2 a_2 + \cdots + e_{p-1} a_{p-1}, e_i = 0,1$$
$$(i = 1, 2, \cdots, p - 1)$$

则有

$$p \mid (1 - 2e_1)a_1 + (1 - 2e_2)a_2 + \cdots + (1 - 2e_{p-1})a_{p-1}$$

记 $\varepsilon_i = 1 - 2e_i$，则 $\varepsilon_i^2 = 1, i = 1, 2, \cdots, p - 1$，故结论得证.

例 10 设 $a_1, a_2, \cdots, a_n$ 和 $b_1, b_2, \cdots, b_n$ 分别是 n 的一组完全剩余系，则：

（1）当 $2 \mid n$ 时，$a_1 + b_1, a_2 + b_2, a_2 b_2, \cdots, a_n + b_n$ 不是 n 的一组完全剩余系.

（2）当 $n > 2$ 时，$a_1 b_1, a_2 b_2, \cdots, a_n b_n$ 不是 n 的一组完全剩余系.

证 （1）由于 $a_1, a_2, \cdots, a_n$ 是 n 的一组完全剩余系，故

$$\sum_{j=1}^{n} a_j \equiv \sum_{j=1}^{n} j = \frac{n(n+1)}{2} \equiv \frac{n}{2} (\bmod n) \quad (3)$$

同样，有

$$\sum_{j=1}^{n} b_j \equiv \frac{n}{2} (\bmod n) \quad (4)$$

如果 $a_1 + b_1, a_2 + b_2, \cdots, a_n + b_n$ 是一组完全剩余系，则也有

$$\sum_{j=1}^{n} (a_j + b_j) \equiv \frac{n}{2} (\bmod n) \quad (5)$$

但是由式(3)(4) 得

$$\sum_{j=1}^{n} (a_j + b_j) \equiv n \equiv 0 (\bmod\ n)$$

再由(5) 得

$$\frac{n}{2} \equiv 0 (\bmod\ n)$$

上式不能成立, 故 $a_1 + b_1, a_2 + b_2, \cdots, a_n + b_n$ 在 $2 \mid n$ 时, 不是 n 的一组完全剩余系.

（2）设 $4 \mid n$, 如果 $a_1 a_2, a_2 b_2, \cdots, a_n b_n$ 是 n 的一组完全剩余系, 则其中有 $\frac{n}{2}$ 个奇数和 $\frac{n}{2}$ 个偶数, 不失一般性, 假设 $a_1 b_1, a_2 b_2, \cdots, a_{\frac{n}{2}} b_{\frac{n}{2}}$ 是 $\frac{n}{2}$ 个奇数, 则 a_1, $a_2, \cdots, a_{\frac{n}{2}}$ 和 $b_1, b_2, \cdots, b_{\frac{n}{2}}$ 分别是 $a_1, a_2, \cdots, a_n$ 和 b_1, $b_2, \cdots, b_n$ 中的 $\frac{n}{2}$ 个奇数. 由完全剩余系知在 $a_1 b_1$, $a_2 b_2, \cdots, a_n b_n$ 中存在某个 j, 使

$$a_j b_j \equiv 2 (\bmod\ n)$$

故

$$a_i b_j \equiv 2 (\bmod\ 4)\ \text{且} \frac{n}{2} + 1 \leqslant j \leqslant n \qquad (6)$$

但此时 $a_i \equiv b_j \equiv 0 (\bmod\ 2)$, 因此式(6) 不可能成立.

当 $4 \nmid n$ 时可设 $n = qm$, 这里 $q = p$ 或 $q = 2p, p$ 是一个奇素数, $2 \nmid m$. 在 $q = p$ 时

$$\prod_{\substack{j=1 \\ (j,p)=1}}^{p} j = (p-1)! \equiv -1 (\bmod\ p) \qquad (7)$$

在 $q = 2p$ 时

$$\prod_{\substack{j=1 \\ (j,2p)=1}}^{2p} j = 1 \cdot 3 \cdot 5 \cdot \cdots \cdot$$

33

$$(p-2)(p+2)(p+4)\cdots(2p-1)$$
$$\equiv (p-1)! \equiv -1 (\bmod\ p) \qquad (8)$$

和

$$\prod_{\substack{j=1\\(j,2p)=1}}^{2p} j \equiv -1 (\bmod\ 2) \qquad (9)$$

由式(8)(9)得

$$\prod_{\substack{j=1\\(j,2p)=1}}^{2p} j \equiv -1 (\bmod\ 2p) \qquad (10)$$

由式(7)(10)可得

$$\prod_{\substack{j=1\\(a_j,q)=1}}^{n} a_j \equiv \prod_{\substack{j=1\\(b_j,q)=1}}^{n} b_j \equiv \prod_{\substack{j=1\\(j,q)=1}}^{n} j \equiv \left(\prod_{\substack{j=1\\(j,q)=1}}^{n} j\right)^m$$
$$\equiv (-1)^m = -1 (\bmod\ q)$$

如果 $a_1 b_1, a_2 b_2, \cdots, a_n b_n$ 是 n 的一组完全剩余系,则得

$$-1 \equiv \prod_{\substack{j=1\\(j,q)=1}}^{n} j \equiv \prod_{\substack{j=1\\(a_j b_j,q)=1}}^{n} a_j b_j$$
$$\equiv \prod_{\substack{j=1\\(a_j,q)=1}}^{n} a_j \cdot \prod_{\substack{j=1\\(b_j,q)=1}}^{n} b_j$$
$$\equiv 1 (\bmod\ q) \qquad (11)$$

而 $q \nmid 2$,所以式(11)不可能成立,这就证明了 $a_1 b_1,$ $a_2 b_2, \cdots, a_n b_n$ 在 $n > 2$ 时,不能组成 n 的一组完全剩余系.

例 11 课间休息时,n 个学生围着老师坐成一圈. 老师按逆时针方向走动并按以下规则给学生们发糖: 首先选择一个学生并给他一块糖,然后隔 1 个学生给下一个学生一块糖,再隔 2 个学生给下一个学生一块糖,再隔 3 个学生给下一个学生一块糖,依次类推. 试

确定能使每个学生至少得到一块糖(可能在老师转过许多圈以后)的 n 的值.

解 问题等价于求 n,使

$$1 + 2 + \cdots + x \equiv a \pmod{n}$$

即 $x(x+1) \equiv 2a \pmod{2n}$ 对任意整数 a 都有解. 由于当 p 为奇素数时,$\{1 \cdot 2, 2 \cdot 3, \cdots, (p-1)p, p(p+1)\}$ 不是模 p 的完系,但 $\{2 \cdot 1, 2 \cdot 2, \cdots, 2 \cdot p\}$ 是模 p 的完系,从而 n 不含奇素因子.

又 2^k 个数 $0 \cdot 1, 1 \cdot 2, \cdots, (2^k - 1)2^k$ 均是偶数,并且被 2^{k+1} 除的余数互不相同,故本题的答案为 $2^k, k = 0, 1, 2, \cdots$

例 12 联结正 n 边形的顶点,获得一个闭的 n - 折线. 证明:若 n 为偶数,则在连线中有两条平行线;若 n 为奇数,连线中不可能恰有两条平行线.

(第 30 届国际数学奥林匹克候选题,1989 年)

证 依逆时针顺序将正 n 边形的顶点标上 $0, 1, 2, \cdots, n-1$.

因此,闭的 n - 折线可以用这 n 个数的一个排列

$$a_0 = a_n, a_1, a_2, \cdots, a_{n-1}$$

来唯一地表示. 显然

$$a_i a_{i+1} \mathbin{/\!/} a_j a_{j+1} \Leftrightarrow \overset{\frown}{a_{i+1} a_j} = \overset{\frown}{a_{j+1} a_i}$$

$$\Leftrightarrow a_i + a_{i+1} \equiv a_j + a_{j+1} \pmod{n}$$

若 n 为偶数,则

$$2 \nmid n-1$$

所以完全剩余系的和

$$0 + 1 + 2 + \cdots + (n-1) = \frac{n(n-1)}{2} \not\equiv 0 \pmod{n}$$

而

$$\sum_{i=0}^{n-1}(a_i + a_{i+1}) = \sum_{i=0}^{n-1}a_i + \sum_{i=0}^{n-1}a_{i+1} = 2\sum_{i=0}^{n-1}a_i$$
$$= n(n-1) \equiv 0(\bmod\ n) \qquad (12)$$

所以 $a_i + a_{i+1}(i = 0,1,2,\cdots,n-1)$ 不是关于模 n 的完全剩余系.

于是必有 $i \neq j(0 \leqslant i,j \leqslant n-1)$,使
$$a_i + a_{i+1} \equiv a_j + a_{j+1}(\bmod\ n)$$

因而必有一对边 $a_i a_{i+1} /\!/ a_j a_{j+1}$.

若 n 为奇数,并且恰有一对边平行,设
$$a_i a_{i+1} /\!/ a_j a_{j+1}$$

这时,在 $a_0 + a_1, a_1 + a_2, a_2 + a_3, \cdots, a_{n-1} + a_0$ 中恰有一个剩余类 r 出现两次,因而也恰少了一个剩余类 s.

又由 $2 \mid n-1$,则
$$\sum_{i=0}^{n-1}(a_i + a_{i+1}) \equiv 0 + 1 + \cdots + (n-1) + r - s$$
$$= \frac{n(n-1)}{2} + r - s$$
$$\equiv r - s(\bmod\ n)$$

再由式(12)得
$$\sum_{i=0}^{n-1}(a_i + a_{i+1}) \equiv 0(\bmod\ n)$$

从而
$$r \equiv s(\bmod\ n)$$

导致矛盾.

这表明,若 n 为奇数,则不可能恰有一对边平行.

例 13 设 $m = m_1 m_2, (m_1, m_2) = 1$,则
$$x = (m_2 x^{(1)} + m_1)(m_2 + m_1 x^{(2)})$$

通过模 m 的完全(简化)剩余系的充要条件是 $x^{(j)}(j = $

1,2) 通过模 m_j 的完全(简化)剩余系.

证 先对完全剩余系进行证明. 令

$$x_{ij} = (m_2 x_i^{(1)} + m_1)(m_2 + m_1 x_j^{(2)})$$

(充分性)当 $x_i^{(1)}$ 通过模 m_1 的完全剩余系,$x_j^{(2)}$ 通过模 m_2 的完全剩余系时,x_{ij} 通过 $m_1 m_2$ 个数. 对任意 $1 \leqslant i_1, i_2 \leqslant m_1, 1 \leqslant j_1, j_2 \leqslant m_2$,由 $(m_1, m_2) = 1$ 知

$$x_{i_1 j_1} \equiv x_{i_2 j_2} \pmod{m}$$

等价于

$$x_{i_1 j_1} \equiv x_{i_2 j_2} \pmod{m_1}, x_{i_1 j_1} \equiv x_{i_2 j_2} \pmod{m_2}$$

即等价于

$$m_2^2 x_{i_1}^{(1)} \equiv m_2^2 x_{i_2}^{(1)} \pmod{m_1}$$
$$m_1^2 x_{j_1}^{(2)} \equiv m_1^2 x_{j_2}^{(2)} \pmod{m_2}$$

由 $(m_1, m_2^2) = (m_2, m_1^2) = (m_1, m_2) = 1$ 知,上式等价于

$$x_{i_1}^{(1)} \equiv x_{i_2}^{(1)} \pmod{m_1}, x_{j_1}^{(2)} \equiv x_{j_2}^{(2)} \pmod{m_2}$$

当 $x_{i_1 j_1} \neq x_{i_2 j_2}$ 时,上面两个同余式至少有一个不成立,因此,这 $m_1 m_2$ 个数对模 m 两两互不同余,从而是模 m 的一个完全剩余系.

(必要性)设 x_{ij} 通过模 m 的完全剩余系,我们来证明 $x_i^{(1)}, x_j^{(1)}$ 分别通过模 m_1,模 m_2 的完全剩余系. 取定 $x_j^{(2)}$ 的值为 $x_1^{(2)}$,由于

$$x_{i_1 1} = (m_2 x_{i_1}^{(1)} + m_1)(m_2 + m_1 x_1^{(2)})$$
$$= m_2^2 x_{i_1} + m_1 m_2(1 + x_{i_1}^{(1)} x_1^{(2)}) + m_1^2 x_1^{(2)}$$
$$x_{i_2 1} = (m_2 x_{i_2}^{(1)} + m_1)(m_2 + m_1 x_1^{(2)})$$
$$= m_2^2 x_{i_2} + m_1 m_2(1 + x_{i_2}^{(1)} x_1^{(2)}) + m_1^2 x_1^{(2)}$$

并且显然有

$$m_1 m_2 \left(1 + x_{i_1}^{(1)} x_1^{(2)} \right) + m_1^2 x_1^{(2)}$$

$$\equiv m_1 m_2 \left(1 + x_{i_2}^{(1)} x_1^{(2)} \right) + m_1^2 x_1^{(2)} \pmod{m_1 m_2}$$

因此,从

$$x_{i_1 1} \not\equiv x_{i_2 1} \pmod{m_1 m_2}$$

可知

$$m_2^2 x_{i_1}^{(1)} \not\equiv m_2^2 x_{i_2}^{(1)} \pmod{m_1}$$

由 $(m_1, m_2^2) = (m_1, m_2) = 1$ 知,上式等价于

$$x_{i_1}^{(1)} \not\equiv x_{i_2}^{(1)} \pmod{m_1}$$

即 $x_i^{(1)}$ 所取的 s 个数对模 m_1 两两互不同余,所以 $s \leqslant m_1$. 同理可证得 $x_j^{(2)}$ 所取的 t 个数对模 m_2 两两互不同余,即 $t \leqslant m_2$. 由于 $st = m_1 m_2$,故必有 $s = m_1$, $t = m_2$. 所以 $x_i^{(1)}$, $x_j^{(2)}$ 分别通过模 m_1. 模 m_2 的完全剩余系.

现在对简化剩余系进行证明. 因为 n 个数构成模 n 的简化剩余系的充要条件是它们都与 n 互素且对模 n 两两互不同余,于是根据前一部分证得的结果,我们只要证明 $(x, m_1 m_2) = 1$ 的充要条件是

$$(x^{(1)}, m_1) = (x^{(2)}, m_2) = 1$$

由于 $(m_1, m_2) = 1$,所以有

$$(m_2 + m_1 x^{(2)}, m_1) = (m_2, m_1) = 1$$

$$(m_2 x^{(1)} + m_1, m_2) = (m_1, m_2) = 1$$

$$(m_2 x^{(1)} + m_1, m_1) = (m_2 x^{(1)}, m_1) = (x^{(1)}, m_1)$$

$$(m_2 + m_1 x^{(2)}, m_2) = (m_1 x^{(2)}, m_2) = (x^{(2)}, m_2)$$

易知

$$(x, m) = ((m_2 x^{(1)} + m_1)(m_2 + m_1 x^{(2)}), m_1 m_2) = 1$$

等价于

$$((m_2 x^{(1)} + m_1)(m_2 + m_1 x^{(2)}), m_1)$$
$$= ((m_2 x^{(1)} + m_1)(m_2 + m_1 x^{(2)}), m_2)$$

由已证得的

$$(m_2 + m_1 x^{(2)}, m_1) = (m_2 x^{(1)} + m_1, m_2) = 1$$

易知,上式等价于

$$(x^{(1)}, m_1) = (m_2 x^{(1)} + m_1, m_1)$$
$$= (m_2 + m_1 x^{(2)}, m_2) = (x^{(2)}, m_2) = 1$$

证毕.

第2节　一个整系数多项式及同余方程问题

杭州二中的赵斌老师在"马茂年帮你学数学"微信公众号中给出如下几道好题.

例1　设 $f(x)$ 是一个首一整系数 n 次多项式, d_1, $d_2, \cdots, d_n$ 是互不相同的整数. 已知存在无穷多个素数 p, 使得同余方程组

$$\begin{cases} f(x + d_1) \equiv 0 \pmod{p} \\ f(x + d_2) \equiv 0 \pmod{p} \\ \vdots \\ f(x + d_n) \equiv 0 \pmod{p} \end{cases}$$

有整数解. 证明:存在整数 k, 使得

$$f(x) = \prod_{i=1}^{n}(x - k - d_i)$$

在分析该问题的时候,我们可能会首先考查 $n = 2$ 的情形, $n = 2$ 的情形即为下面的例2.

例2　给定 a, b, d 为整数, 且 $d \neq 0$, 设 $f(x) =$

39

$x^2 + ax + b$，已知存在无穷多个素数 p，使得同余方程组

$$\begin{cases} f(x) \equiv 0 \pmod{p} \\ f(x + d) \equiv 0 \pmod{p} \end{cases}$$

有整数解. 证明:存在整数 k,使得

$$f(x) = (x - k)(x - k - d)$$

证　由题意设素数 p 满足 $p > |d|, p > 2, p > |a^2 - d^2 - 4b|$,使得同余方程组

$$\begin{cases} f(x) \equiv 0 \pmod{p} \\ f(x + d) \equiv 0 \pmod{p} \end{cases}$$

具有解 $x = x_0$,从而有

$$p \mid [f(x_0 + p) - f(x_0)] = 2x_0 d + d^2 + ad$$

即有

$$p \mid (2x_0 + a + d)$$

又有

$$p \mid f(x_0) = x_0^2 + ax_0 + b$$

从而

$$p \mid [2(x_0^2 + ax_0 + b) - (2x_0 + a + d)x_0]$$
$$= (a - d)x_0 + 2b$$

从而我们有

$$p \mid [(a - d)(2x_0 + a + d) - 2((a - d)x_0 + 2b)]$$
$$= a^2 - d^2 - 4b$$

那么由 p 的选择,我们可得

$$a^2 - d^2 - 4b = 0$$

若 a, d 同奇偶,设 $a + d = -2k$,可得 $b = k(k + d)$,从而有

$$f(x) = (x - k)(x - k - d)$$

事实上,做完此题后,我们可以来做一个小小的改编,

把它变成高中联赛二试的一道简单题.

例3   给定 a,b,d 为整数,且 $d \neq 0$,设 $f(x) = x^2 + ax + b$,已知存在无穷多个素数 p,使得同余方程组

$$\begin{cases} f(x) \equiv 0 \pmod{p} \\ f(x+d) \equiv 0 \pmod{p} \end{cases}$$

有整数解. 证明

$$a^2 - d^2 - 4b = 0$$

那么回到原题的解答.

证   由题意,设素数

$$p > \max\{2 \mid d_1 \mid, 2 \mid d_2 \mid, \cdots, 2 \mid d_n \mid\}$$

使得同余方程组

$$\begin{cases} f(x+d_1) \equiv 0 \pmod{p} \\ f(x+d_2) \equiv 0 \pmod{p} \\ \vdots \\ f(x+d_n) \equiv 0 \pmod{p} \end{cases}$$

具有解 $x = x_p$,并记

$$g(x) = f(x) - (x - x_p - d_1)(x - x_p - d_2) \cdot \cdots \cdot (x - x_p - d_n)$$

那么

$$\deg g(x) \leqslant n - 1$$

且同余方程 $g(x) \equiv 0 \pmod{p}$ 有解 $x_p + d_1, x_p + d_2, \cdots,$ $x_p + d_n$,且关于 p 的余数互不相同,那么由拉格朗日 (Lagrange) 定理可知,$g(x)$ 的任意项系数都是 p 的倍数,考虑其 x^{n-1} 项系数为 $a_{n-1} + d_1 + d_2 + \cdots + d_n + nx_p$(其中 a_{n-1} 为 $f(x)$ 的 x^{n-1} 项系数),故有

$$p \mid (a_{n-1} + d_1 + d_2 + \cdots + d_n + nx_p)$$

那么我们有多项式的同余

$$n^n f(x) - (nx + a_{n-1} + d_1 + d_2 + \cdots + d_n - nd_1) \cdot$$
$$(nx + a_{n-1} + d_1 + d_2 + \cdots + d_n - nd_2) \cdot \cdots \cdot$$
$$(nx + a_{n-1} + d_1 + d_2 + \cdots + d_n - nd_n)$$

$$\equiv n^n f(x) - (nx - nx_p - nd_1)(nx - nx_p - nd_2) \cdot \cdots \cdot$$
$$(nx - nx_p - nd_n)$$

$$\equiv 0 (\bmod p)$$

由于有无穷多个 p 使得上式成立,那么恒有

$$n^n f(x) = (nx + a_{n-1} + d_1 + d_2 + \cdots + d_n - nd_1) \cdot$$
$$(nx + a_{n-1} + d_1 + d_2 + \cdots + d_n - nd_2) \cdot \cdots \cdot$$
$$(nx + a_{n-1} + d_1 + d_2 + \cdots + d_n - nd_n)$$

再结合高斯(Gauss)引理(本原多项式的乘积还是本原多项式)可得

$$n \mid (a_{n-1} + d_1 + d_2 + \cdots + d_n)$$

令 $k = -\dfrac{a_{n-1} + d_1 + d_2 + \cdots + d_n}{n}$,即得

$$f(x) = \prod_{i=1}^{n} (x - k - d_i)$$

注释 (1)本题的来源是国家队培训题,是 2015 年瞿振华老师给国家队员做培训时讲的题.

(2)注意解题的关键. 首先容易想到用拉格朗日定理. 另外,开始时 x_p 是关于 p 变化的,如何将 x_p 用一些已知的常数替换,容易想到考虑 $g(x)$ 的 x^{p-1} 项系数,其中还需大家好好体会.

第 3 节　覆盖同余系

一个同余系 $a_i (\bmod n_i)$ $(1 \le i \le k)$ 称为是一个覆

盖系(covering system),如果每个整数 y 对至少一个 i 的值满足 $y \equiv a_i \pmod{n_i}$. 例如,$0\pmod 2$,$0\pmod 3$,$1\pmod 4$,$5\pmod 6$,$7\pmod{12}$. 如果 $c = n_1 < n_2 < \cdots < n_k$,那么埃尔多斯(Erdös)悬赏 500 美元给能证明或否定"对任意大的 c 有覆盖同余系存在"这一结论者. 达文波特(Davenport)和埃尔多斯以及弗里德(Fried)对 $c = 3$ 找到了覆盖同余系;斯威夫特(Swift)对 $c = 6$ 找到了覆盖同余系;塞尔弗里奇(Selfridge)对 $c = 8$ 找到了覆盖同余系;丘奇霍斯(Churchhouse)对 $c = 10$ 找到了覆盖同余系;塞尔弗里奇对 $c = 14$ 找到了覆盖同余系;克鲁肯贝格(Krukenberg)对 $c = 18$ 找到了覆盖同余系;而崔(Choi)则对 $c = 20$ 找到了塞尔弗里奇覆盖同余系.

埃尔多斯悬赏 25 美元给证明下述结论者:对所有大于 1 的不同的奇数模 n_i,不存在覆盖同余系;而塞尔弗里奇悬赏 900 美元给提供这样一个同余系的具体例子的人. 伯杰(Berger)、费尔岑巴统(Felzenbaum)和佛伦克尔(Fraenkel)证明了:这样一个同余系的模的最小公倍数必至少有 6 个素因子. 更一般地,"奇的"可以换成"不被前 r 个素数整除的". 辛普森(Simpson)和泽尔贝格(Zeilberger)证明了:如果这些模都是奇的,且无平方因子,那么它们的最小公倍数至少要有 18 个素因子.

吉姆·约当(Jim Jordan)对能给出有关高斯整数的类似问题的解答者提供了与上面提到的悬赏金额相当的奖金.

埃尔多斯注意到,利用 210 的真因子可以对所有大于 1 的不同的无平方因子模 n_i 得到一个覆盖同余系 a_i:0 0 0 1 0 1 1 2 2 23 4 5 59 104

n_i:2　3　5　6　7　10　14　15　21　30　35　42　70　105

克鲁肯贝格用到 2 和大于 3 的无平方因子数. 塞尔费里奇问:是否能代替 $c = 2$,而对 $c \geqslant 3$ 得到这样一个覆盖同余系?他注意到:诸 n_i 不能全是有至多 2 个素因子的无平方因子数,但是上面的例子表明,并不需要多于 3 个素因子.

对一个有不同模的覆盖系来说,证明 $\sum_{i=1}^{k} 1/n_i > 1$ 是不困难的,但也并非是无聊之举. 如果 $n_1 = 3$ 或 4,那么此和可以任意接近 1. 塞尔费里奇和埃尔多斯猜想有 $\sum 1/n_i > 1 + c_{n_1}$,其中 c_{n_1} 与 n_1 一起趋向无穷.

辛德泽尔(Schinzel)要求一个覆盖系,其中没有哪个模能整除其他的模. 如果不存在有奇数模的覆盖系,那么这样的覆盖系也不存在.

辛普森称一个覆盖系是无冗的(irredundant),如果从中去掉一个同余类后它不再覆盖整数. 他证明:如果这样一个同余系所有模的最小公倍数是 $\prod p_i^{a_i}$,那么该同余系至少包含 $1 + \sum a_i(p_i - 1)$ 个同余类.

埃尔多斯猜想:所有形如 $d \cdot 2^k + 1(k = 1, 2, \cdots)$ 的不包含素数的序列都可以从覆盖同余系得到,这里 d 是固定的奇数. 等价地说,这样一个序列的元素的最小素因子是无界的.

第二编
迪克森多项式

迪克森多项式的几个新的
性质[①]

北京大学数学科学学院的曹喜望教授于 2004 年给出了迪克森多项式的一些新的性质,推广了一些已有的结果.

第 1 节　简　介

1896 年,在芝加哥大学,作为其博士论文的一部分,迪克森研究了一类在有限域上具有如下形式的多项式

$$D_n(x,a) = x^n +$$
$$n\sum_{i=1}^{(n-1)/2} \frac{(n-i-1)\cdots(n-2i+1)}{i!}a^i x^{n-2i}$$

（1）

第 3 章

n 是有限域上的奇数. 迪克森提出了一些涉及这些多项式的性质并给出了部分证明.

① 本章摘自《北京大学学报(自然科学版)》,2004 年,第 40 卷,第 1 期.

引理 1　在有限域 F_q 上，$D_n(x,a)$ 为置换多项式的充要条件是

$$\gcd(n,q^2-1)=1$$

这引发了对这类多项式的广泛研究（见文献 [2-5] 等）. 迪克森多项式具有多种代数的和数论的性质，并且它在密码学和伪素性检验方面具有重要应用. R. Lidl, G. L. Mullen 和 G. Turnwald 的专著中广泛收集了迪克森多项式的相关结果，并且给出了许多相关应用. 近年来，J. F. Dillon 和 H. Dobbertin 提出了一系列新的带有 Singer 参数的循环差集，他们工作的核心部分给出了 MCM 多项式和迪克森多项式的新的关系. 在本章中给出了迪克森多项式的一些新的性质，从我们的结果中可以推出很多著名的性质.

第 2 节　定义与一些基本结果

首先，让我们回忆迪克森多项式的一些基本结果. 假设 R 是一个具有单位元的交换环.

定义 1　第一类次数为 n 的迪克森多项式 $D_n(x,a)$ 可定义如下

$$D_n(x,a)=\sum_{i=0}^{\lfloor\frac{n}{2}\rfloor}\frac{n}{n-i}\binom{n-i}{i}(-a)^i x^{n-2i}$$

其中 x 是未定元，参数 $a\in R$，$\lfloor\frac{n}{2}\rfloor$ 规定为小于或等于 $\frac{n}{2}$ 的最大整数的符号. 对于 $n=0$，令 $D_0(x,a)=2$ 且对于 $n=1$，令 $D_1(x,a)=x$.

定义2 第二类次数为 n 的迪克森多项式 $E_n(x, a)$ 定义如下

$$E_n(x,a) = \sum_{i=0}^{\lfloor \frac{n}{2} \rfloor} \binom{n-i}{i} (-a)^i x^{n-2i}$$

其中 x 是未定元,参数 $a \in \mathbf{R}$. 对于 $n = 0$,令 $E_0(x,a) = 1$ 且对于 $n = 1$,令 $E_1(x,a) = x$. 迪克森多项式有如下一些性质.

引理2 递推关系

$$D_{n+2}(x,a) = xD_{n+1}(x,a) - aD_n(x,a)$$
$$E_{n+2}(x,a) = xE_{n+1}(x,a) - aE_n(x,a)$$

对 $n \geq 0$ 有初始值

$$D_0(x,a) = 2, D_1(x,a) = x$$
$$E_0(x,a) = 1, E_1(x,a) = x$$

引理3 函数方程:

$(1) D_n\left(x + \dfrac{a}{x}, a\right) = x^n + \left(\dfrac{a}{x}\right)^n$;

$(2) D_{mn}(x,a) = D_m(D_n(x,a), a^n)$;

(3) 如果 $p = \mathrm{char}(R) > 0$ 是素数,那么 $D_{np}(x, a) = (D_n(x,a))^p$;

$(4) D_{n+4}(x,a) = (x^2 - 2a)D_{n+2}(x,a) - a^2 D_n(x,a)$;

$(5) D_n(x,a) = xE_{n-1}(x,a) - 2aE_{n-2}(x,z)$.

引理4 生成函数:

$(1) D_n(x,a)$ 有生成函数

$$\sum_{n=0}^{\infty} D_n(x,a)z^n = \frac{2 - xz}{1 - xz + az^2}$$

$(2) E_n(x,a)$ 有生成函数

$$\sum_{n=0}^{\infty} E_n(x,a)z^n = \frac{1}{1 - xz + az^2}$$

进一步说明,如果 R 是域 $GF(2^m)$ 且 $a = 1$,则迪克森多项式可以简单地表示为 $D_n(x)$,则有下面的引理.

引理 5 基本恒等式:

(1) $D_{2l}(x) = D_l(x)^2$;

(2) $D_{2l+1}(x) = D_l(x)D_{l+1}(x) + x$;

(3) $D_{mn}(x) = D_m(D_n(x))$;

(4) $D_{2^k+1}(x) = x^{2^k+1} + D_{2^k-1}(x)$;

(5) $D_{2^k-1}(x) = \sum_{i=1}^{k} x^{2^k+1-2^i}$.

注意,由引理 5 的 (3) 显然迪克森多项式 $D_n(x,a)$ 的集合是一个阿贝尔群(有 $(n, q^2 - 1) = 1$),定义运算如下

$$D_m(x) \odot D_n(x) = D_m(D_n(x)) = D_{mn}(x)$$

第 3 节   主 要 结 果

由上面的定义可以推断出一些迪克森多项式的新性质,例如:

命题 1 递推关系:

(1) $D_{m+n}(x,a) = D_m(x,a)D_n(x,a) - a^n D_{m-n}(x, a)$, $m \geqslant n$,均是非负整数.

(2) $E_n(x,a) = \det \begin{pmatrix} x & a & 0 & \cdots & 0 \\ 1 & x & a & \cdots & 0 \\ \vdots & \vdots & \vdots & & \vdots \\ 0 & 0 & 0 & \cdots & a \\ 0 & 0 & 0 & \cdots & x \end{pmatrix}_{n \times n}$,

$n \geqslant 1$, n 为整数.

$(3) E_{m+n}(x,a) = E_m(x,a) E_n(x,a) - a^n E_{m-1}(x,a) E_{n-1}(x,a), m,n \geq 1, m,n$ 是非负整数.

证 （1）取 R 的扩展域 E 中的元素 u,使得

$$x = u + \frac{a}{u}$$

得到

$$D_{2n}(x,a) = u^{2n} + \left(\frac{a}{u}\right)^{2n}$$

$$(D_n(x,a))^2 = u^{2n} + \left(\frac{a}{u}\right)^{2n} + 2a^n$$

$$D_{2n}(x,a) = D_n(x,a)^2 - a^n D_0(x,a)$$

因此,结论对 $m = n$ 成立.

现对 m 进行推导

$$\begin{aligned}
D_{m+1+n}(x,a) &= D_{(m+n)+1}(x,a) \\
&= x D_{m+n}(x,a) - a D_{m+n-1}(x,a) \\
&= x(D_m(x,a) D_n(x,a) - \\
&\quad a^n D_{m-n}(x,a)) - a D_{m+n-1}(x,a) \\
&= x D_m(x,a) D_n(x,a) - a^n x D_{m-n}(x,a) - \\
&\quad a D_{m-1}(x,a) D_n(x,a) + a^{n+1} D_{m-1-n}(x,a) \\
&= (x D_m(x,a) - a D_{m-1}(x,a)) D_n(x,a) - \\
&\quad a^n(x D_{m-n}(x,a) - a D_{m-n-1}(x,a)) \\
&= D_{m+1}(x,a) D_n(x,a) - a^n D_{m-n+1}(x,a) \\
&= D_{m+1}(x,a) D_n(x,a) - a^n D_{m+1-n}(x,a)
\end{aligned}$$

因此,等式对所有非负整数 m 和 n 成立, $m > n$.

（2）对 n 推导也可得到这个性质,似次类推.

（3）由命题 1 的（2）

$$E_{m+n}(x,a) = \det\begin{pmatrix} x & a & 0 & \cdots & 0 \\ 1 & x & a & \cdots & 0 \\ \vdots & \vdots & \vdots & & \vdots \\ 0 & 0 & 0 & \cdots & a \\ 0 & 0 & 0 & \cdots & x \end{pmatrix}_{(m+n)\times(m+n)}$$

由拉普拉斯(Laplace)定理有

$E_{m+n}(x,a)$

$$= E_m(x,a)E_n(x,a) - \begin{vmatrix} x & a & 0 & \cdots & 0 \\ 1 & x & a & \cdots & 0 \\ 0 & 1 & x & \cdots & 0 \\ \vdots & \vdots & \vdots & & \vdots \\ 0 & 0 & 0 & \cdots & a \end{vmatrix} \cdot$$

$$\begin{vmatrix} 1 & a & 0 & \cdots & 0 \\ 0 & x & a & \cdots & 0 \\ 0 & 0 & x & \cdots & 0 \\ \vdots & \vdots & \vdots & & \vdots \\ 0 & 0 & 0 & \cdots & x \end{vmatrix}$$

$$= E_m(x,a)E_n(x,a) - aE_{m-1}(x,a)E_{n-1}(x,a)$$

注 1 从这个命题可以得到很多性质. 例如:

①结合这个命题可以归纳出引理 3 的(2)的证明方法如下,当 $m = 1$ 时易证,且

$$\begin{aligned} D_{(m+1)n}(x,a) &= D_{mn+n}(x,a) \\ &= D_{mn}(x,a)D_n(x,a) - a^n D_{(m-1)n}(x,a) \\ &= D_m(D_n(x,a))D_n(x,a) - \\ &\quad a^n D_{m-1}(D_n(x,a)) \\ &= D_{m+1}(D_n(x,a), a^n) \end{aligned}$$

②取 $m = n + 2, n = 2$,则引理 3 的(4)如下

52

$$D_{n+4}(x,a) = D_{(n+2)+2}(x,a)$$
$$= D_{n+2}(x,a)D_2(x,a) - a^2 D_{(n+2)-2}(x,a)$$
$$= (x^2 - 2a)D_{n+2}(x,a) - a^2 D_n(x,a)$$

③ 取 $m = 2^k, n = 1$(或 $m = 2^k, n = 2^k - 1$),引理 5 的(4)(或(5)) 如下. 类似地,引理 3 的(5) 可以概括为:

命题 2 函数方程:

(1) $D_{n+1}(x,a) = E_{n+1}(x,a) - aE_{n-1}(x,a) = xE_n(x,a) - 2aE_{n-1}(x,a)$;

(2) $D_{m+n}(x,a) = D_m(x,a)E_n(x,a) - aD_{m-1}(x,a)E_{n-1}(x,a)$.

证 (1)通过对 n 归纳,当 $n = 1$ 时结论是易得的,且

$$D_{n+2}(x,a) = xD_{n+1}(x,a) - aD_n(x,a)$$
$$= x(E_{n+1}(x,a) - aE_{n-1}(x,a)) - a(E_n(x,a) - aE_{n-2}(x,a))$$
$$= xE_{n+1}(x,a) - aE_n(x,a) - a(xE_{n-1}(x,a) - aE_{n-2}(x,a))$$
$$= E_{n+2}(x,a) - aE_n(x,a)$$

(2)利用对 n 归纳,则 $n = 1$ 时结论是显然正确的,且

$$D_{m+n+1}(x,a) = xD_{m+n}(x,a) - aD_{m+n-1}(x,a)$$
$$= x(D_m(x,a)E_n(x,a) - aD_{m-1}(x,a)E_{n-1}(x,a)) - a(D_m(x,a)E_{n-1}(x,a) - aD_{m-1}(x,a)E_{n-2}(x,a))$$
$$= (xE_n(x,a) - aE_{n-1}(x,a)) \cdot D_m(x,a) - aD_{m-1}(x,a) \cdot (E_{n-1}(x,a) - aE_{n-2}(x,a))$$

$$= D_m(x,a)E_{n+1}(x,a) -$$
$$aD_{m-1}(x,a)E_{n+1}(x,a)$$

对 m 进行推导可以得到相似的证明,证毕.

推论 1 如果 $\text{Char}(R) = 2$,那么

$$D_{n+1}(x,a) = xE_n(x,a)$$

舒尔(Schur)改进了第一类迪克森多项式的定义,并给出

$$D_0^*(x,a) = 1, D_1^*(x,a) = x$$
$$D_{n+1}^*(x,a) = 2xD_n^*(x,a) - aD_{n-1}^*(x,a)$$

第二类迪克森多项式已在舒尔的论文中给出

$$E_0^*(x,a) = 0, E_1^*(x,a) = 1$$
$$E_{n+1}^*(x,a) = 2xE_n^*(x,a) - aE_{n-1}^*(x,a)$$

符号同上,有:

引理 6 基本恒等式:

(1) $D_n^{*2}(x,a) - (x^2 - a)E_n^*(x,a) = a^n$;

(2) $D_{2n}^*(x,a) + a^n = 2D_n^{*2}(x,a)$;

(3) $D_{2n}^*(x,a) - a^n = 2(x^2 - a)E_n^{*2}(x,a)$;

(4) $D_{2n+1}^*(x,a) = 2(x^2 - a)E_n^*(x,a)E_{n+1}^*(x,a) +$ xa^n.

命题 3 递推关系:

(1) $D_{m+n}^*(x,a) = 2D_m^*(x,a)D_n^*(x,a) - a^nD_{m-n}^*(x,a)$, $m \geq n, m, n$ 是非负整数.

$$(2) E_{n+1}^*(x,a) = \det \begin{pmatrix} 2x & a & 0 & \cdots & 0 \\ 1 & 2x & a & \cdots & 0 \\ 0 & 1 & 2x & \cdots & 0 \\ \vdots & \vdots & \vdots & & \vdots \\ 0 & 0 & 0 & \cdots & 2x \end{pmatrix}, n \geq$$

$1,n$ 是整数

（3）$D_{m+n}^{*}(x,a) = 2(x^2 - a)E_m^{*}(x,a)E_n^{*}(x,a) + a^n D_{m-n}^{*}(x,a), m \geq n, m,n$ 是非负整数.

命题 1 的证明可类似得出,过程略.

J. F. Dillon 和 H. Dobbertin 提出了一系列新的带有 Singer 参数的循环差集,他们工作的核心部分给出了 MCM 多项式和迪克森多项式的新的关系.

通过这个方法可以诱发迪克森多项式的一些其他性质的建立.

用 $\hat{F}$ 表示定义在 $L = GF(2^m)$ 上的实值函数 F 的阿达玛（Hadamard）变换

$$\hat{F}(y) = q^{-\frac{1}{2}} \sum_{x \in L} F(x)\chi(xy)$$

χ 表示 L 上的典范加性特征, $\chi(x) = (-1)^{\mathrm{tr}(x)}$.

显然（结合律）, $\hat{\hat{F}} = F$.

对于映射 $\eta:L \to L$, 令

$$M_{\eta}(v) = \#\{x \in L \mid \eta(x) = v\}, v \in L$$

J. F. Dillon 和 H. Dobertin 证明了

$$\hat{M}_{f_k}(y) = \hat{M}_{D_{2^k+1}}(y^{2^k+1})$$

（其中 $f_k(x)$ 是一个 MCM 多项式）,且不加证明地提出如下引理:

引理 7 假设 $\gcd(k,m) = 1, L = F_q, q = 2^m, a = 1$, 则对于偶数 k 有

$$M_{D_{2^k-1}} = M_{D_3}$$

且对于奇数 k 有

$$M_{D_{2^k+1}} = M_{D_3}$$

事实上,我们可能将引理 7 推广为如下的命题:

命题 4　设 s,t 为正整数且 $t \mid s$

$$\gcd(s, q^2 - 1) = \gcd(t, q^2 - 1), q = 2^m, a = 1$$

则 $M_{D_s} = M_{D_t}$.

证　首先,可以证明

$$V_{D_s} = V_{D_t}$$

由引理 3 的(2), $D_s(x) = D_t(D_{\frac{s}{t}}(x)) \in V_{D_t}$,所以

$$V_{D_s} \subseteq V_{D_t}$$

另一方面,由文献[2],$\#V_{D_s} = \#V_{D_t}$,因此

$$V_{D_s} = V_{D_t}$$

其次,我们断言对 $\forall x \in L$,有

$$M_{D_s}(x) = M_{D_t}(x)$$

若 $x = 0$,则

$$\hat{M}_{D_s}(0) = \hat{M}_{D_t}(0) = q^{\frac{1}{2}}$$

若 $x \in L \backslash V_{D_s}$,则

$$M_{D_s}(x) = M_{D_t}(x) = 0$$

所以对 $\forall x \in L$ 有

$$\hat{M}_{D_s}(x) = q^{-\frac{1}{2}} \sum_{v \in L} M_{D_s}(v)\chi(vx)$$

$$= q^{-\frac{1}{2}} \sum_{v \in L} \chi(xD_s(v))$$

$$= q^{-\frac{1}{2}} \sum_{v \in L} \chi(xD_t(D_{\frac{s}{t}}(v)))$$

（引理 5 的(3)）

注意

$$\sum_{v \in L} \chi(xD_s(v)) = \sum_{v \in L} M_{D_s}(v)\chi(vx)$$

是根据变换

$$z = D_s(v)$$

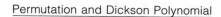

因为

$$\gcd\left(\frac{s}{t}, q^2 - 1\right) = 1$$

$D_{\frac{s}{t}}(x)$ 是 L 上的一个置换多项式,令 $z = D_{\frac{s}{t}}(x)$

$$\hat{M}_{D_s}(x) = q^{-\frac{1}{2}} \sum_{z \in L} \chi(x D_t(z))$$

$$= q^{-\frac{1}{2}} \sum_{z \in L} M_{D_t}(z) \chi(xz)$$

$$= \hat{M}_{D_t}(x)$$

最后,由对合律

$$M_{D_s} = M_{D_t}$$

证毕.

注 2   引理 7 是命题 4 的一个直接推论. 取 $n = 3$,则对偶数 $k, \gcd(k, m) = 1$,易检验

$$\gcd(2^k - 1, 2^{2m} - 1) = 2^{\gcd(k, 2m)} - 1 = 3$$
$$= \gcd(3, 2^{2m} - 1)$$

对于奇数 $k, \gcd(k, m) = 1$,因此

$$\gcd(2^k + 1, 2^{2m} - 1) \mid \gcd(2^{2k} - 1, 2^{2m} - 1)$$
$$= 2^{2\gcd(k, m)} - 1 = 3$$

所以

$$\gcd(2^k + 1, 2^{2m} - 1) = 3 = \gcd(3, 2^{2m} - 1)$$

命题 4 满足全部条件. 由命题 4 和引理 7 有如下推论:

推论 2   设 $L = F_q, q = 2^m$,则

$$M_{D_n} = M_{D_{\gcd(n, q^2 - 1)}}$$

证   取 $t = \gcd(s, q^2 - 1)$,则由命题 4 可得结论.

注 3   (1) 命题 4 和推论 2 对 q 是奇数且 $a = 1$ 情形时的迪克森多项式 $D_m(x, a)$ 和 $D_n(x, a)$ 仍然正确,对以上证明进行细微改动即可证明.

(2) 显见,推论 2 是引理 1 在 $a = 1$ 情形下的一般化.

参 考 文 献

[1] DICKSON L E. The analytic representation of substitutions on a power of a prime number of letters with a discussion of the linear group [J]. Ann. of Math. ,1896/97,11(1):65-120,161-183.

[2] LIDL R,MULLEN G L,TURNWALD G. Dickson polynomials,pitman monographs in pure and applied mathematics [M]. New York:John Wiley & Sons Inc. ,1993:1-78.

[3] SCHUR I. Arithmetisches über die Tschebyscheffschen Polynome,ges [M]. New York:Springer-Verlag,1973: 422-453.

[4] SUN Q,WAN D. Permutation polynomials and their applications [M]. 沈阳:辽宁教育出版社,1987.

[5] DILLON J F. Multiplicative difference sets via additive characters[J]. Designs,Codes and Cryptography,1999,17(3): 225-235.

关于迪克森多项式 $g_d(x, \pm 1)$ 的不动点问题[①]

第 4 章

四川大学数学系的文荣娟教授 1991 年完全解决了对于所有形如 $g_d(x, -1)$,的多项式在有限域 F_p 上的公共不动点个数问题,还解决了对于 $2 < p < 104\ 729$ 的素数 p,所有形如 $g_d(x, 1)$,的多项式在有限域 F_p 上的公共不动点个数问题. 从而,对于孙琦教授提出的猜想给予了支持性证明.

第 1 节 引 言

设 p 是一个素数,F_p 是含 p 元的有限域,$a \in F_p, d \geqslant 1$ 是一个整数,F_p 上 d 次迪克森多项式定义为

---

① 本章摘自《四川大学学报(自然科学版)》,1991 年,第 28 卷,第 4 期.

置换与 Dickson 多项式

$$g_d(x,a) = \sum_{i=0}^{[d/2]} \frac{d}{d-i}\binom{d-i}{i}(-a)^i x^{d-2i} \qquad (1)$$

这里, $[c]$ 表示不超过 c 的最大整数.

我们已熟知[①]:

(1) $g_d(x,a) = y_d + \dfrac{a^d}{y^d}$, 当 $x = y + \dfrac{a}{y}, p \in F_{p^2}$;

(2) $a = 0, g_d(x,0) = x^d$ 是 F_p 上的置换多项式的充分必要条件为 $(d,p-1) = 1$;

(3) $a \neq 0, g_d(x,a)$ 是 F_p 上的置换多项式的充分必要条件为 $(d,p^2-1) = 1$.

若设

$$P(0) = \{g_d(x,0) \mid d \in \mathbf{Z}_+, (d,p-1) = 1\}$$

$$P(a) = \{g_d(x,a) \mid d \in \mathbf{Z}_+, a \neq 0, (d,p^2-1) = 1\}$$
$$(2)$$

则知 $P(0), P(1), P(-1)$ 在关于多项式的合成运算下是封闭的, 且分别组成 F_p 上置换多项式群的子群. 在密码学中, $P(0), P(1), P(-1)$ 可以构造 RSA 公开密钥码体制. 因此, 研究它们的不动点个数问题, 对 RSA 体制的安全性很有意义.

不久前, 孙琦教授已对 $P(0)$ 在 F_p 上的公共不动点个数给出了证明. 对于 $P(-1), P(1)$ 在 F_p 上的公区不动点个数, 我们分别设集合

$$S(d,p) = \{b \mid g_d(b,-1) = b, b \in F_p, (d,p^2-1) = 1\}$$

$$S(d,p) = \{b \mid g_d(b,1) = b, b \in F_p, (d,p^2-1) = 1\}$$

表示对于给定的 d, $(d,p^2-1) = 1, g_d(x,-1)$,

① R. Lidl, H. Niederreiter. *Finite Fields: Encyclo. Math, and its Appls.*, Vol. 20, Addison-Wesley Reading Mass. 1983.

$g_d(x,1)$ 在 F_p 上的不动点. 再设

$$S(p) = \bigcap_{\substack{d,\mathbf{Z}^+ \\ (d,p^2-1)=1}} S(d,p), R(p) = \bigcap_{\substack{d,\mathbf{Z}^+ \\ (d,p^2-1)=1}} R(d,p)$$

表示 $P(-1), P(1)$ 在 F_p 上的公共不动点集.

第 2 节　主要结果和引理

定理 1　当素数 $p \equiv 3 (\mathrm{mod}\, 4)$ 时, $|S(p)| = 1$.

定理 2　当素数 $p \equiv 1 (\mathrm{mod}\, 4)$ 时, $|S(p)| = 1$.

定理 3　对于素数 $p, p(-1)$ 在 F_p 的公共不动点集 $S(p)$ 的个数为 1.

定理 4　当素数 p 合于下列条件之一, 则有 $|R(p)| = 5$.

（1）$P \not\equiv \pm 1 (\mathrm{mod}\, 67)$ 且 $P \not\equiv \pm 1 (\mathrm{mod}\, 11)$ 且 $P \not\equiv \pm 1 (\mathrm{mod}\, 17)$;

（2）$P \not\equiv \pm 1 (\mathrm{mod}\, 173)$ 且 $P \not\equiv \pm 1 (\mathrm{mod}\, 29)$ 且 $P \not\equiv \pm 1 (\mathrm{mod}\, 43)$;

（3）$P \equiv 19 (\mathrm{mod}\, 30)$.

定理 5　当素数 p 合于下列条件之一, 则有 $|R(p)| = 5$.

（4）$P \not\equiv \pm 1 (\mathrm{mod}\, 285)$ 且 $P \not\equiv \pm 1 (\mathrm{mod}\, 47)$ 且 $P \not\equiv \pm 1 (\mathrm{mod}\, 71)$;

（5）$P \not\equiv \pm 1 (\mathrm{mod}\, 787)$ 且 $P \not\equiv \pm 1 (\mathrm{mod}\, 197)$ 且 $P \not\equiv \pm 1 (\mathrm{mod}\, 131)$.

定理 6　对于素数 p 合于 $2 < p < 104\ 729$ 时, $P(1)$ 在 F_p 上的公共不动点集 $R(p)$ 的个数为 5.

置换与 Dickson 多项式

引理1[①] 若 F_p 是 p 个元素伽罗瓦(Galois)素域,
$P \equiv 1(\mathrm{mod}\ 2), d \equiv 1(\mathrm{mod}\ 2), d \in \mathbf{N}$,设

$$\varepsilon_{-1} = \begin{cases} 2 & \text{当 } d \equiv 1(\mathrm{mod}\ 4) \text{ 且 } P \equiv 1(\mathrm{mod}\ 4) \\ 0 & \text{其他} \end{cases}$$

则有

$$\begin{aligned}
\mid S(d,p) \mid = \frac{1}{2}\big[& a_1 \cdot (d+1, z(p+1)) + \\
& a_2 \cdot (d+1, p-1) + \\
& a_3 \cdot \left(\frac{d-1}{2}, p+1\right) + \\
& 1 \cdot (d-1, p-1)\big] - \varepsilon_{-1}
\end{aligned} \tag{3}$$

其中

$$a_1 = \begin{cases} 1 & \text{当 } v_2(d+1) = v_2(p+1) \text{ 时} \\ 0 & \text{否则} \end{cases}$$

$$a_2 = \begin{cases} 1 & \text{当 } v_2(d+1) < v_2(p-1) \text{ 时} \\ 0 & \text{否则} \end{cases}$$

$$a_3 = \begin{cases} 1 & \text{当 } v_2(d-1) > v_2(p+1) \text{ 时} \\ 0 & \text{否则} \end{cases}$$

这里,$v_2(m)$ 表示 m 的标准分解式中 2 的最高幂.

引理2[②] 若 F_p 是 p 元伽罗瓦素域,则有

$$\begin{aligned}
\mid R(d,p) \mid = \frac{1}{2}\big[& (d+1, p+1) + (d+1, p-1) + \\
& (d-1, p+1) + (d-1, p-1)\big] - 2
\end{aligned} \tag{4}$$

---

① 孙琦,置换多项式 x^k 的不动点问题,已投四川大学学报(自然科学版).

② Möbauer,*Acta Arith*,1955,ⅩⅣ,173-181.

第3节　定理的证明

定理 1 的证明　我们知道

$$g_d(x, -1) = \sum_{i=0}^{[d/2]} \frac{d}{d-i}\binom{d-i}{i}x^{d-2i}$$

有 $g_d(0, -1) = 0$,对任意 $d \in \mathbf{N}, (d, p^2 - 1) = 1$,故

$$|S(p)| \geqslant 1 \quad （对任意素数 p） \tag{5}$$

当 $p \equiv 3 \pmod 4$ 时,设 $p = 2^l m - 1, 2 \nmid m, l \geqslant 2$,因而,当 $m = 1, l = 2$,即 $p = 3$ 时,取 $d = 5$,则有 $g_5(x, -1) \in P(-1), a_1 = a_2 = a_3 = \varepsilon_{-1} = 0, |S(d, 3)| = 1$. 由式(5),得 $|S(3)| = 1$.

现在设 $p > 2$,以下分三种情形讨论:

(1) $m = 0 \pmod 3$,取 $d = 2^l m + 1$,则有

$$g_d(x, -1) \in P(-1), a_1 = a_2 = a_3 = \varepsilon_{-1} = 0$$

由引理 1 得

$$|S(2^l m + 1, p)| = 1$$

由式(5) 知

$$|S(p)| = 1$$

(2) $m \equiv 1 \pmod 3$,显然有 $2 \nmid l, l \geqslant 3$,取 $d = 2^l m - 3$,则有

$$g_d(x, -1) \in P(-1), a_1 = a_2 = a_3 = \varepsilon_{-1} = 0$$

由引理 1 得 $|S(2^l m - 3, p)| = 1$,由式(5) 知

$$|S(p)| = 1$$

(3) $m \equiv -1 \pmod 3$.

若 $l > 2$,则取 $d = 2^l m - 3$,与情形(2) 相同的讨论知 $|S(p)| = 1$.

若 $l = 2$,我们分两种情况:

①$m \equiv 3 \pmod 4$,取 $d = 2m + 1$,则有 $g_d(x, -1) \in P(-1)$,$a_1 = a_2 = a_3 = \varepsilon_{-1} \equiv 0$. 由引理 1 得

$$|S(2m + 1, p)| = 1$$

故 $|S(p)| = 1$.

②$m \equiv 1 \pmod 4$,取 $d = 6m - 1$,则有 $g_d(x, -1) \in P(-1)$,$a_1 = a_2 = a_3 = \varepsilon_{-1} = 0$. 由引理 1 得

$$|S(6m - 1, p)| = 1$$

故 $|S(p)| = 1$.

由情形(1)(2)(3) 知:$p \equiv 3 \pmod 4$ 时

$$|S(p)| = 1$$

证毕.

定理 2 的证明　这时设 $p = 2^l m + 1$,显然 $l \geq 2$,$2 \nmid m$. 取 $d = 2(p^2 - 1) - 1$,显然 $g_d(x, -1) \in P(-1)$. 由引理 1 知

$$a_1 = a_2 = a_3 = \varepsilon_{-1} = 0$$
$$|S(2(p^2 - 1) - 1, p)| = 1$$

故 $|S(p)| = 1$. 证毕.

于是,我们由此证明了定理 3.

在孙琦教授的《关于 Dickson 多项式的不动点问题》(在四川大学 1990 年科学报告会上的报告)中,孙琦教授已证明,对于大于 3 的素数 p,$|R(p)| \geq 5$,且对于满足下列八个条件之一的素数 p,证明了

$$|R(p)| = 5①$$

---

①　实际上,在《关于 Dickson 多项式的不动点问题》中,证明了更强的结果:对于满足八个条件之一的素数 p,均存在一个 F_p 上的 d 次多项式 $g_d(x, 1)$,使其不动点的个数恰为 5.

（1）$P \not\equiv \pm 1 (\bmod 5)$；

（2）$P \not\equiv \pm 1 (\bmod 7)$ 且 $P \not\equiv \pm 1 (\bmod 8)$；

（3）$P \not\equiv \pm 1 (\bmod 7)$ 且 $P \not\equiv \pm 1 (\bmod 12)$ 且 $P \not\equiv \pm 1 (\bmod 13)$；

（4）$P \not\equiv \pm 1 (\bmod 7)$ 且 $P \not\equiv \pm 1 (\bmod 11)$ 且 $P \not\equiv \pm 1 (\bmod 43)$；

（5）$P \not\equiv \pm 1 (\bmod 17)$ 且 $P \not\equiv \pm 1 (\bmod 18)$ 且 $P \not\equiv \pm 1 (\bmod 8)$；

（6）$P \equiv 11 (\bmod 30)$；

（7）$P \equiv 29 (\bmod 140)$；

（8）$P \equiv 99 (\bmod 280)$.

由此，他猜想，$P > 3$ 时素数有 $|R(p)| = 5$，我们因而有定理 4.

定理 4 的证明　对任意素数 p，有 $|R(p)| \geqslant 5$.

取 $d = 67$，则有 $g_d(x, 1) \in P(1)$. 由引理 2 知

$$|R(67, p)| = 5$$

于是，我们有 $|R(p)| = 5$，这就证明了条件（1）.

取 $d = 173$ 时，有 $g_d(x, 1) \in P(1)$. 由引理 2 知

$$|R(173, p)| = 5$$

于是，有 $|R(p)| = 5$，这就证明了条件（2）.

取 $d = p + 4$ 时，有 $g_d(x, 1) \in P(1)$. 由引理 2 知

$$|R(p + 4, p)| = 1$$

于是，有 $|R(p)| = 5$，这就证明了条件（3）.

利用 BASIC 语言设计程序，对于 $2 < p < 104\ 729$ 的素数作计算，共有下列 35 个素数均不满足《关于 Dickson 多项式的不动点问题》中的八个条件和本章定理 4 中的 3 个条件之一

5 279　5 849　5 881　17 401　20 639　20 879

22 679	26 641	29 581	30 449	36 541	36 721
38 011	38 281	46 441	53 129	55 681	59 159
60 631	64 439	64 499	67 079	70 951	71 399
76 561	78 301	78 541	81 839	84 391	87 119
87 719	87 721	88 681	103 529	103 001	

为计算这 35 个素数 p, 我们需证明定理 5.

定理 5 的证明　取 $d = 283$ 时, 因为

$$P \not\equiv \pm 1 (\mathrm{mod}\, 283)$$

则有 $g_d(x, 1) \in P(1)$. 由引理 2 知 $|R(283 \cdot p)| = 5$. 故 $|R(p)| = 5$, 这就证明了条件 (4).

当 $d = 787$ 时, 因为 $P \not\equiv \pm 1 (\mathrm{mod}\, 787)$, 则有 $g_d(x, 1) \in P(1)$. 由引理 2 知 $|R(787 \cdot p)| = 5$. 故 $|R(p)| = 5$, 这就证明了条件 (5). 证毕.

经计算知此 35 个素数均满足定理 5 的两个条件之一.

定理 6 的证明　因为 $2 < p < 104\,729$ 的素数 p 至少满足《关于 Dickson 多项式的不动点问题》中的八个条件和本章定理 4, 定理 5 的五个条件之一, 由已证明结果知, 对 $2 < p < 104\,729$ 的素数 p 有 $|R(p)| = 5$. 证毕.

关于迪克森多项式的
不动点问题[①]

设 $p > 3$ 是素数,四川大学数学系的孙琦教授 1993 年证明了,当 $p \not\equiv \pm 1 (\bmod 5)$ 或 $p \not\equiv \pm 1 (\bmod 7)$,且 $p \not\equiv \pm 1 (\bmod 8)$ 或 $p \equiv 11 (\bmod 30)$,等等,均存在有限域 F_p 上的 d 次置换多项式 $g_d(x,1)$,使其恰有 5 个不动点 $0, \pm 1, \pm 2$,并由此提出一个猜想. 此结果在运用置换多项式 $g_d(x,1)$ 构造 RSA 公开密钥码体制的研究中有重要意义.

设 p 是一个素数,F_p 代表含 p 个元的有限域. 设 $a \in F_p, d > 0$ 是一个整数,F_p 上的 d 次迪克森多项式定义为

$$g_d(x,a) = \sum_{i=0}^{\left[\frac{d}{2}\right]} \frac{d}{d-i} \binom{d-i}{i} (-a)^i x^{d-2i}$$

$$(1)$$

这里 $[c]$ 表示不超过 c 的最大整数.

---

① 本章摘自《四川大学学报(自然科学版)》,1993 年,第 30 卷,第 4 期.

置换与 Dickson 多项式

为方便计算,常常用到以下公式. 设 $x \in F_p$,则 x 能表示为 $x = y + \dfrac{a}{y}$,这里 $y \in F_{p^2}$,F_{p^2} 表示 F_p 的一个含 p^2 个元的扩域,我们有

$$g_d(x,a) = y^d + \frac{a^d}{y^d} \tag{2}$$

显然有 $g_d(x,0) = x^d$,x^d 是 F_p 上的置换多项式的充分必要条件是 $(d,p-1) = 1$;$a \neq 0$ 时,$g_d(x,a)$ 是 F_p 上的置换多项式的充分必要条件是 $(d,p^2-1) = 1$.

定义如下置换多项式组成的集

$$P(0) = \{g_d(x,0) \mid d \in \mathbf{Z}_+,(d,p-1) = 1\}$$

$$P(a) = \{g_d(x,a) \mid a \neq \mathbf{Z}_+,(d,p^2-1) = 1\}$$

我们有以下结果:$P(a)$ 在多项式的合成运算下是封闭的,当且仅当 $a = 0$,± 1,且有关系式 $g_{de}(x,a) = g_d(g_{de}(x,a),a)$. 此时,$P(a)(a = 0,\pm 1)$ 分别组成 F_p 上置换多项式群的一个子群.

迪克森多项式在密码学中有重要应用,运用 $P(a)(a = 0,\pm 1)$ 可以构造 RSA 公开密钥码体制[1]. 因此,研究它们的不动点问题,特别是研究其不动点数的最小值问题,对 RSA 体制的安全性很有意义. 由于 $g_d(x,0)$ 和 $g_d(x,-1)$ 的不动点个数的最小值问题均不难解决,本章将研究迪克森多项式 $g_d(x,1)$ 的情形.

设

$$S(d,p) = \{b \mid g_d(b,1) = b,b \in F_p,(d,p^2-1) = 1\}$$

---

[1] R. Lidl, H. Niederreiter. *Finite Fields*,*Encyclo. Math. and its Appls.*, V. 20,Addison-Wesley,Reading,Mass,1983.

孙琦,万大庆. 置换多项式及其应用,辽宁教育出版社,1987.

即 $S(d,p)$ 表示对于给定的 $d,(d,p^2-1)=1$,置换多项式 $g_d(x,1)$ 在 F_p 上的不动点的集.

定理 1　设 $p>3$ 是一个素数,则

$$|S(d,p)| \geqslant 5 \tag{3}$$

其对应的 F_p 上的 d 次置换多项式 $g_d(x,1)$ 的不动点均为 0,± 1,± 2;如果 p 还满足以下诸条件之一:

(1) $p \not\equiv \pm 1 (\mathrm{mod}\ 5)$;

(2) $p \not\equiv \pm 1 (\mathrm{mod}\ 7)$,且 $p \not\equiv \pm 1 (\mathrm{mod}\ 8)$;

(3) $p \not\equiv \pm 1 (\mathrm{mod}\ 7)$,且 $p \not\equiv \pm 1 (\mathrm{mod}\ 12)$ 和 $p \not\equiv \pm 1 (\mathrm{mod}\ 13)$;

(4) $p \not\equiv \pm 1 (\mathrm{mod}\ 7)$,且 $p \not\equiv \pm 1 (\mathrm{mod}\ 11)$ 和 $p \not\equiv \pm 1 (\mathrm{mod}\ 43)$;

(5) $p \not\equiv \pm 1 (\mathrm{mod}\ 17)$,且 $p \not\equiv \pm 1 (\mathrm{mod}\ 18)$ 和 $p \not\equiv \pm 1 (\mathrm{mod}\ 8)$;

(6) $p \equiv 11 (\mathrm{mod}\ 30)$;

(7) $p \equiv -1 (\mathrm{mod}\ 5)$,且 $p \not\equiv -1 (\mathrm{mod}\ 7)$ 和 $p \not\equiv -1 (\mathrm{mod}\ 8)$;

(8) $p \equiv 1 (\mathrm{mod}\ 5)$,且 $p \not\equiv 1 (\mathrm{mod}\ 7)$ 和 $p \not\equiv 1 (\mathrm{mod}\ 8)$,

则存在 F_p 上的 d 次置换多项式 $g_d(x,1)$,使得 $|S(d,p)|=5$.

证　由式(1)可知,对任意的 $d>0$,有

$$g_d(0,1)=0$$

取 $x=2 \in F_p$,在式(2)中可取 $y=1$,因此,由式(2)可得 $g_d(2,1)=2$,这一等式对任意的 d 均成立.

因为 $(d,p^2-1)=1$,故 d 是奇数,式(1)给出

$$g_d(-x,1)=-g_d(x,1) \tag{4}$$

故对任给的 $d,(d,p^2-1)=1$,有 $g_d(-2,1)=-2$.

置换与 Dickson 多项式

因为 $p > 3, (d, p^2 - 1) = 1$, 故 $3 \nmid d$. 设 $y \in F_{p^2}$, 使 $y^2 + y + 1 = 0$, 即 $-1 = y + \dfrac{1}{y}$, 且 $y^3 = 1$, 由式 (2), 可得

$$g_d(-1, 1) = y^d + \frac{1}{y^d} \tag{5}$$

因为 $3 \nmid d, y^3 = 1$, 式 (5) 给出 $g_d(-1, 1) = y + \dfrac{1}{y} = -1$, 等式对任给的 $d, (d, p^2 - 1) = 1$ 均成立. 再由式 (4) 可知, $g_d(1, 1) = -g_d(-1, 1)$. 由于 $p > 3, 0,$ $\pm 1, \pm 2$ 是 F_p 中不同的元, 这就证明了 $p > 3$ 时, F_p 上任意一个 d 次置换多项式 $g_d(x, 1)$ 在 F_p 上均有 5 个不动点: $0, \pm 1, \pm 2$. 同时, 也证明了式 (3) 成立.

当 $p \not\equiv \pm 1 (\bmod 5)$ 时, $(5, p^2 - 1) = 1, g_5(x, 1)$ 是 F_p 上的置换多项式, 即 $g_5(x, 1) \in P(1)$. 1985 年, Nöbauer[1] 曾证明

$$|s(d, p)| = \frac{1}{2}[(d + 1, p + 1) + (d + 1, p - 1) +$$
$$(d - 1, p + 1) + (d - 1, p - 1)] - 2 \tag{6}$$

其中 (u, v) 表示整数 u 和 v 的最大公因数, 故 $d = 5$ 时, 式 (6) 给出

$$|S(5, p)| = \frac{1}{2}[6, p + 1) + (6, p - 1) +$$
$$(4, p + 1) + (4, p - 1)] - 2$$

当 $p > 3$ 时, 有

$$|S(5, p)| = \frac{6 + 2 + 4 + 2}{2} - 2 = 5$$

① L. Mullen Gary, 数学进展, 1991, 1:24-32.

这便证明了 $g_5(x,1)$ 在 F_p 上恰有 5 个不动点,即为 0,
± 1, ± 2. p 满足条件(1) 时,定理 1 成立.

当 $p \not\equiv 1(\mathrm{mod}\ 7)$ 时
$$(7, p^2 - 1) = 1$$
故 $g_7(x,1) \in P(1)$,由式(6)
$$|S(7,p)| = \frac{1}{2}[\,(8, p + 1) + (8, p - 1) +$$
$$(6, p + 1) + (6, p - 1)\,] - 2$$
当 $p \not\equiv \pm 1(\mathrm{mod}\ 8)$ 时,有
$$|S(7,p)| = \frac{4 + 2 + 6 + 2}{2} - 2 = 5$$

这便证明了 p 满足条件(2) 时定理 1 成立.

当 $p \not\equiv \pm 1(\mathrm{mod}\ 13)$ 时, $(13, p^2 - 1) = 1$,故
$g_{13}(x,1) \in P(1)$,由式(6)
$$|S(13,p)| = \frac{1}{2}[\,(14, p + 1) + (14, p - 1) +$$
$$(12, p + 1) + (12, p - 1)\,] - 2$$
当 $p \not\equiv \pm 1(\mathrm{mod}\ 7)$ 和 $p \not\equiv \pm 1(\mathrm{mod}\ 12)$ 时,有
$$|S(13,p)| = \frac{2 + 2 + 6 + 4}{2} - 2 = 5$$

这便证明了 p 满足条件(3) 时定理 1 成立.

当 $p \not\equiv \pm 1(\mathrm{mod}\ 43)$ 时,有 $(43, p^2 - 1) = 1$,故
$g_{45}(x,1) \in P(1)$,由式(6)
$$|S(43,p)| = \frac{1}{2}[\,(44, p + 1) + (44, p - 1) +$$
$$(42, p + 1) + (42, p - 1)\,] - 2$$
当 $p \not\equiv \pm 1(\mathrm{mod}\ 7)$ 和 $p \not\equiv \pm 1(\mathrm{mod}\ 11)$ 时,有
$$|S(43,p)| = \frac{4 + 2 + 6 + 2}{2} - 2 = 5$$

这便证明了 p 满足条件(4)时定理 1 成立.

当 $p \not\equiv \pm 1 (\bmod 17)$ 时，$(17, p^2 - 1) = 1$，故 $g_{17}(x, 1) \in P(1)$，由式(6)

$$|S(17, p)| = \frac{1}{2}[(18, p+1) + (18, p-1) + (16, p+1) + (16, p-1)] - 2$$

当 $p \not\equiv \pm 1 (\bmod 18)$ 和 $p \not\equiv \pm 1 (\bmod 8)$ 时，有

$$|S(17, p)| = \frac{6 + 2 + 4 + 2}{2} - 2 = 5$$

这便证明了 p 满足条件(5)时定理 1 成立.

当 $p \equiv 11 (\bmod 30)$ 时，取 $d = p - 4$，$(p - 4, p^2 - 1) = 1$，故 $g_{p-4}(x, 1) \in P(1)$，由式(6)

$$|S(p-4, p)| = \frac{1}{2}[(p-3, p+1) + (p-3, p-1) + (p-5, p+1) + (p-5, p-1)] - 2$$

$$= \frac{1}{2}[(4, p+1) + (2, p-1) + (6, p+1) + (4, p-1)] - 2$$

$$= \frac{4 + 2 + 2 + 6}{2} - 2 = 5$$

这便证明了 p 满足条件(6)时定理 1 成立.

当 $p \equiv -1 (\bmod 5)$ 和 $p \not\equiv -1 (\bmod 7)$ 时，取 $d = p - 6$，$(p - 6, p^2 - 1) = 1$，故 $g_{p-6}(x, 1) \in P(1)$，由式(6)

$$|S(p-6, p)| = \frac{1}{2}[(p-5, p+1) + (p-5, p-1) + (p-7, p+1) + (p-7, p-1)] - 2$$

$$= \frac{1}{2}[(6, p+1) + (4, p-1) +$$

$$(8,p+1) + (6,p-1)] - 2$$

当 $p \not\equiv -1 \pmod 8$ 时，有

$$| S(p-6,p) | = \frac{6+2+2+4}{2} - 2 = 5$$

这便证明了 p 满足条件(7)时定理 1 成立.

当 $p \equiv 1 \pmod 5$ 和 $p \not\equiv 1 \pmod 7$ 时，取

$$d = p+6, (p+6, p^2-1) = 1$$

故 $g_{p+6}(x,1) \in P(1)$，由式(6)

$$| S(p+6,p) | = \frac{1}{2}[(p+7,p+1) + (p+7,p-1) +$$

$$(p+5,p+1) + (p+5,p-1)] - 2$$

$$= \frac{1}{2}[(6,p+1) + (8,p-1) +$$

$$(4,p+1) + (6,p-1)] - 2$$

当 $p \not\equiv 1 \pmod 8$ 时，有

$$| S(p+6,p) | = \frac{6+2+4+2}{2} - 2 = 5$$

这便证明了 p 满足条件(8)时定理 1 成立. 证毕.

实际上，还可以进一步得到 p 满足的一些同余条件，使得定理 1 成立. 但是，所有这样的同余式，尚不能覆盖大于 3 的全体素数.

我们有以下的猜想.

猜想 1 设 $p > 3$ 是一个素数，则存在 F_p 上的 d 次置换多项式 $g_d(x,1)$，使得 $| S(d,p) | = 5$. 由式(6)，猜想 1 与下面的猜想 2 等价.

猜想 2 设 $p > 3$ 是一个素数，则存在整数 $d > 0$，使得 $(d, p^2-1) = 1$，且 $(d+1, p+1) + (d+1, p-1) + (d-1, p+1) + (d-1, p-1) = 14$.

最后，我们给出的定理，对于运用迪克森多项式

$g_d(x,1)$ 构造 RSA 公开密钥密码体制的研究,有重要意义. 用此定理,我们可以适当选取两个不同的大素数 p,q,设 $m = pq$,则能构造出环 $Z/(m)$ 上的置换多项式 $g_d(x,1)$,它在环 $Z/(m)$ 上的不动点恰为 25 个(不动点的个数最少),且利用孙子定理,可计算出其对应的 25 个不动点为 $X \equiv 0,\ \pm 1,\ \pm 2(\bmod p)$,$X \equiv 0,\ \pm 1,\ \pm 2(\bmod q)$.

迪克森多项式 $g_e(x,1)$
公钥密码体制的新算法[①]

① 本章摘自《四川大学学报(自然科学版)》,2002年,第39卷,第1期.

第

6

章

第 1 节 引 言

传统的 RSA 是利用剩余类环 Z/nZ 上的置换多项式 x^e(它也是一类特殊的迪克森多项式)构造公钥密码体制,这时 $n = pq,p,q$ 是两个不同的大素数

$$(e,(p-1)(q-1)) = 1$$

熟知,若

$$ed \equiv 1(\mathrm{mod}\ (p-1)(q-1))$$

则 x^d 可作为 x^e 的逆,即 e 是加密密钥(公开的),d 是解密密钥(秘密的). 在 RSA 提出后不久,利用迪克森多项式 $g_e(x,1)$ 与 x^e 有类似的性质,穆勒(Muller)和诺鲍尔

（Nobauer）[1] 采用了迪克森多项式 $g_e(x,1)$ 构造新的公钥密码体制,这里 $g_e(x,1)$ 模 n 运算代替了 x^e 模 n 运算. 1985 年和 1988 年,诺鲍尔[2] 又研究了其安全性. 1993 年,史密斯（Smith）等[3]利用卢卡斯序列的性质提出了 LUC 公钥密码体制,史密斯称 LUC 是 RSA 主宰公钥密码 15 年后唯一出现的一种可替代 RSA 的新体制. 实际上,LUC 就是迪克森多项式 $g_e(x,1)$ 构造的公钥密码体制.

四川大学数学学院的孙琦、张起帆、彭国华三位教授 2002 年引入整数的一种标准二进制表示法,当群 G 中的元素求逆的计算量很小时,用这一标准二进制表示法计算群元素的整数倍,比普通的方法,如著名的"平方－和－乘法"方法,大约可减少 1/4 的计算量. 设 $2\nmid n$,$R = Z/nZ$ 是整数模 n 的剩余类环,作者证明了 $g_e(a,1)$ 模 n 的计算可化为计算交换半群 $(R^2,\oplus)$ 的子群 $R_d = \{(x,y) \in R^2 \mid x^2 - dy^2 = 4, d = a^2 - 4\}$ 中

① W. B. Muller,W. Nobauer. *Studia Scientiavum Mathematicaram Hungarica*,1981,16:71-76.

W. B. Muller,W. Nobauer. *Cryptanalysis of the Dickson Scheme. Advances in Cryptology-EUROCRYPT'85 Proceedings*,Springer-Verlag. 1986: 50-61.

② R. Nobauer. *Cryptanalysis of the Redei Scheme. Contributions to General Algebra* 3:*Proceedings of the Vienna Conference.* Verlag Holder-Pichler-Tempsky,1985: 255-264.

R. Nobauer. Math. *Slovaca*,1988,38(4):309-323.

③ P. Smith. *LUC Public-Key Encryption.* Dr. Dobb's Journal, 1993,18(1):44-49.

P. Smith. M. Lennon. *LUC: A New Public Key System.* Proceedings of the Ninth Internationnal Conference On Information Security, IFTP/Sec,1993:44-49.

的元素 $e(a,1) = (a,1) \oplus \cdots \oplus (a,1)$($e$ 个相加),而 R_d 中元素 (x,y) 的逆元 $(x,-y)$ 是容易计算的. 由此,得到了迪克森多项式 $g_e(x,1)$ 公钥密码体制的新算法,$g_e(a,1)$ 模 n 的计算量大约 $3\log_2 e$ 次模 n 的乘法运算. 换句话说,本章得到了 LUC 公钥密码体制的一个新算法,V_e 模 n 的计算量约为 $3\log_2 e$ 次模 n 的乘法运算,V_e 是卢卡斯序列,它比史密斯所列算法更为简明.

第 2 节   整数的标准二进制表示

熟知,任意的正整数 e,不妨设 $2^k \leqslant e < 2^{k+1}, k \geqslant 0$,通常有二进制表示 $e = (a_k \cdots a_1 a_0) = \sum_{i=0}^{k} a_i 2^i, a_i = 0, 1, a_i$ 可由下列带余除法确定

$$e = 2n_1 + a_0$$
$$n_1 = 2n_2 + a_1$$
$$\vdots$$
$$n_{k-2} = 2n_{k-1} + a_{k-2}$$
$$n_{k-1} = 2n_k + a_{k-1}$$

这里 $n_k = a_k = 1$. 显然有

$$e = a_0 + 2(a_1 + \cdots + 2(a_{k-1} + 2)) \qquad (1)$$

现将同样的 e 表示为另一种二进制表示,我们称为 e 的广义二进制表示:$e = (b_h \cdots b_1 b_0) = \sum_{i=0}^{h} b_i 2^i$,$b_i = 0, 1, -1$. 这样的表示法当然不唯一,但有一种标准的表示法,它有最少的非 0 的 b_i,且表示法唯一.

定义 1   若 $e = (b_h \cdots b_1 b_0)$,且对任意 $0 \leqslant i < h$,

77

有 $b_i b_{i+1} = 0$，则称 $(b_n \cdots b_1 b_0)$ 为 e 的标准二进制表示.

命题 1 正整数 e 的标准二进制表示唯一.

证 设 e 有两种标准二进制表示 $(b_h \cdots b_1 b_0)$ 和 $(c_r \cdots c_1 c_0)$. 若 $b_0 = 0$，则 e 是偶数，故 $c_0 = 0$. 若 $b_0 \neq 0$，则 b_0 是奇数，故 $c_0 \neq 0$，于是，由定义 1，可得 $b_1 = c_1 = 0$，$e \equiv b_0 \equiv c_0 \pmod 4$，所以 $b_0 = c_0$，依此类推可得 $b_i = c_i$ 及 $h = r$. 证毕.

从以上证明可总结如下求 e 的标准二进制表示的算法

$$e = 2m_1 + b_0$$
$$m_1 = 2m_2 + b_1$$
$$\vdots$$
$$m_{h-2} = 2m_{h-1} + b_{h-2}$$
$$m_{h-1} = 2m_h + b_{h-1}$$
$$m_h = b_h = 1, h = k \text{ 或 } k+1$$

我们有

$$e = (b_h \cdots b_1 b_0) = \sum_{i=0}^{h} b_i 2^i$$
$$= b_0 + 2(b_1 + \cdots + 2(b_{h-1} + 2)) \qquad (2)$$

下面例子表明通常的二进制可以从低位到高位转换为标准二进制

$$(11) = (10 - 1)$$
$$(11011) = (1110 - 1) = (100 - 10 - 1)$$

注 若 e 在二进制表示下是 f 位，则在标准二进制表示下是 f 位或 $f+1$ 位，且非零的位数至多是 $[\frac{f}{2}] + 1$.

第3节　群元素的整数倍的计算

设 G 是群,对 G 中元素 g 和正整数 e,有什么快速计算 g 的 e 倍 eg 的方法?通常有两种计算量相当的类似算法:

算法 1:利用 e 的二进制表示$(a_k \cdots a_1 a_0)$,则有

$$eg = \sum_{i=0}^{h} a_i (2^i g)$$

这样,总共需要 k 次计算 2 倍的运算和 $l-1$ 次 G 上的加法运算. 这里 l 表示非零的 a 的个数. 故总共需 $k+l-1$ 次群 G 上的基本运算. 在最坏的情况下需 $2k$ 次群 G 上的基本运算,这里 $k = [\log 2e]$,函数 $[x]$ 表示不超过整数 x 的最大整数.

算法 2:利用式(1),有

$$eg = a_0 g + 2(a_1 g + \cdots + 2(a_{k-1} g + 2g))$$

总计算量仍为 $k+l-1$ 次群 G 上的基本运算,但这里的加法运算都是加 g,这就是著名的"平方 – 和 – 乘法"算法. 在最坏的情况下,仍需要 $2k$ 次群 G 上的基本运算.

如在算法 2 中用标准二进制代替二进制,可得下列更好的算法.

算法 3:利用 e 的标准二进制表示$(b_h \cdots b_1 b_0)$ 和式(2) 可得

$$eg = b_0 g + 2(b_1 g + \cdots + 2(b_{h-1} g + 2g))$$

这样,总计算量为 $h+t-1$ 次 G 上的基本运算和一次求逆的运算,这里 t 表示非零的 b 的个数,而 $h = $

$[\log_2 e]$ 或 $[\log_2 e] + 1, t \leqslant \left[\dfrac{[\log_2 e] + 1}{2}\right] + 1 \leqslant$ $\dfrac{1}{2}[\log_2 e] + \dfrac{3}{2}$,因此,在最坏的最况下需 $\dfrac{3}{2}[\log_2 e] +$ $\dfrac{3}{2}$ 次群 G 上的基本运算和一次求逆的运算.

对很多有用的群,求元素的逆的计算量小得可以忽略不计,此时算法 3 的优越性立见,比算法 1 和算法 2 节约计算量约 1/4. 有限域上椭圆曲线的点构成的群就是这种求逆简单的群. 下面将看到,本章所讨论的密码系统依赖一种特殊的群,它也是求逆简单的.

第 4 节　交换半群 $(R^2, \oplus)$ 及其子群

对任意具有单位元 1 的交换环 R,且 2 是 R 的乘法可逆元. 定义 R^2 上的运算 $\oplus$

$$(x_1, y_1) \oplus (x_2, y_2) = \left(\frac{x_1 x_2 + d y_1 y_2}{2}, \frac{x_1 y_2 + x_2 y_1}{2}\right)$$

其中 d 为 R 中一固定元.

不难验证 $(R^2, \oplus)$ 构成交换半群,且有单位元 $(2, 0)$.

命题 2　令 $R_d = \{(x, y) \in R^2 \mid x^2 - d y^2 = 4\}$, 则 R_d 为 $(R^2, \oplus)$ 的一个子群,且 (x, y) 的逆元为 $(x, -y)$.

证　首先证明 R_d 对运算 $\oplus$ 是封闭的. 设 $(x_1, y_1) \in R_d, (x_2, y_2) \in R_d$,由定义

$$(x_1, y_1) \oplus (x_2, y_2) = \left(\frac{x_1 x_2 + d y_1 y_2}{2}, \frac{x_1 y_2 + x_2 y_1}{2}\right)$$

由于

$$16 = (x_1^2 - dy_1^2)(x_2^2 - dy_2^2)$$
$$= (x_1 x_2 + dy_1 y_2)^2 - d(x_1 y_2 + x_2 y_1)^2$$

故

$$\left(\frac{x_1 x_2 + dy_1 y_2}{2}\right)^2 - d\left(\frac{x_1 y_2 + y_1 x_2}{2}\right)^2 = 4$$

即知 R_d 对 $(R^2, \oplus)$ 中的运算 $\oplus$ 是封闭的. 对任一 R_d 中的元素 (x, y),我们有

$$(x, y) \oplus (x, -y) = \left(\frac{x^2 - dy^2}{2}, 0\right) = (2, 0)$$

$$(x, -y) \oplus (x, y) = \left(\frac{x^2 - dy^2}{2}, 0\right) = (2, 0)$$

故 R_d 中任一元 (x, y) 有唯一的逆元 $(x, -y)$,这便证明了 R_d 是 $(R^2, \oplus)$ 的一个子群. 证毕.

第5节 迪克森多项式 $g_e(x, 1)$ 公钥密码体制及其新算法

设 e 是正整数,x_1 和 x_2 是变元,有恒等式

$$x_1^e + x_2^e = \sum_{j=0}^{\left[\frac{e}{2}\right]} \frac{e}{e-j}\binom{e-j}{j}(-x_1 x_2)^j (x_1 + x_2)^{e-2j}$$

$$(3)$$

定义2 $g_e(x, a) = \sum_{j=0}^{\left[\frac{e}{2}\right]} \frac{e}{e-j}\binom{e-j}{j}(-a)^j x^{e-2j}$ 称为迪克森多项式.

81

在式(3)中令 $x_1 = y, x_2 = \dfrac{a}{y}$，得 $y^e = \left(\dfrac{a}{y}\right)^e = g_e\left(y + \dfrac{a}{y}, a\right) g_e(x, 0) = x^e$.

迪克森多项式 $g_e(x, 1)$ 有下列基本性质：

(1) $g_e\left(y + \dfrac{1}{y}, 1\right) = y^e + \dfrac{1}{y^e}$.

(2) $g_e(x, 1)$ 与 $g_d(x, 1)$ 的合成为 $g_{de}(x, 1)$，即 $g_{de}(x, 1) = g_d(g_e(x, 1), 1) = g_e(g_d(x, 1), 1)$.

(3) 设 $g_e(x, 1) = g_e$，有递推关系：$g_1 = x, g_2 = x^2 - 2, g_{e+2} = x g_{e+1} - g_e, e \geqslant 1$.

(4) 设 $n = pq$，$(e, (p^2 - 1)(q^2 - 1)) = 1$，则 $g_e(x, 1)$ 为模 n 的置换多项式，且 $g_e(x, 1)$ 模 n 的逆为 $g_d(x, 1)$，d 由关系 $de \equiv 1 (\bmod (p^2 - 1)(q^2 - 1))$ 确定. 因此，可用 $g_e(x, 1)$ 模 n 作为加密函数构造公钥密码体制，e 为加密密钥，d 是解密密钥，由加密密钥求解密密钥需分解 n. 下面将给出一个新的加密算法.

讨论加密算法，即对整数 a, n，求 $g_e(a, 1) \bmod n$？

熟知，由 a 可作下列卢卡斯序列

$$U_0 = 0, U_1 = 1, U_{e+1} = a U_e - U_{e-1} \tag{4}$$

$$V_0 = 2, V_1 = a, V_{e+1} = a V_e - V_{e-1} \tag{5}$$

$e \geqslant 1$，且有通项公式

$$U_e = \frac{\alpha^e - \beta^e}{\alpha - \beta}, V_e = \alpha^e + \beta^e \quad (e \geqslant 1) \tag{6}$$

α, β 是方程 $x^2 - ax + 1 = 0$ 的根.

由迪克森多项式 $g_e(x, 1)$ 的性质 1 和式(6)知 $V_e = g_e(a, 1)$. 因此，加密算法转化为求 $V_e \bmod n$. 这

82

就是为什么我们说 LUC 公钥密码和 $g_e(x,1)$ 构造的公钥密码是同一体制.

由递推关系或通项公式不难验证下列基本关系(参见《数论讲义上册(第二版)》(柯召,孙琦,高等教育出版社,2001))

$$V_{e+r} = \frac{1}{2}(V_e V_r + (a^2 - 4) U_e U_r) \qquad (7)$$

$$V_{e+r} = \frac{1}{2}(V_e U_r + U_e V_r) \qquad (8)$$

$$V_e^2 - (a^2 - 4) U_e^2 = 4 \qquad (9)$$

现取 $R = Z/nZ, d = a^2 - 4, 2 \nmid n$,即 2 是 R 中的乘法可逆元. 在不致混淆的情况下,不区别整数和 Z/nZ 中的元素. 可将 V_n, U_n 都看作 Z/nZ 中的序列,由式 (4)(5)确定. 关系式(7)(8)(9)仍然成立. 在 $(R^2, \oplus)$ 的子群 R_d 中,有 $(V_e, U_e) \oplus (V_r, U_r) = (V_{e+r}, U_{e+r})$,于是 $(V_e, U_e) = e(V_1, U_1) = e(a,1)$,因为 R_d 的任一元 (x,y) 的逆元为 $(x, -y)$,极易计算,所以,我们能够在 R_d 上用算法 3 来计算 (V_e, U_e),这就是本章提出的新算法.

现分析新算法的计算量

$$2(x,y) = (x,y) \oplus (x,y) = \left(\frac{x^2 + dy^2}{2}, xy\right)$$
$$= (x^2 - 2, xy)$$

一次 2 倍运算需要 2 次模 n 的乘法运算

$$(x,y) \oplus (a,1) = \left(\frac{ax + (a^2 - 4)y}{2}, \frac{x + ay}{2}\right)$$
$$= \left(a \cdot x \frac{x + ay}{2} - 2y, \frac{x + ay}{2}\right)$$

83

$$(x,y) \oplus (-(a,1)) = (x,y) \oplus (a,-1)$$
$$= \left(\frac{ax - (a^2 - 4)y}{2}, \frac{ay - x}{2} \right)$$
$$= \left(-a \cdot \frac{ay - x}{2} + 2y, \frac{ay - x}{2} \right)$$

计算 $(x,y) \oplus (a,1)$ 或 $(x,y) \oplus (-(a,1))$ 都只要 2 次模 n 的乘法运算. 设 e 的标准二进制表示为 $e = (b_n \cdots b_1 b_0)$,则用算法 3 计算 $(V_e, U_e) = e(a,1)$ 至多需作 $2\left(\dfrac{3}{2}[\log_2 e] + \dfrac{3}{2} \right) = 3[\log_2 e] + 3$ 次模 n 的乘法运算.

注意:设 n 的二进制表示有 k 比特,即

$$k = [\log_2 n] + 1 \quad (x,y \in Z/nZ)$$

这里 $0 \leqslant x, y \leqslant n - 1$,那么 $xy \bmod n$,能通过计算 xy 的乘积(它是 $2k$ 比特整数),然后,用模 n 作带余除法完成,这两个步骤均能在时间 $O(k^2)$ 内完成. 以上计算称模 n 的乘法运算.

第 6 节   例

本节给出一个简单的例子,说明用新算法加密和解密的过程.

例 1   设 $n = 7 \circ 11 = 77, e = 23, a = 15$,加密算法:求 $V_{23} \bmod 77$?

23 的二进制表示和标准二进制表示分别为

$$23 = 2^4 + 2^2 + 2 + 1$$

$$23 = 2^5 - 2^3 - 1$$

$$(2^5 - 2^3 - 1)(15,1)$$

$$= -(15,1) \oplus 2^3(-(15,1) \oplus 2^2(15,1))$$

$$= (15,-1) \oplus 2^3((15,-1) \oplus 2(69,15))$$

$$= (15,-1) \oplus 2^3((15,-1) \oplus (62,34))$$

$$= (15,-1) \oplus 2^3(19,70)$$

$$= (15,-1) \oplus 2^2(51,21)$$

$$= (15,-1) \oplus 2(58,-7)$$

$$= (15,-1) \oplus (51,56)$$

$$= (8,48)$$

我们有 $V_{23} \equiv 8 \pmod{77}$，即密文为 8.

解密算法: 由于

$$(7^2 - 1)(11^2 - 1) = 5\,760$$

$$(23,5\,760) = 1$$

$$23 \circ 4\,007 \equiv 1 \pmod{5\,760}$$

故 $d = 4\,007$ 为解密密钥.

d 的二进制表示和标准二进制表示分别为：

$$4\,007 = 2^{11} + 2^{10} + 2^9 + 2^8 + 2^7 + 2^5 + 2^2 + 2 + 1$$

$$4\,007 = 2^{12} - 2^7 + 2^5 + 2^3 - 1$$

解密算法: 取

$$d = 4\,007, a = 8, n = 77$$

计算 $V_{4\,407} \bmod 77$

$$(2^{12} - 2^7 + 2^5 + 2^3 - 1)(8,1)$$

$$= (8,-1) \oplus$$

$$2^3((8,1) \oplus 2^2((8,1) \oplus 2^2((8,-1) \oplus$$

$$2^5(8,1))))$$

$$= (8, -1) \oplus 2^3((8,1) \oplus 2^2((8,1) \oplus$$
$$2^2((8,-1) \oplus (62,8))))$$
$$= (8, -1) \oplus 2^3((8,1) \oplus 2^2((8,1) \oplus 2^2(8,1)))$$
$$= (8, -1) \oplus 2^3((8,1) \oplus 2^2((8,1) \oplus (-8,34)))$$
$$= (8, -1) \oplus 2^3((8,1) \oplus 2^2(64,55))$$
$$= (8, -1) \oplus 2^3((8,1) \oplus (13,22))$$
$$= (8, -1) \oplus 2^3(19,56)$$
$$= (8, -1) \oplus (51,14)$$
$$= (15, -8)$$

以上加、解密的算法中均为模 77 的运算,故 $V_{4\,007} \equiv 15 \pmod{77}$. 故从密文 8 恢复了明文 15.

注意:这个例子仅仅说明如何用新算法进行加密和解密. 对于公开密钥 $e, n = pq$,由于采用同余式

$$ed \equiv 1 \pmod{(p^2 - 1)(q^2 - 1)}$$

决定私钥 d,其值常常比较大. 实际上,随机数 e 也可能比较大,如果利用以下的结果(参阅史密斯的文章),可以使 e 和 d 的值大大减少.

设 $n > 1$ 是奇数,a 是非负整数,$(a^2 - 4, n) = 1$,则对任意正整数 k 有

$$V_{kr(a)+1} \equiv V_1 = a \pmod{n}$$

这里 $r(a) = \prod_{p^e \| n} p^{e-1}(p - (\frac{a^2 - 4}{p}))$,$(\frac{a^2 - 4}{p})$ 是勒让德符号.

设 $n = pq$,p 和 q 是两个不同的大素数,加密密钥 e 是一个随机数,满足

$$(e, \mathrm{lcm}[p - 1, p + 1, q - 1, q + 1]) = 1$$

则解密密钥 d 为下面四种可能的情形中的一种

$$ed \equiv 1 \pmod{(p + 1)(q + 1)}$$

$$ed \equiv 1(\mathrm{mod}\ (p+1)(q-1))$$
$$ed \equiv 1(\mathrm{mod}\ (p-1)(q+1))$$
$$ed \equiv 1(\mathrm{mod}\ (p-1)(q-1))$$

仍用本例:密文 $= 8, n = 77, e = 23, (23, \mathrm{lcm}[6, 8, 10, 12] = 120) = 1, d$ 为下面四种可能的情形中的一种

$$23d \equiv 1(\mathrm{mod}\ 96)$$
$$23d \equiv 1(\mathrm{mod}\ 80)$$
$$23d \equiv 1(\mathrm{mod}\ 72)$$
$$23d \equiv 1(\mathrm{mod}\ 60)$$

d 分别取 $71, 7, 47, 47$,由于明文 $a = 15, a^2 - 4 = 13 \circ 17, \left(\dfrac{13 \circ 17}{7}\right) = \left(\dfrac{13 \circ 17}{11}\right) = 1$,故 $r(15) = 60$,此时解密密钥为 $47, 47 = 2^5 + 2^3 + 2^2 + 2 + 1 = 2^6 - 2^4 - 1$,故

$$
\begin{aligned}
(2^6 - 2^4 - 1)(8, 1) &= -(8, 1) \oplus 2^4(-(8, 1) \oplus \\
&\quad 2^2(8, 1)) \\
&= (8, -1) \oplus 2^4((8, -1) \oplus \\
&\quad 2(62, 8)) \\
&= (8, -1) \oplus 2^4(8, -1) \oplus \\
&\quad (-8, 34) \\
&= (8, -1) \oplus 2^4(26, 63) \\
&= (8, -1) \oplus 2^3(58, 21) \\
&= (8, -1) \oplus 2^2(56, 63) \\
&= (8, -1) \oplus 2(58, 56) \\
&= (8, -1) \oplus (51, 14) \\
&= (15, -8)
\end{aligned}
$$

故 $V_{47} \equiv 15(\mathrm{mod}\ 77)$. 从密文 8 恢复了明文 15.

基于 n 阶迪克森多项式的公钥密码系统[①]

第 7 章

　　LUC 公钥系统是 1993 年新西兰的史密斯利用卢卡斯序列构造出来的,史密斯称 LUC 是 RSA 主宰公钥密码 15 年后出现的可靠替代 RSA 的公钥密码体制. 文[2]给出了 LUC 较好的描述和分析. 尽管卢卡斯序列函数比指数加密略复杂,但它能产生性质良好的序列. 特别是 RSA 体制用作签名时,有 $(ML)^d = M^d L^d$,而卢卡斯序列没有这种性质. 研究表明卢卡斯序列 $V_n(P,Q), U_n(P,Q)$ 与迪克森多项式 $D_n(x,a), E_n(x,a)$ 是等价的. 故说 LUC 公钥就是卢卡斯序列 $V_n(P,1)$ 或迪克森多项式 $D_n(x,1)$ 构造的公钥密码体制. 近些年来,国内外研究人员对 LUC 公钥密码体制进行了广泛研究,但称 LUC 的安全性或

---

　①　本章摘自《系统工程》,2005 年,第 23 卷,第 3 期.

强度要高于 RSA，却还为时过早．穆勒和诺鲍尔利用迪克森多项式 $D_n(x,1)$ 提出了新的公钥体制，诺鲍尔分析了它的安全性同时可以证明当 $a=0$ 时，迪克森多项式 $D_n(x,0)$ 构成 RSA 公钥密码体制．文[5-6]给出了迪克森多项式的一些新的性质．文[7]给出了三阶的卢卡斯序列，并构造了三阶的新公钥密码系统．中南大学数学科学与计算技术学院的陈小松、唐勇民教授 2005 年对迪克森多项式进行推广，利用 n 阶迪克森多项式构造了公钥密码系统，并给出了性能、安全分析、参数的选择与构造分析．

第 1 节　预 备 知 识

（1）卢卡斯序列

设 P,Q 是两个整数，且 $P^2 \neq 4Q$，称序列偶

$$U_0 = 0, U_1 = 1, U_{n+1} = PU_n - QU_{n-1} \quad (n \geqslant 1)$$
$$V_0 = 2, U_1 = P, V_{n+1} = PV_n - QV_{n-1} \quad (n \geqslant 1)$$

为卢卡斯序列，且有关系

$$U_n(P,Q) = \frac{T^n - U^n}{T - U}, V_n(P,Q) = T^n + U^n$$

其中 $T + U = P, TU = Q, T \neq U$.

当 $Q = 1$ 时，$V_n(P,1)$ 和 $U_n(P,1)$ 序列可用于构造 LUC 公钥密码．

（2）两类迪克森多项式

迪克森提出的迪克森多项式 $D(x,a), E(x,a)$

$$E_0 = 1, E_1 = x, E_{n+1} = xE_n - aE_{n-1} \quad (n \geqslant 1)$$
$$D_0 = 2, D_1 = x, D_{n+1} = xD_n - aD_{n-1} \quad (n \geqslant 1)$$

且有公式

$$D_n(x,a) = T^n + U^n, E_n(x,a) = \frac{T^{n+1} - U^{n+1}}{T - U}$$

其中 $T + U = x, TU = a, T \neq U$.

显然，$D_n(x,a) = V_n(x,a), E_n(x,a) = U_{n+1}(x,a)$，因此 LUC 相当于是利用迪克森多项式 $D_n(x,1)$ 构造的.

第 2 节　n 阶的迪克森多项式及其性质

定义 1　设 $\sigma_i \in \mathbf{Z}, C_k \in \mathbf{Z}$

$$g_k = \begin{cases} C_k, 0 \leqslant k < n \\ e_1 g_{k-1} - e_2 g_{k-2} + \cdots + (-1)^{n+1} e_n g_{k-n}, k \geqslant n \end{cases}$$

我们称 g_k 为 $\mathbf{Z}$ 上的 n 阶广义迪克森多项式.

定义 2　设 $\sigma_i \in \mathbf{Z}, i = 1,2,\cdots,n, n$ 次多项式 $f_n(x) = x^n - \sigma_1 x^{n-1} + \sigma_2 x^{n-2} + \cdots + (-1)^n \sigma_n$ 的 n 个根为 $x_1, x_2, \cdots, x_n$. 称 $V_k = x_1^k + x_2^k + \cdots + x_n^k$ 为 n 阶主迪克森多项式.

不难看出

$$V_k = e_1 V_{k-1} - e_2 V_{k-2} + \cdots + (-1)^{n+1} e_n V_{k-n} \quad (k \geqslant n)$$

可以证明构造 **RSA** 体制的 $\{x^k\}$ 是一阶主迪克森多项式，构造 LUC 体制的 $D_n(x,1)$（或 $V_n(P,1)$）是二阶主迪克森多项式.

定义 3　定义 n 阶序列组 $(U_1, U_2, \cdots, U_n)$ 如下所示，其中 $x_1, x_2, \cdots, x_n$ 为 $f_n(x)$ 的根

$$U_{1,k} = x_1^k + x_2^k + \cdots + x_n^k$$

$$\vdots$$

$$U_{i,k} = \sum_{1 \leqslant t_1, \cdots, t_i \leqslant n} x_{t_1}^k x_{t_2}^k \cdots x_{t_i}^k \quad (t_1, \cdots, t_i \text{ 互不相等})$$

$$U_{n,k} = x_1^k x_2^k \cdots x_n^k$$

显然 $U_{i,k}$ 是关于变量组 $(\sigma_1, \sigma_2, \cdots, \sigma_n)$ 的函数,故可表示成 $U_{i,k}(\sigma_1, \sigma_2, \cdots, \sigma_n)$,特别地,当 $\sigma_i \in \mathbf{Z}$ 时,$U_{1,k}(\sigma_1, \sigma_2, \cdots, \sigma_n)$ 就是 n 阶的主迪克森多项式 $V_k(\sigma_1, \sigma_2, \cdots, \sigma_n)$.

引理 1 设 $x'_1, x'_2, \cdots, x'_n$ 为 $f_n(x) \in F_p[x]$ 在其分裂域上的根,其中 p 为素数. $\forall k \in \mathbf{Z}$,有

$$V_k \equiv x_1^{'k} + x_2^{'k} + \cdots + x_n^{'k} \pmod{p}$$

证 设 $V'_k \equiv x_1^{'k} + x_2^{'k} + \cdots + x_n^{'k}$,等价于要证明 $V_k \equiv V'_k \pmod{p}$.

对 k 用数学归纳法:

当 $k = 0$ 时

$$V'_0 \equiv n \equiv V_0 \pmod{p}$$

当 $k = 1$ 时

$$V'_1 \equiv x'_1 + x'_2 + \cdots + x'_n \equiv \sigma_1 \equiv V_1 \pmod{p}$$

假设当 $k \leqslant m$,都有 $V_k \equiv V'_k \pmod{p}$ 成立.

当 $k = m + 1$ 时

$$V_k = V_{m+1} = \sigma_1 V_m - \sigma_2 V_{m-1} + \cdots + (-1)^{n+1} \sigma_n$$

则有

$$\begin{aligned} V_{m+1} &\equiv e_1 V'_m - e_2 V'_{m-1} + \cdots + (-1)^{n+1} e_n \\ &\equiv V'_{m+1} \pmod{p} \end{aligned}$$

故定理成立.

将引理 1 中同余式两边取 i 次幂,可得下面的引理.

引理 2 $U_{ik} \equiv x_1^{'k} x_2^{'k} \cdots x_i^{'k} + \cdots + x_{n-i-1}^{'k} x_{n-i}^{'k} \cdots \cdot x_n^{'k} \pmod{p}$, $i = 1, 2, \cdots, n$.

定理 1 设 $r = \mathrm{LCM}(p-1, \cdots, p^{n-1} - 1, (p^n - 1)/(p-1))$, p 为素数, 当 $\sigma_n = 1$ 时, $\forall m \in \mathbf{Z}$, 有

$$U_{i,mr+1}(e_1, e_2, \cdots, e_n) \equiv e_i \pmod{p}$$
$$(i = 1, 2, \cdots, n-1)$$

证 设 $x_1, \cdots, x_n$ 为 $f_n(x)$ 在其分裂域内的全部根.

首先证明当 $\sigma_n = 1$ 时, $x_i^{mr+1} = x_i \pmod{p}$, $i = 1, \cdots, n$.

若 $f_n(x)$ 在 $F_p[x]$ 不可约, x_i 为分裂域上的根, 则 $x_i^{p^j}, j = 0, 1, \cdots, n-1$ 都是分裂域上的根, 则有

$$x_i^{1+p+\cdots+p^{n-1}} \equiv \sigma_n \equiv 1 \pmod{p} \quad (i = 1, \cdots, n)$$

若 $f_n(x)$ 在 $F_p[x]$ 可约, 设 $f_n(x) = A_t(x)B_{n-t}(x)$, 其中 $A_t(x)$ 在 $F_p[x]$ 可约, $B_{n-t}(x)$ 在 $F_p[x]$ 不可约. 设

$$A_t(x) = (x - \alpha_1)(x - \alpha_2)\cdots(x - \alpha_t) \quad (\alpha_i \in \mathbf{Z})$$

$\beta_1, \cdots, \beta_{n-t}$ 为 $\beta_{n-t}(x)$ 在分裂域内的根, 则 $\alpha_i\beta_j(i = 1, \cdots, t, j = 1, \cdots, n-t)$ 为 $f_n(x)$ 的 n 个根. 设 a, b 分别为 $A_t(x)$ 和 $B_{n-t}(x)$ 的常数项, 显然有 $a = \alpha_1\alpha_2\cdots\alpha_t$ 和 $ab \equiv 1 \pmod{p}$, 其中 $a, b \in \mathbf{Z}$.

故有 $(\alpha_i, p) = 1$, 则

$$\alpha_i^{(p-1)(1+p+\cdots+p^{n-t-1})} \equiv (\alpha_i^{p-1})^{1+p+\cdots+p^{n-t-1}} \equiv 1 \pmod{p}$$
$$(i = 1, 2, \cdots, t)$$

我们知道若 β_i 是 $\beta_{n-1}(x)$ 在分裂域上的根, 则 $\beta_i, \beta_i^p, \cdots, \beta_i^{p^{n-t-1}}$ 都是分裂域上的根, 由韦达定理有 $\beta_i^{1+p+\cdots+p^{n-t-1}} = b$, 故有

$$\beta_i^{(p-1)(1+p+\cdots+p^{n-t-1})} \equiv b^{p-1} \equiv 1 \pmod{p}$$
$$(i = 1, 2, \cdots, n-t)$$

故 $\forall m \in \mathbf{Z}$,有

$$x_i^{mr+1} = x_i(\bmod p)$$
$$(i = 1,2,\cdots,n)$$

故有 $\prod x_i^{mr+1} = \prod x_i(\bmod p)$.

所以 $U_{i,mr+1} = U_{i,1}(\bmod p)$,即定理成立.

推论 1 设 $r = \text{LCM}(p-1,p+1,\cdots,p^{n-1}+1,q-1,q+1,\cdots,q^{n-1}+1)$,$N = pq$,其中 p,q 为不同的奇素数,则有 $V_{kr+1} = V_1(\bmod N)$.

定理 2 $\forall e,d \in \mathbf{Z},U_{i,ed}(\sigma_1,\cdots,\sigma_{n-1},1) = U_{i,e}(U_{1,d}(\sigma_1,\cdots,\sigma_{n-1},1),\cdots,U_{n-1,d}(\sigma_1,\cdots,\sigma_{n-1},1),1)$.

证 设 $x_1,x_2,\cdots,x_n$ 为 $f_n(x)$ 的全部根,有

$$U_{i,ed} = (x_1 x_2 \cdots x_i)^{ed} + \cdots + (x_{n-i-1}\cdots x_n)^{ed}$$

由韦达定理知 $x_1^d,x_2^d,\cdots,x_n^d$ 为方程

$$x^n - U_{1,d}x^{n-1} + \cdots + (-1)^{n-1}U_{n-1,d}x + (-1)^n = 0$$

的 n 个根,故 $U_{i,e}(U_{1,d},\cdots,U_{n-1,d},1) = (x_1^d\cdots x_i^d)^e + \cdots + (x_{n-i+1}^d\cdots x_n^d)^e = U_{i,ed}$,其中若无说明,$U_{i,j} = U_{i,j}(\sigma_1,\cdots,\sigma_{n-1},1)$,$i = 1,2,\cdots,n-1$,$j = d,ed$.

第 3 节 基于 n 阶迪克森多项式的公钥密码体制

(1) 新公钥密码系统

n 阶迪克森多项式也可以构造公钥密码系统. 此时明文空间扩大为 R^{n-1},具有更好的扩散性,破解难度增大.

定义 $r = \text{LCM}(p-1,\cdots,p^{n-1}-1,(p^{n-1})/(p-1),q-1,\cdots,q^{n-1}-1,(q^n-1)(q-1))$. 用户选取两个不

同的大素数 $p,q,N = pq$. 随机选取 Z_r 的一对乘法可逆元 d 和 e,即满足 $ed \equiv 1 (\mod r)$.

① 公开密钥 n,e.

② 秘密密钥 d,p,q,r.

明文空间和密文空间相同,为 Ω^{n-1},其中 $\Omega = \{0, 1, \cdots, N-1\}$,$n \geq 2$.

③ 加密算法 $P \to C$

$$C_i = U_{i,e}(P_1, P_2, \cdots, P_{n-1}, 1)(\mod N)$$

密文组为 $(C_1, C_2, \cdots, C_{n-1})$.

解密算法 $C \to P$

$$P_i = U_{i,d}(C_1, C_2, \cdots, C_{n-1})(\mod N)$$

明文组为 $(P_1, P_2, \cdots, P_{n-1})$.

(2) 安全及性能分析

① 明文密文空间扩大为 N^{n-1},当 $P_i, i = 1, 2, \cdots, n-1$ 任意一个变化时,明文到密文,即 $P \to C$ 也将发生改变,使得破解难度增大.

② 攻击者从 $(C_1, C_2, \cdots, C_{n-1})$ 来推导 $(P_1, P_2, \cdots, P_{n-1})$ 是相对困难的. 因为它等价于 $U_{i,e}(P_1, P_2, \cdots, P_{n-1}, 1) \equiv C_i (\mod N), i = 1, 2, \cdots, n-1, U_{i,e}$ 是关于 $(P_1, P_2, \cdots, P_{n-1}, 1)$ 的高次同余式,求解是很困难的.

③ 安全性约等价于分解大数 N.

④ e,d 中至少有一个达到 $O(N^{\left[\frac{n+1}{2}\right]})$ 的数量级,同时密文和明文组冗余信息较多,因此计算量将增大,解密时,可先对密文进行模 p 和模 q 约化,降低解密指数 d.

⑤ 同时每次运算,由 n 个因子决定,计算量增大,同时需要计算的 $U_{i,e}$ 增多,进一步增加计算量.

⑥ 可以避免 RSA 中由 $(ML)^d = M^d L^d$ 产生的缺陷.

⑦ 可以利用多元的性质,构造认证兼加密(解密)的公钥系统.

（3）参数选取

当取 2 阶主迪克森多项式时,$a = 0,1$ 分别可以构造 RSA 和 LUC 公钥密码体制;当取 3 阶迪克森多项式时,文献[11]构造了新的公钥密码体制. 显然阶数越大,r 越大,加密解密的数量级越大,但是影响密文变化的因素越多,明文密文空间越大,保密性越强,但其安全性都约等价于素因子的分解.

考虑计算量和安全的问题,宜取 $n \leqslant 3$.

当 $n = 2$ 时,构成 LUC 公钥,当 $n = 3$ 时,等价于下面两个数列

$$V_0 = 3, V_1 = P_1, V_2 = P_1^2 - P_2$$
$$V_{n+3} = P_1 V_{n+2} - P_2 V_{n+1} - V_n$$
$$U_0 = 3, U_1 = P_2, U_2 = P_2^2 - P_1$$
$$U_{n+3} = P_2 U_{n+2} - P_1 U_{n+1} - U_n$$

构成 3 阶公钥系统. 文献[7]仅用 V_k 序列作为密文序列,明文密文空间为 N;其实 $\{V_k, U_k\}$ 都可以作为密文序列,此时明文密文间为 N^2.

p, q 的选取:显然选择 p, q 尽量使 $p^i - 1, q^i - 1$ 具有较少的小素因子,若 $f_n(x)$ 在 $F_p[x], F_q[x]$ 上不可约,则可避免产生过多的小周期消息. 随着阶数增加,选取强安全素数的难度增大,甚至可能是难以承受的.

同 LUC,p, q 宜取两个互异的强素数,r 定义同上,满足 $\gcd(r, e) = 1$,同时使得 $\gcd(r, e - 1)$ 尽可能小,特别可以要求 $\gcd(r, e - 1) = 2$.

参 考 文 献

[1] SMITH P. LUC public-key encryption[J]. Dr. Dobb's Journal, 1993,18(1):44-49.

[2] 熊金涛,刘红秀,皮德忠. Lucas 密码体制及其安全性[J]. 电子科技大学学报,1999(8):399-401.

[3] MULLER W B,NOBAUER W. Some remarks on public-key cryptography studia scientiarum mathematicarum[J]. Hungarica, 1981,16:71-76.

[4] NOBAUER R. Cryptanalysis of a public-key cryptosystem based on Dickson Polynomials[J]. Mathematica Slovaca,1988,38(4):309-323.

[5] DICKSON L E. The analytic representation of substitutons on a power of a prime number of letters with a discussion of the linear group[J]. Ann. of Math. , 1986/97,11(1):65-120,161-183.

[6] CAO X W. Some new properties of Dickson Polynomials[J]. 北京大学学报(自然科学版),2004(1):12-18.

[7] 王丽萍,周锦君. F - L 公钥密码体制[J]. 通信学报,1999(4):1-6.

用迪克森多项式构造差集

第 8 章

最近，迪伦（Dillon）和多贝廷（Dobbertin）证明了在有限域 $F_q(q = 2^m)$ 的乘法群中，多项式 $(x + 1)^d + x^d + 1$（其中 $d = 2^{2k} - 2^k + 1$）的象集是一个新的具有辛格参数的循环差集. 利用有限域上的傅里叶（Fourier）分析，南京航空航天大学理学院数学系的曹喜望教授于 2009 年证明了在有限域 $F_q(q = 2^m)$ 的乘法群中，一些用迪克森多项式构造的集合是具有辛格参数的循环差集.

第 1 节　简介与背景

众所周知，一个具有辛格参数 $(v, k, \lambda) = (2^m - 1, 2^{m-1}, 2^{m-2})$ 的循环差集的存在性与一个周期为 $2^m - 1$ 的二元 m – 序列

97

的存在性是等价的. 这些二元序列具有理想的自相关性和伪随机性, 所以它们在伪素性检验、编码理论和通信中具有重要的应用, 这就是 为什么有这么多学者在研究这个问题, 并且, 在近几年出版了许多这方面的论文和专著①.

1896 年, 在芝加哥大学, 作为博士论文的一部分, 迪克森研究了一类在有限域上具有如下形式的多项式

$$D_n(x,a) = x^n + n \sum_{i=1}^{\frac{n-1}{2}} \frac{(n-i-1)\cdots(n-2i+1)}{i!} a^i x^{n-2i}$$

（1）

迪克森提出了一些与这些多项式相关的性质, 并证明了:

引理 1 在有限域 F_q 上, $D_n(x,a)$ 为置换多项式

---

① J. F. Dillon, H. Dobbertin. New cyclic difference sets with singer parameters, *Finite Fields and Its Applications*, 2004, 10(3): 342-389.

H. Dobbertin. Kasami power functions, Permutation polynomials, and cyclic difference sets, in *Difference sets, Sequences and their Correlation Properlies*, A. Pott et al. eds., Kluwer Academic Publishers. Printed in the Netherland, 1999, 133-158.

R. Lidl, G. L. Mullen, G. Turnward. *Dickson Polynomials, Pitman Monographs and Surveys in Pure and Applied Mathematics*, 65, New York: Addison Wesley, 1993.

J. - S. No, S. W. Golomb, G. Gong, H. - K. Lee, P. Gaal. Binary pseudorandom sequences of period $2^m - 1$ with ideal autocorrelation, *IEEE Trans. Inform. Theory*, 1998, 44: 814-817.

H. Janwa, R. M. Wilson. Hyperplane sections of Fermat Varieties in P^3 in characteritic 2 and some applications to cyclic codes, Proceedings AAECC - 10, G. Cohen, T. Mora and O. Moreno eds., Lecture Notes in Computer Science 673, Berlin: Springer, 1993, 180-194.

的充分必要条件是

$$\gcd(n, q^2 - 1) = 1$$

这就引起了对这类多项式的广泛研究,迪克森多项式具有多种代数的和数论的性质,并且,它在密码学和伪素性检验方面具有重要应用.

在 *Hyperplane sections of Fermat Varieties in P^3 in characteritic 2 and some applications to cyclic codes* 中,杰沃(Janwa)和威尔逊(Wilson)证明了在域 $L = F_{2^m}$ 上,卡萨米(Kasami)幂函数 x^d 是几乎完全非线性的,其中有限域具有 2^m 个元素,$d = 2^{2k} - 2^k + 1 (k < m,$ 且 $\gcd(k, m) = 1)$,x^d 称为卡萨米指数. 多贝廷对卡萨米幂函数进行了深入的研究,他猜测并在稍后证明(和迪伦)了函数

$$\Delta_k(x) = (x + 1)^d + x^d + 1 \quad (x \in L)$$

的象集是一个具有辛格参数的循环差集. 对于缺失的奇数情形,他们也给出了 NO-Chung-Yun 猜想的证明. 事实上,由 Gong,Goal,Golomb(1997),NO,Chung,Yun(1998),NO,Golonb,Gong,Lee,Goal(1998) 提出的所有猜想在 New cyclic difference sets with singer parameters 中都得到了证实.

代替研究卡萨米幂函数,我们将用多贝廷方法来研究迪克森多项式的象,并证明:

定理1 假设 $\gcd(k, m) = 1, q = 2^m$. 对于任一个映射 η,我们定义

$$M_\eta(v) = \#\{x \in L \mid \eta(x) = v\} \quad (v \in L)$$

其中 #S 表示集合 S 的基数(势). 若 $a = 1$,我们规定 $D_n(x,a)$ 简记为 $D_n(x)$,则:

(1) 若 m 为奇数,则

$$D = L^* \setminus \{z \in L^* \mid M_{D_n}(D_n(z)) = 1\}$$

是一个具有辛格参数 $(q - 1, \frac{q}{2}, \frac{q}{4})$ 的循环差集,其中

$$n = \begin{cases} 2^k + 1, & k \text{ 为奇数} \\ 2^k - 1, & k \text{ 为偶数} \end{cases}$$

(2) 若 m 为偶数,则

$$E = L^* \setminus D$$

是一个具有辛格参数 $(q - 1, \frac{q}{2}, \frac{q}{4})$ 的循环差集,其中 k 为奇数,$n = 2^k + 1$.

对于差分集合的定义与性质,读者可参考波特 (A. Pott) 的著作[①].

第 2 节　　定义与基本结果

定义 1　令 G 是一个阶为 v 的加法群. G 中的一个 (v, k, λ) - 差集是 G 的一个 k - 子集 D,使得一系列差分

$$d - e \quad (d, e \in D)$$

包含每个元素 $g \neq 0$ 正好 λ 次.

---

① *Finite Geometry and Character Theory*(Lecture Notes in Math. , 1601,Berlin:Springer-Verlag. 1995).

易知 D 是阿贝尔(Abel)群 G 中的一个差集,当且仅当 $G \backslash D$ 与 $D^{(-1)} = \{g^{-1} \mid g \in G\}$ 也是差集. 从现在起,我们通过 L 来定义有限域 F_{2^m}. 为简化符号,我们来研究值为 ± 1 的函数 ζ,即

$$\zeta(x) = \begin{cases} 1, x \in \zeta \\ -1, \text{其他} \end{cases}$$

对于 $v < q - 1 = 2^m - 1$,令 S_v 为所有满足 $Tr(x^v) = 1$ 的 x 所构成的集合,即

$$S_v(x) = (-1)^{Tr(x^v)+1}$$

其中符号"Tr"表示从 F_{2^m} 到 F_2 的映射的绝对迹. 对于 $\gcd(v, q-1) = 1$,集合 S_v(且 $S_v^* = S_0 \backslash \{0\}$)称为辛格集. 迪伦与多贝廷证明了所有 L^* 中的辛格集 S_v^* 是差集.

通过 $\hat{F}$,我们来定义实值函数 F 的阿达玛变换,即

$$\hat{F}(y) = q^{\frac{1}{2}} \sum_{x \in L} F(x)\chi(xy)$$

其中符号 χ 表示 L 的典范加性特征,$\chi(x) = (-1)^{Tr(x)}$. 离散傅里叶变换的基本性质如下.

引理 2   基本概念如上所述.

(1) 对合律

$$\hat{\hat{F}} = F$$

(2) 帕塞瓦尔(Parseval)等式

$$\sum_{x \in L} F(x)G(x) = \sum_{y \in L} \hat{F}(y)\hat{G}(y)$$

$$\sum_{x \in L} F(ax)G(x) = \sum_{y \in L} \hat{F}(ay)\hat{G}(y)$$

置换与 Dickson 多项式

引理 3[①] L^* 的子集 D 是具有辛格参数$(2^m - 1,$ $2^{m-1}, 2^{m-2})$ 的循环差集,当且仅当 $\#D = \dfrac{q}{2}$,且对于任意 $a \in L^*, a \neq 1$,有

$$\sum_{x \in L} \hat{D}(ax)\hat{D}(x) = 0$$

现在,我们来回忆一下域 F_q 上的迪克森多项式的一些基本性质.

引理 4 递推关系

$$D_{n+2}(x,a) = xD_{n+1}(x,a) - aD_n(x,a) \quad (n \geqslant 0)$$

初始值 $D_0(x,a) = 2, D_1(x,a) = x$.

引理 5 函数方程:

$(1) D_n\left(x + \dfrac{a}{x}, a\right) = x^n + \left(\dfrac{a}{x}\right)^n$;

$(2) D_{mn}(x,a) = D_m(D_n(x,a), a^n)$.

引理 6 对于 $D_n(x)$ 有如下函数方程:

$(1) D_{mn}(x) = D_m(D_n(x))$;

$(2) D_{2^k+1}(x) = x^{2^k+1} + D_{2^k-1}(x)$;

$(3) D_{2^k-1}(x) = \sum_{i=1}^{k} x^{2^k+1-2^i}$.

注意:由引理 6 的(1),我们知道迪克森多项式 $D_n(x,a)$ 构成的集合是一个阿贝尔群,其中

$$(n, q^2 - 1) = 1$$

其运算按如下方式定义

---

① J. F. Dillon. Multiplicative difference sets via additive characters, *Desing, Codes and Cryptograph*, 1999, 17:225-235.

$$D_m(x) \odot D_n(x) = D_m(D_n(x)) = D_{mn}(x)$$

引理 7 令 $x_0 \in F_q$，$M_{D_n(x,a)}(x_0, a)$ 为在函数 $D_n(x, a)$ 下 $D_n(x_0, a)$（其中 $a \in F_q^*$）的原象的个数，则

$$M_{D_n(x,a)}(D_n(x_0, a))$$

$$= \begin{cases} \mu = : (n, q-1), \text{若 } x^2 + x_0 x + a \\ \qquad \text{在 } F_q \text{ 上可约，且 } D_n(x_0, a) \neq 0 \\ v = : (n, q+1), \text{若 } x^2 + x_0 x + a \\ \qquad \text{在 } F_q \text{ 上不可约，且 } D_n(x_0, a) \neq 0 \\ \dfrac{\mu + v}{2}, \text{若 } D_n(x_0, a) = 0 \end{cases}$$

引理 8 若 $\gcd(n_1, q^2-1) = \gcd(n_2, q^2-1)$，则 $\#V_{D_{n_1}(x,a)} = \#V_{D_{n_2}(x,a)}$，对任意 $a \in F_q$，其中

$$V_f = \{f(x) \mid x \in L\}$$

第 3 节 主 要 结 果

现在，首先我们来回忆一下迪克森多项式的原象的一些性质.

引理 9[1] 设 s, t 为正整数，且

① Cao Xiwang. Some new properies on Dickson polynomials, *Acta Scientiarum Naturalium Universitatis Pekinensis*, 2004, 40(1): Jan, 12-18.

$$t \mid s$$

$$\gcd(s, q^2 - 1) = \gcd(t, q^2 - 1)$$

$$\gcd(\frac{s}{t}, q^2 - 1) = 1$$

$$q = 2^m$$

则 $M_{D_s} = M_{D_t}$.

证 首先,我们来证明

$$V_{D_s} = V_{D_t}$$

其中,$V_{D_s} = \{z \in L \mid Z = D_s(x),$ 对于某些 $x \in L\}$.

一方面,因为 $t \mid s$,由引理 6 的 (1) 知

$$D_s(z) = D_t(D_s(z)) \in V_{D_t}$$

因此,$V_{D_s} \leqslant V_{D_t}$.

另一方面,因为 $\gcd(s, q^2 - 1) = \gcd(t, q^2 - 1)$,由引理 8,$\#V_{D_s} = \#V_{D_s}$,所以 $V_{D_s} = V_{D_t}$.

其次,我们来证明,对任意 $x \in L, M_{D_s}(x) = M_{D_t}(x)$.

若 $x = 0$,则 $\hat{M}_{D_s}(0) = \hat{M}_{D_t}(0) = q^{\frac{1}{2}}$.

若 $x \in L \backslash V_{D_s}$,则 $M_{D_s}(x) = M_{D_t}(x) = 0$. 所以,对于任意 $x \in L$,有

$$\hat{M}_{D_s}(x) = q^{-\frac{1}{2}} \sum_{v \in L} M_{D_s}(v) \chi(vx)$$

$$= q^{-\frac{1}{2}} \sum_{v \in L} \chi(xD_s(v))$$

$$= q^{-\frac{1}{2}} \sum_{v \in L} \chi(xD_t(D_{\frac{s}{t}}(v))) \quad (引理 6)$$

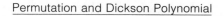

注意,第二个等式 $\sum_{v \in L} \chi(x D_s(v)) = \sum_{v \in L} M_{D_s}(v)\chi(vx)$

是根据变换 $z = D_s(v)$ 得到的. 因为 $\gcd(\frac{s}{t}, q^2 - 1) = 1$,

$D_{\frac{s}{t}}(x)$ 是 L 上的置换多项式. 令 $z = D_{\frac{s}{t}}(x)$,我们有

$$\hat{M}_{D_s}(x) = q^{-\frac{1}{2}} \sum_{z \in L} \chi(x D_t(z))$$

$$= q^{-\frac{1}{2}} \sum_{z \in L} M_{D_t}(z)\chi(xz) = \hat{M}_{D_t}(x)$$

最后,由递推关系,$M_{D_s} = M_{D_t}$. 证毕.

推论 1 令 $L = F_q, q = 2^m$,则对于迪克森多项式 $D_n(x)$,有

$$M_{D_n} = M_{D_{\gcd(n, q^2-1)}}$$

引理 10 假设 $\gcd(k, m) = 1, L = F_{2^m}$,我们有如下结论:

(1) 若 k, m 为奇数,则

$$M_{D_{2^k+1}}(D_{2^k+1}(x_0)) = \begin{cases} 1, \text{若 } Tr(x_0^{-1}) = 0, x_0 \neq 0 \\ 2, \text{若 } x_0 = 0, 1 \\ 3, \text{若 } Tr(x_0^{-1}) = 1, x_0 \neq 0, 1 \end{cases}$$

(2) 若 k 为奇数,m 为偶数,则

$$M_{D_{2^k+1}}(D_{2^k+1}(x_0)) = \begin{cases} 3, \text{若 } Tr(x_0^{-1}) = 0, D_{2^k+1}(x_0) \neq 0 \\ 2, \text{若 } D_{2^k+1}(x_0) = 0 \\ 1, \text{若 } Tr(x_0^{-1}) = 1, D_{2^k+1}(x_0) \neq 0 \end{cases}$$

(3) 若 k 为偶数,m 为奇数,则

$$M_{D_{2^k-1}}(D_{2^k-1}(x_0)) = \begin{cases} 1, \text{若 } Tr(x_0^{-1}) = 0, x_0 \neq 0 \\ 2, \text{若 } x_0 = 0, 1 \\ 3, \text{若 } Tr(x_0^{-1}) = 1, x_0 \neq 0, 1 \end{cases}$$

（4）对于偶数 k , D_{2^k+1} 是一个置换多项式；对于奇数 k , D_{2^k-1} 是一个置换多项式.

证 我们只证明结论（2），其他结论可仿此证明.

因为 $\gcd(2^k-1,2^m-1) = 2^{\gcd(k,m)} - 1 = 1$,且 $\gcd(2^k-1,2^k+1) = 1$,我们有

$$
\begin{aligned}
m &= \gcd(2^k+1,2^m-1)\\
&= \gcd(2^k+1,2^m-1)\gcd(2^k-1,2^m-1)\\
&= \gcd(2^{2k}-1,2^m-1)\\
&= 2^{\gcd(2k,m)} - 1\\
&= 2^2 - 1 = 3
\end{aligned}
$$

用同样的方法,我们得到

$$
\gcd(2^k+1,2^m+1) \mid \gcd(2^{2k}-1,2^{2m}-1) = 3
$$
$$
2^m + 1 \equiv 2 \pmod 3 \quad (m\ 为偶数)
$$

所以 $s = \gcd(2^k+1,2^m-1) = 1$.

现在我们来证明: $x^2 + x_0 x + 1$ 是可约的,等价于 $Tr(x_0^{-1}) = 0$.

若 $x^2 + x_0 x + 1$ 在 F_{2^m} 上可约,则存在两个元素 α , $\beta \in F_{2^m}$,使得 $\alpha\beta = 1,\alpha + \beta = x_0$. 因此 $x_0 = \alpha + \dfrac{1}{\alpha}$, $\dfrac{1}{x_0} = \dfrac{\alpha}{\alpha^2+1} = \dfrac{1}{\alpha+1} + \left(\dfrac{1}{\alpha+1}\right)^2$,于是 $Tr\left(\dfrac{1}{x_0}\right) = 0$.

相反,若 $Tr\left(\dfrac{1}{x_0}\right) = 0$,则由希尔伯特（Hilbert）定理①,存在一个元素 $Q \in F_{2^m}$,使得 $\dfrac{1}{x_0} = Q + Q^2$. 现在我

———————

① R. Lidl,H. Niedrreiter. *Introduction to finite Fields and Their Applications*,London：Cambridge Univ. Press,Revised eds. ,1994.

们来证明多项式 $x^2 + x_0 x + 1$ 是可约的. 令 $x = x_0 Z$,则

$$x^2 + x_0 x + 1 = x_0^2 \left(Z^2 + Z + \frac{1}{x_0^2} \right)$$

因此,$z_1 = Q, z_2 = Q^2 + 1$ 是方程 $Z^2 + Z + \dfrac{1}{x_0^2} = 0$ 的根,

且 $x^2 + x_0 x + 1$ 是可约的. 由引理 7,结果如下. 证毕.

定理 1 的证明 首先,令 $q = 2^m$. 若 m 为奇数,则 $Tr(1) = 1$,且若 k 为奇数,$D_{2^k+1}(1) = 0$;若 k 为偶数,$D_{2^k-1}(1) = 0$(引理 6). 易证 $\#D = \dfrac{q}{2}$,所以,由阿达玛变换的定义,我们有 $\hat{D}(0) = 0$,且对于任意 $x \neq 0$,我们有

$$
\begin{aligned}
q^{\frac{1}{2}} \hat{D}(x) &= \sum_{v \in L} D(v) \chi(xv) \\
&= \sum_{v \in D} (-1) \cdot \chi(xv) + \sum_{v \notin D} 1 \cdot \chi(xv) \\
&= -2 \sum_{v \in D} \chi(xv) + \left(\sum_{v \in D} \chi(xv) + \sum_{v \notin D} \chi(xv) \right) \\
&= -2 \sum_{v \in D} \chi(xv) \\
&= -2 \left(\sum_{(x_0 : Tr(x_0^{-1}) = 1)} \chi(xx_0) + 1 \right) \quad \text{(由引理 3)} \\
&= q^{\frac{1}{2}} \hat{S}_{-1}(x) \\
&= q^{\frac{1}{2}} \hat{S}_1(x^{-1})
\end{aligned}
$$

由此,$\hat{D}(x) = \hat{S}_1(x^{-1})$,且由递推关系,我们得到

$$D(x) = S_1(x^{-1}),\ \text{即 } x \in D \Leftrightarrow x^{-1} \in S_1$$

既然 S_1 是 L^* 上的循环差集,我们知道 D 也是具有辛格参数的循环差集.

其次,若 m 为偶数,则 $Tr(1) = 0$. 在这种情况下,

$n = 2^k + 1$，k 必为奇数，因为 $\gcd(k,m) = 1$. 采用上述同样的方法可以证明 E 是具有参数 $(q - 1, \frac{q}{2}, \frac{q}{4})$ 的循环差集. 此外我们给出另一种方法来证明：$x \in E$，当且仅当 $x^{-1} \in S_1$.

由引理 9，$M_{D_n} = M_{D_s}$，因此

$$E = \{z \in L^* \mid M_{D_n}(D_n(z)) = 1\}$$

$$= \{z \in L^* \mid M_{D_n}(D_n(z)) = M_{D_3}(D_n(z)) = 1\}$$

且 $D_n(z) = D_3(D_{\frac{n}{3}}(z)) = D_3(z_0)$，其中 $z_0 = D_{\frac{n}{3}}(z)$.

因为 $V_{D_n} = V_{D_3}$，我们有

$$E = \{z \in L^* \mid M_{D_n}(D_n(z)) = M_{D_3}(D_3(z)) = 1\}$$

$D_3(z_0) = z_0 + z_0^3 = z_0(1 + z_0)^2 = 0$，当且仅当 $z_0 = 0$ 或 1. 因为 $Tr(1) = 0$，所以，由引理 10 的 (2) 知

$$E = \{z_0 \neq 0 \mid Tr(z_0^{-1}) = 1\} = S_{-1}$$

是一个具有辛格参数的循环差集. 证毕.

第 4 节　例　题

例 1　取 $L = F_{16}$，其中 $m = 4$ 为偶数，$\alpha \in F_{16}$，且满足 $\alpha^4 + \alpha + 1 = 0$，我们可知 α 是 L 中的一个本原元. 我们定义

$$E = \{\alpha, \alpha^2, \alpha^3, \alpha^4, \alpha^6, \alpha^8, \alpha^9, \alpha^{12}\}$$

E 中的每一个元素在 $D_3(x)$ 或 $D_9(x)$ 下有唯一的一个原象. 所以 E 是 $L^* \cong Z_{15}$ 中的具有参数 $(15, 8, 4)$ 的循环差集.

Z_{15} 上的分圆陪集为

$$C_1 = \{1,2,4,8\}, C_3 = \{3,6,9,12\}$$
$$C_5 = \{5,10\}, C_7 = \{7,11,13,14\}$$

$$Tr(1) = Tr(\alpha) = Tr(\alpha^5) = 0, Tr(\alpha^3) = Tr(\alpha^7) = 1$$

所以 $C_3 \cup C_7$ 是一个辛格集,它的对应于 E 的反集合是 $C_1 \cup C_3$.

例 2 取 $L = F_{32}$,其中 $m = 5$ 为奇数,$\beta \in F_{32}$,且满足 $\beta^5 + \beta^2 + 1 = 0$,我们可知 β 是 L 中的一个本原元. 若 $n = 3$ 或 9,我们定义两个集合

$$E = \{\beta, \beta^2, \beta^3, \beta^4, \beta^6, \beta^8, \beta^{12}, \beta^{15}, \beta^{16}, \beta^{17}, \beta^{23}, \beta^{24}, \beta^{27}, \beta^{29}, \beta^{30}\}$$
$$D = \{\beta^5, \beta^9, \beta^{10}, \beta^{18}, \beta^{20}, \beta^7, \beta^{14}, \beta^{28}, \beta^{25}, \beta^{19}, \beta^{11}, \beta^{22}, \beta^{13}, \beta^{26}, \beta^{21}\}$$

Z_{31} 上的分圆陪集为

$$C_1 = \{1,2,4,8,16\}, C_3 = \{3,6,12,24,17\}$$
$$C_5 = \{5,9,10,18,20\}, C_7 = \{7,14,28,25,19\}$$
$$C_{11} = \{11,22,13,26,21\}, C_{15} = \{15,30,29,27,23\}$$

$$Tr(\beta) = Tr(\beta^7) = Tr(\beta^{15}) = 0$$
$$Tr(\beta^3) = Tr(\beta^5) = Tr(\beta^{11}) = 1$$

所以,$C_3 \cup C_5 \cup C_{11}$ 是一个辛格集,它的对应于 D 的反集合是 $C_7 \cup C_{11} \cup C_5$.

第 三 编
迪克森论模 p 多项式

模 p 多项式的表示式

第9章

第1节　变换的解析表示,整数模 p 的多项式表示

当 x 属于模 5 剩余的完全集时, x^3 属于相同剩余的集合的重新排列. 因此,可以用矩阵第二行中的数代替第一行中的数表示出以下变换

$$\begin{pmatrix} 0 & 1 & 2 & 3 & 4 \\ 0 & 1 & 3 & 2 & 4 \end{pmatrix}$$

此问题是要找到一个多项式(如 x^3),其表示所有模 p 的整数. 有关上述内容的重要论文是由埃尔米特和迪克森给出的.

贝蒂(E. Betti)证明了关于 5 个字母的 120 个变换可以由 $(ax + b)^3 + c$ 和 $ax + b$ 模 5 表示.

贝蒂指出若 x 和 B_i 是 p^v 阶的伽罗瓦域中的元素(参见《数论史研究(第 1 卷)》),函数

$$\psi(x) = \sum_{i=0}^{v-1} B_i x^{p^i} + B_v$$

将表示一个关于 $GF[p^v]$ 中元素 p^v 的变换,当且仅当 $\psi(x) = k_0$ 在数域中有且只有一个根,不论 k_0 在数域中取何值.

马休(E. Mathieu)指出先前的 $\psi(x)$ 代表一个变换当且仅当 $x = 0$ 时

$$\sum B_i x^{p^i}$$

为 0. 当 $\eta = 1$ 时函数 $\psi(x)$ 为

$$\sum_{i=0}^{v-1} B_i x^{p^{\eta i}} + B_v$$

其中 x 和 B_i 是 $GF[P^m]$ 中的元素.

埃尔米特指出:若 p 是一个素数,即存在一个将 0,$1,\cdots,p-1$ 通过 $a_0, a_1, \cdots, a_{p-1}$ 重排所得到的变换,这些 $a_1, \cdots, a_{p-1}$ 可以由拉格朗日插值公式

$$\theta(x) = \sum_{i=0}^{p-1} \frac{a_i \phi(x)}{(x-i)\phi'(i)}$$

$$\phi(x) = \prod_{i=0}^{p-1} (x-i) \equiv x^p - x (\bmod p)$$

解析地表示,此处 $\phi'(x) \equiv -1$. 因此 $\theta(x)$ 是 x 中的多项式,其中 x 的指数为 $p-2$,并且当 $p>2$ 时,系数为整数. 任意这样的多项式代表一个模 p 的变换,当且仅当 $\theta(x)$ 的指数为 t,其中 $t = 1,2,\cdots,p-2$,通过运用

$$x^p \equiv x (\bmod p)$$

将其化简为次数不大于 $p-2$ 的多项式. 他运用此理论找到所有能表示出 $p=7$ 个字母的变换的多项式.

布里奥斯(F. Brioschi) 给出了由

$$\varepsilon(x^{p-2} + ax^{\frac{1}{2}(p-3)})$$

表示的变换的性质.

波利尼亚克(A. de Polignac) 对于埃尔米特插值公式的推广给出了一个很长的证明.

布里奥斯证明: 当 p 是一个素数时

$$x^{p-2} + ax^{(p-1)/2} + bx$$

不能表示出关于 p 的变换, 除非

$$p = 7, b = 3a^2 (\bmod 7)$$

格兰蒂(A. Grandi) 证明了

$$x^{p-s} + ax^{(p-s+1)/2} + br$$

不能表示出关于 p 的变换, $p > 4(s-1)d+1$, 其中 d 是 $p-1$ 和 $(p-s-1)/2$ 的最大公因数. 如果 p 在此条件下大于 $2(s-1)d+1$, 则

$$b \equiv \frac{1}{2}(p-1)(s-1)a^2 (\bmod p)$$

格兰蒂给出更进一步的推广

$$x^{2\mu-(2s-1)} + \sum_{i=1}^{h} a_i x^{\mu-(is+1)} + br, \mu = \frac{1}{2}(p-1), h > 1$$

不能表示关于 p 的变换, 如果 μ 与 s 的最大公因数 d 小于 $\frac{1}{3}\mu/(hs-1)$, 并且 $a_1, \cdots, a_h, b$ 中没有一个数能被 p

除尽. 但是如果

$$2(hs - 1) < \mu/d \leqslant 3(hs - 1), b \neq 0 (\bmod p), s > 1$$

那么上式可以表示一个变换的必要条件为

$$b \equiv \mu(2s - 1) a_1^2 (\bmod p)$$

罗斯尼特斯(G. Raussnitz)证明了

$$f(x) \equiv a_0 x^{p-2} + a_1 x^{p-3} + \cdots + a_{p-2}$$

能表示一个关于 p 的变换(其中 p 为素数),当且仅当

$$\begin{vmatrix} a_0 & a_1 & a_2 & \cdots & a_{p-3} & a_{p-2} - k \\ a_1 & a_2 & a_3 & \cdots & a_{p-2} - k & a_0 \\ \vdots & \vdots & \vdots & & \vdots & \vdots \\ a_{p-2} - k & a_0 & a_1 & \cdots & a_{p-4} & a_{p-3} \end{vmatrix}$$

$$\equiv 0 (\bmod p)$$

其中, $k = 0, 1, \cdots, a_{p-2} - 1, a_{p-2} + 1, \cdots, p - 1$,并且对于 $f \equiv 0, f - 1 \equiv 0, \cdots, f - (p - 1) \equiv 0 (\bmod p)$ 中的每一个方程都有实根,除 $f - a_{p-2} \equiv 0$ 外,实根都不能为 0. 他的结果详见《数论史研究(第 2 卷)》.

瑞耐克(F. Rinecker)讨论了 $p = 5, 7, 11$ 的情况.

罗杰斯(L. J. Rogers)证明了 $x^r \{f(x^s)\}^{(p-1)/s}$ 可以表示一个关于 p 的变换(其中 p 为素数),如果 r 小于 $p - 1$,且与 $p - 1$ 互素, $f(x^s)$ 是关于 x^s 的整数系数多项式,其模 p 不为 0. 他还详细研究了 7 个字母的变换的表示式(特别是关于七边形的表示),并向我们展示了怎样得到逆变换(他的证明方法运用了 $x^6 \equiv$

116

$1(\bmod 7)$ 并且取 $x \equiv 0$,但此处存在异议).

　　罗杰斯证明了如果同余方程有模 p 为素数的实根,并且 $s_k \equiv 0\{k = 1,\cdots,\frac{1}{2}(p-1)\}$,其中 s_k 是它的根的 k 次幂之和,则 $s_k \equiv 0\{k = \frac{1}{2}(p+1),\cdots,p-2\}$.

因此,我们需要运用埃尔米特的最初的 $\frac{1}{2}(p-1)$ 个条件来决定是否给定一个多项式能表示出一个变换.

　　迪克森归纳概括了埃尔米特和罗杰斯的关于 p^n 的变换的理论. 通过运用 $GF[p^n]$ 中的伽罗瓦复数,他发现所有次数小于 7 的多项式都适合用 p^n 表示其变换,并且证明了,若 k 是与 $p^{2n}-1$ 互素的整数,则

$$\xi^k + k\alpha\xi^{k-2} +$$

$$k \sum_{l=2}^{\frac{1}{2}(k-1)} \frac{(k-l-1)\cdot(k-l-2)\cdot\cdots\cdot(k-2l+1)}{2\cdot3\cdot\cdots\cdot l}\cdot$$

$$\alpha^l\xi^{k-2l}$$

表示了 $GF[p^n]$ p^n 个元素的变换,因为它是 $x^2 - \xi x - \alpha = 0$ 的根的 k 次幂的和. 对于 $\xi(\xi^d - v)^{\rho/d}$,当 d 是 $\rho = p^v - 1$ 的因子,并且 v 不是 $GF[p^n]$ 中的 d 次幂的元素的情况下也成立. 下面给出了马休函数

$$x(X) = \sum_{i=1}^{m} A_i X^{p^{n(m-i)}}$$

其系数 A_i 位于 $GF[p^{mn}]$ 中,此函数表示一个关于 p^{mn}

117

的变换, 当且仅当

$$\begin{vmatrix} A_1 & A_2 & \cdots & A_m \\ A_2^{p^n} & A_3^{p^n} & \cdots & A_1^{p^n} \\ A_3^{p^{2n}} & A_4^{p^{2n}} & \cdots & A_2^{p^{2n}} \\ \vdots & \vdots & & \vdots \\ A_m^{p^{n(m-1)}} & A_1^{p^{n(m-1)}} & \cdots & A_{m-1}^{p^{n(m-1)}} \end{vmatrix} \neq 0$$

上式是 $x(X) = 0$ 和 $X^t = 1$ 的组合, 其中 $t = p^{nm-1}$. 这种变换的群与所有 m 元线性齐次变换的群恒同, 并且 m 元齐次线性变换的系数在 $GF[p^n]$ 中.

第 2 节　特定性质的数的多项式表示

劳埃德·坦纳(H. W. Lloyd Tanner) 考虑了满足任意整数 x 都不能被素数 p 整除的整系数多项式 $F(x)$, 则 $F(x)$ 的值是 1 或者 -1. 我们令 $F(x) = f(x^2) + x^q \phi(x^2)$, 其中 f 和 ϕ 具有 $a + bx^2 + cx^4 + \cdots + kx^{p-3}$ 的形式, 当 q 是 $p-1$ 的最大奇因子时, 有

$$(f(x^2) \pm x^q \phi(x^2))^2 \equiv 1, x^q f(x^2) \phi(x^2) \equiv 0 \pmod{p}$$

因此, 对于每一个 $x \neq 0$, 有 $f(x^2) \equiv 0$ 或 $\phi(x^2) \equiv 0$.

当 $x = 2, \cdots, p-1$ 时, 函数 $F_1(x) = 3 + 2x + 2x^2 + \cdots + 2x^{p-2}$ 与 -1 同余; 当 $x = a, b, \cdots, k$ 时, 乘积

$$F_1(a^{-1}x)F_1(b^{-1}x)\cdots F_1(k^{-1}x)$$

与 -1 同余;当 $x \not\equiv 0$ 时,以上乘积与 $+1$ 同余.

迪克森证明了三元三次型 $C(x,y,0)$ 当 x,y,z 不在 $GF[p^n]$ 中取值时,为 0,其中 $p > 2$. 否则 $x = y = z = 0$ 当且仅当它的黑森(Hessian)行列式是 $C(x,y,0)$ 的常数倍. 若二次型 $C(x,y,0)$ 在此数域中是不可简化的,那么在此数域中,所有通过线性变换得出的 $C(x,y,0)$ 都是等价的. 此外还发现了 $C(x,y,0)$ 的标准形式.

迪克森证明了当 $m = 2$ 和 $m = 3$ 时,系数在 $GF[p^n]$ 中的 $m+1$ 个变量的 m 阶型有不全为 0 的值,其中 $p > m$. 没有三元型能够表示为 $GF[p^n]$ 中的立方数,其中 $p^n \equiv 1 \pmod 3$. 两个或更多变量的六次型能够表示为立方数.

迪克森研究发现两个或多个变量的二次型或六次型只能表示出二次剩余.

迪克森研究了 m 阶整数系数型 $F(x_1,\cdots,x_n)$,当 $x_i \equiv 0 \pmod 2$ 时 $F(x_1,\cdots,x_n)$ 与 0 模 2 同余. 利用 x_i 替换 $x_i^{\alpha}(\alpha > 1)$,F 变为 $\prod(1 + x_i) - 1 \pmod 2$. 当 $m = 4, n = 3$ 时,F 可以转化为

$$\begin{aligned}
[egkr] \equiv{}& x_1^4 + x_2^4 + x_3^4 + x_1^3x_2 + ex_1^2x_3^2 + gx_1x_2^2x_3 + \\
& (g+1)x_1x_2x_3^2 + (e+1)x_1x_3^3 + kx_2^3x_3 + \\
& rx_2^2x_3^2 + (k+r+1)x_2x_3^3
\end{aligned}$$

或者

$$\sum x_1^4 + \sum x_1^2 x_2^2 + x_1 x_2 x_3 (x_1 + x_2 + x_3)$$

上式在线性变换下是不变的

$$\sum x_1^4 + \sum x_1^2 x_2^2 + x_1 x_2 x_3 (x_1 + x_2 + x_3)$$

和

$$[1\ 1\ 0\ 0], [1\ 0\ 0\ 1], [1\ 1\ 1\ 1]$$

$$[1\ 0\ 0\ 0], [1\ 1\ 0\ 1], [0\ 0\ 1\ 0]$$

给出了所有不等价的型, 他对 $m = 6, n = 3$ 的情况分别进行了处理.

型的同余理论

第 10 章

第 1 节 模不变量和模共变量

令 $f_1, \cdots, f_l$ 是 m 个变量 $x_1, \cdots, x_m$ 的任意组,其待定系数取模 p 的素数. 令 c_1, $c_2, \cdots$ 表示重排之后的系数. 下列变换

$$T: x_i \equiv \sum_{j=1}^{m} t_{ij} x'_j (\mathrm{mod}\ p) \quad (i = 1, \cdots, m)$$

的系数为整数. 令 f_i 变为 f'_i, $c'_1, c'_2, \cdots$ 分别表示 $f'_1, \cdots, f'_i$ 与 $c_1, c_2, \cdots$ 相对应的系数. 称系数取为模 p 的整数的多项式 $K(c_1, c_2, \cdots; x_1, \cdots, x_m)$ 为 $f_1, \cdots, f_l$ 的模共变量. 对于变换 T 来说,当利用 T 的同余式消去 $c_1, c_2, \cdots; x'_1, \cdots, x'_m$ 中的 $mx_1, \cdots, x_m$ 时,有下式成立

$$K(c'_1, c'_2, \cdots; x'_1, \cdots, x'_m) \equiv |t_{ij}|_\mu \cdot k(c_1, c_2, \cdots; x_1, \cdots, x_m)(\mathrm{mod}\ p)$$

121

并且 $c'_1, c'_2, \cdots$ 由 $c_1, c_2, \cdots$ 所代替,通过运用费马 (Fermat) 定理 $c^p \equiv c(\bmod p)$,c_i 的指数已经简化为一个小于 p 的值. 称指数 μ 为 K 的指数.

作为一个直接的归纳总结,我们可以将 c_i, t_{ij} 和 K 的系数取为 $GF[p^n]$ 中的伽罗瓦复数. 以上是 $n = 1$ 时的情形.

当 f_i 的系数为 $GF[p^n]$ 中的任意元素时,f_i 的代数形式组成的代数共变量变为模共变量. 但是通过这个方法只能得到少数的模区变量.

迪克森的论文是依据类的完整理论写出的,这篇论文中也给出了简单的例子.

迪克森将代数不变量的零化子推广到模不变量中,并计算了 $GF[p^n]$ 中的二元二次型的线性独立不变量的完全集和 $GF[5]$ 或者 $GF[3^n]$ 中的三元二次型的线性独立不变量的完全集. $GF[p^n]$ 中的二次型

$$\sum a_i x^{m-i} y^i \text{ 有绝对不变量} \prod_{i=0}^{m} (a_i^{p^n-1} - 1).$$

迪克森求出了关于模 2 的 m 行二次型的独立不变量的完全集(m 个数),其中 m 小于 6. 同时,他也求出了线性独立不变量的上述完全集和 $m = 6$ 的不变量的上述完全集. 这些标准形式以不变量为特征.

迪克森给出了 $GF[2^n]$ 中的二次型不变量的简化型

$$Q_m = \sum_{i<j}^{1,\cdots,m} c_{ij}x_ix_j + b_ix_i^2$$

它的判别式 Δ 是一个模 2 的反对称行列式,因此当 m 为奇数时,结果为 0. 在这种情况下我们定义 Q_m 的半判别式可以由被 2 整除的 Δ 的展开式(偶数)的系数所表示. 根据 m 的奇偶性,判别式 Δ 或者半判别式为 0 的充分必要条件是 $GF[2^n]$ 中的 m 元二次型可以利用线性变换转化为少于 m 个变量的形式. 它可以化简为 r(但却不能少于 r)个变量当且仅当 $\mu^{(m)}, \cdots, \mu^{(r+1)}$ 中的任意一个可以化为 0. 但不是每一个 $\mu^{(r)}$ 都可以,其中 $\mu^{(s)}$ 取 Δ 的 s 阶子式还是半子式由 s 是奇数还是偶数所决定.

对于 $n \leq 4$,所有的 Q_3 的不变量都可由 3 表示出.

迪克森从一个新的角度给出了模不变量的完整理论. 在他之前的有关多项式 P 的不变性的论文中,直接验证出在线性群 G 中,多项式 P 是保持不变的(达到了变换的行列式的幂次). 如今,变换的概念仅用来定义在群 G 中的 s 个型中的不等价类 $C_0, \cdots, C_{k-1}$ 的完全集. 如果 P 在 s 个型中取相同的值,那么 P 是一个绝对不变量. 例如:考虑到 $f = ax^2 + 2bxy + cy^2$,其系数为模 P 的待定整数,其中 p 为大于 2 的素数. 与线性函数的平方同余的 f 的特殊形式组成类 $C_{1,1}$. 另外,类 $C_{1,2}$ 可由 vx^2 表示出,其中 v 是 p 中固定的二次非剩余. 对于

123

$D = 1,2,\cdots,p-1$，类 $C_{2,D}$ 可以由 $x^2 + Dy^2$ 表出. 最后，类 C_0 的系数可以被 p 除尽. f 的系数的单值函数为 f 的模不变量当且仅当 f 的系数函数关于类 $C_{1,1}$ 中所有型模 p 的值相同，在类 $C_{1,2}$ 中也有相同形式的值（通常是一个新值），$C_{2,D}$ 和 C_0 也有类似结果. 满足上述条件的函数为 f 的判别式 $D = b^2 - ac$. 另外一个模不变量为

$$I_0 = (1 - a^{p-1})(1 - b^{p-1})(1 - c^{p-1})$$

上式关于类 C_0 的任意形式的值都为 1，且关于 f 的所有剩余形式的值都为 0. 最后，函数

$$A = \{a^{\frac{1}{2}|p-1|} + c^{\frac{1}{2}|p-1|}(1 - a^{p-1})\}(1 - D^{p-1})$$

是 f 的不变量. 如果 $D \not\equiv 0$，则 $A \equiv 0$. 如果 $D \equiv a \equiv C \equiv D$，那么 f 在 C_0 中，并且 $A \equiv 0$. 若 $D \equiv 0, a \not\equiv 0$，则 $f \equiv a(x + yb/a)^2$ 位于 $C_{1,1}$ 还是 $C_{1,2}$ 中需根据 a 为 P 中的二次剩余还是二次非剩余确定，且 $A \equiv +1$ 或 $A \equiv -1$. 如果 $D \equiv a \equiv 0, c \not\equiv 0$，则 $f \equiv cy^2, A \equiv c^{\frac{1}{2}(p-1)}$. 因此 A 与类中所有形式的值相等. 进一步，D, I_0, A 的值在不同类中是完全不同的. 因此，它们组成了 f 的模不变量的基本组. f 的线性独立不变量的完整组可由 I_0，A, D^j 表示 $(j = 0,1,\cdots,p-1)$. 总体来说，任意型的线性独立模不变量的个数与类数相同. 关于简化 $GF[p^n](p > 2$ 或者 $p = 2)$ 中的 m 元二次型和二次三次型的不变量的理论已经发展得很全面了.

迪克森考虑了 s 和 f_i 的组合. 类的理论在此处是可应用的, 并且产生了合成的一般理论. 在 $GF[p^n]$ ($p > 2$) 中可以求出两个二元三次型或者两个三元二次型合成的基本组.

迪克森通过对类的研究发现, 具有 m 个变量的 q 个线性形式的线性独立不变量的完全集在 $GF[p^n]$, $p > 2$ 中.

当 $q > m$ 时, 每一个不变量都是 m 个变量的 m 种形式的多项式.

迪克森发现类 C_i 位于任意数域(有限的或无限的)的线性群中. 令不变量 $I_1, I_2, \cdots$ 表示类, 当两个类恒同时, 令 I_k 取相同值, 那么任意(单值)不变量是 I_1, $I_2, \cdots$ 的(单值)函数. 但它不总成立, 如上面所说的, 多项式不变量是 $I_1, I_2, \cdots$ 的多项式.

对于 $GF[p^n]$, 特征不变量 I_k 有明确的表示. $GF[p^n]$ 中的二元二次型、线性形式和两个三元二次型的线性独立不变量的完全集对于 $p \geqslant 2$ 都成立.

迪克森在没有利用类的理论的情况下, 解决了上述问题, 并且经过繁杂的运算求出了 $GF[2^n]$ 中的两个二元二次型的独立不变量, 其中 $n = 1, 2, 3$. 然而他的关于类的理论对于整个专题的简化起到了很大的作用.

迪克森通过求所有二次型组中的模共变量, 得出了模共变量的基本理论. 事实上, 他证明了系数位于

置换与 Dickson 多项式

$GF[p^n]$ 中的所有关于 x, y 的多项式通过双线性变换变为此区域中的两个不变量为

$$L = \begin{vmatrix} x^{p^n} & y^{p^n} \\ x & y \end{vmatrix}, Q = \begin{vmatrix} x^{p^{2n}} & y^{p^n} \\ x & y \end{vmatrix} \div L$$

的多项式. L 和 Q 分别为此区域中的非比例线性二次型和不可约同余二次型. 这在不可约二次型的分类中有显著的作用.

　　迪克森对 m 个变量的结果加以推广, 证明了 G_m 中的基本多项式不变量, 它们关于 $x_1, \cdots, x_m$ 有着相同的线性变换, $x_1, \cdots, x_m$ 的系数在 $GF[k]$ 中, 其中 $k = p^n$, 并且

$$L_m = \begin{vmatrix} x_1^{k^{m-1}} & \cdots & x_m^{k^{m-1}} \\ x_1^{k^{m-2}} & \cdots & x_m^{k^{m-2}} \\ \vdots & & \vdots \\ x_1^{k} & \cdots & x_m^{k} \\ x_1 & \cdots & x_m \end{vmatrix}$$

$$Q_{m,s} = \begin{vmatrix} x_1^{k^m} & \cdots & x_m^{k^m} \\ x_1^{k^{s+1}} & \cdots & x_m^{k^{s+1}} \\ x_1^{k^{s-1}} & \cdots & x_m^{k^{s-1}} \\ \vdots & & \vdots \\ x_1 & \cdots & x_m \end{vmatrix} \div L_m \quad (s = 1, \cdots, m-1)$$

126

即确定 L_m 是此区域中非比例线性形式的乘积. 此处得到了群 G_m 的形式的完全解和 $x_1, \cdots, x_m$ 所组成的集合,其中基本解 $L_m^{k-1}, Q_{m,1}, \cdots, Q_{m,m-1}$ 取无穷域中的指定数,且组成了与模 p 同余的所有根. 当 $m = 2$ 时,关于此理论的简单计算,见迪克森的论述. 最后,可以求出所有与不可约二次型等价的三元二次型的乘积的简化型、非零三元三次型的乘积的简化型以及判别式不为零的三元二次型的乘积的简化型,等等. 瓦维瑟尔(R. Le Vavasseur)利用 $x^2, xy, y^2, x, y, 1$ 替换 L_6 ($n = 1$ 时)中的 $x_1, \cdots, x_6$,得到了 x 和 y 中所有一阶和二阶模 p 同余的乘积 $D = 0$. 当 x_1, x_2, x_3 被 $x, y, 1$ 所替换时,令 $L_3 (n = 1$ 时)变 B. 因此,所有线性同余式的乘积为 $B = 0$. 利用 B^{p^2+p+2} 除 D 消去可分解的二次同余式,我们发现商是所有不可约二次同余式的乘积.

迪克森得到了 $GF[p^n]$,$p > 2$ 中行列式为 1 的所有二次变换的子群的不变量组成了一个基本组.

迪克森证明了 m 个变量的任意组的所有模共变量所组成的集合是无限的,在此意义上它是系数位于初始有限域中的有限个共变量的多项式. 他还求出了二元二次型模 3 的共变量的基本组.

迪克森发现,对于二元二次型模 2 的 20 个线性独立的半不变量的完备组中有 10 个是不变量,另外 10 个是线性共变量.

置换与 Dickson 多项式

迪克森给出了一个已知结果的解释,发现了一个 n 阶二元模型的半不变量的基本组,并且通过这个基本组得出了二次模 p 和三次模 3 的不变量的基本组.他讨论了 m 个变量的二元二次型模 2 的共变量理论和模块化几何的理论,发现了一个三元二次型模 2 的基本组,并且用常规方法和模块化几何方法给出了具有有效实拐点的三次曲线的理论,特别处理了实拐点的个数问题.

迪克森确定了二元三次型 f 与二元二次型 g 的不变量的一般集合,并且确定了 f,g 模 2 和模 3 的线性形式.

克拉斯霍尔(W. C. Krathwohl)证明了在线性变换下,不变量模 p 的基本组与 $x_1 \cdot y_1 ; x_2 \cdot y_2$ 的组同步 $x_1 \cdot y_1 ; x_2 \cdot y_2$ 是由以下形式确定

$$L_i = \begin{vmatrix} x_i^p & y_i^p \\ x_i & y_i \end{vmatrix}, \begin{vmatrix} x_i^{p^2} & y_i^{p^2} \\ x_i & y_i \end{vmatrix} \div L_i \quad (i = 1,2)$$

$$M = \begin{vmatrix} x_2 & y_2 \\ x_1 & y_1 \end{vmatrix}, M_1 = \begin{vmatrix} x_2 & y_2 \\ x_1^p & y_1^p \end{vmatrix}$$

$$M_2 = \begin{vmatrix} x_2^p & y_2^p \\ x_1 & y_1 \end{vmatrix}, \frac{M^{s+1}sL_1^{p-s-1} + (-1)^s M_1^{p-s}L_2^s}{M^p}$$

$$(s = 1, \cdots, p-2)$$

威利(F. B. Wiley)证明了任意二次型和同步点

的组模共变量的有限性,从而归纳了迪克森和克拉斯霍尔的理论.

迪克森给出一个从半不变量推导所有模不变量的新方法. 这种新方法较他之前的方法更直接、更简单.

迪克森通过一个比他之前研究的三元型简单的方法得到了一个三元二次型和四元二次型模 2 的半不变量的基础系,同时也得到了四元型的二次共变量.

迪克森证明了三次曲线 $u \equiv 0 \pmod 2$ 的奇点和拐点是通过它与 $H \equiv 0$ 的交点给出的,其中 H 是在代数曲线理论中与黑森行列式有着相同作用的三次型. u 在系数为整数模 2 的线性变换群 G 中是等价的,当且仅当它们有着相同的实数点(例如,在整数坐标下)、实数拐点、实或复数奇点. G 中以模不变量为特征的正则形式有 22 种,在复数形式的变化下,仅仅只有 10 种形式.

迪克森通过虚或实的双曲线将模 2 的二次曲线进行分类,并且区分了众多不变量的类型. 这个过程产生模不变量的基本区域.

迪克森注意到模 2 的圆锥曲线与其顶点和共变线是相关联的. 两组圆锥曲线是模 2 等价的,当且仅当它们有相同的顶点和共变线,共变线区别于顶点和直线但是与顶点和直线相关. 在得到模 2 的两个圆锥曲线的不变量组的同时可得到特定的正规不变量.

麦卡蒂(J. E. McAtee)给出了 n 元二次型模 P^λ 的不变量的分类,其中 P 是素数,并且可以找到能描述类的模不变量. 这些不变量可以确定约当(Jordan)标准形中 $\alpha, \beta, \cdots, p, q, \cdots$ 的值. 他发现大量模 P^λ 的二元二次型的模不变量,P 是任意不小于 2 的素数,并且是模 2^2 的基本组.

黑兹利特(O. C. Hazlett)推广了埃尔米特的关于二次型 f 模共变量的结果. 如果 f 的阶数不能被 p 整除,$GF[p^n]$ 中 f 的任意模共变量与 f 的阶的乘积可以用 Q 中的多项式与 f 和 L 的模共变量的乘积之和表示. 因此,如果 x, y 为数域中给定的两个数,则 f 的阶与 f 的任意模共变量之积与 f 的一般代数不变量同余.

黑兹利特给出了迪克森的关于模共变量的有限性的理论和威利的理论的一个新的证明.

第 2 节　模形式简化为标准型

之前的许多论文给出了模不变量的标准形式. 下面的论文中没有给出不变量,只讨论了如何确定标准形式问题. 约当证明了,若 P 是一个奇素数,每一个系数为整数的二次型可利用模 P 的线性变换转换为 $\theta x_1^2 + x_2^2 + \cdots + x_p^2$,其中 θ 是 1 或者是 P 的一个特殊的二次非剩余. 它可以将模 P^λ 线性地转化为

$$P^{\alpha}(\theta_1 x_1^2 + x_2^2 + \cdots + x_p^2) +$$

$$P^{\beta}(\theta_2 y_1^2 + y_2^2 + \cdots + y_p^2) + \cdots + \quad (\alpha > \beta > \cdots)$$

对于模 2^{λ}, 我们可得 $2^{\alpha}\sum_{\alpha} + 2^{\beta}\sum_{\beta} + \cdots$, 其中每个 $\sum_{\rho}$ 是以下四种形式中的一种

$$S_{\rho}, S_{\rho} + az^2, S_{\rho} + Az^2 + A_1 z_1^2, S_{\rho} + u^2 + uv + v^2$$

其中 $S_{\rho} = x_1 y_1 + \cdots + x_p y_p; a = 1,3,5,7; A$ 和 A_1 为奇数, $A \leq A_1, A < 4, A_1 < 8.$ 当此形式包含两个或更多类似于 $\sum_{\rho}$ 的形式时, a, A, A_1 有进一步限制. 关于是否两个标准形式等价这个问题没有提及.

迪克森独立发现了约当的第一个结果在 p^n 阶伽罗瓦域中成立, 其中 $p > 2.$ 任意 2^n 阶伽罗瓦域中的 k 元二次型 f 不能通过少于 k 个变量的二次型表示, 并且根据 k 的奇偶性, 这样的 f 可以通过线性变换转化为

$$\xi_0^2 + \sum_{i=1}^{m} \xi_i \eta_i, \lambda \xi_1^2 + \lambda \eta_1^2 + \sum_{i=1}^{m} \xi_i \eta_i$$

其中 λ 是 0 或者其他特殊元素, 以至于 $\lambda \xi_1^2 + \xi_1 \eta_1 + \lambda \eta_1^2$ 在此数域中不能简化. 使这些型保持不变的群的性质将在最后进行研究.

约当研究了在给定的线性变换 S 的作用下, 二次型 f 的不变量模 p, 其中 p 是素数. 通过运用 S 的标准形式, 提出了存在与 p 互素的型 f 的充分必要条件. 当此条件满足时, 求得 f, 并且通过不改变 S 的线性变换将

其转化为标准形式.

塞吉埃(J. A. de Séguier)对线性形式进行了类似的研究.

迪克森得出了所有 3^n 阶伽罗瓦域中的三元三次型的标准形式和线性自守.

迪克森求出了任意有限域、实数域和复数域中的三元二次型族 $\lambda_1 q_1 + \mu q_2$ 的所有标准形式.

威尔逊得出了 $GF[p^n]$ 中关于 t_1, t_2, t_3 和 x, y, z 的线性变换下的所有模二次曲线

$$x_1 C_1 + y C_2 + z C_3, C_4 = \sum_{j,k=1}^{3} a_{ijk} t_i t_j$$

的标准形式.

迪克森发现所有在模 2 的线性变换下的系数为整数的 4 个变量的三次型的标准形式. 对于每一个没有奇点的形式,给出了所有三次曲面上的实直线. 他后来仔细验证了在模 2 的典型三次曲面上的实直线和虚直线的形状.

迪克森证明了模 2 的二次曲线除了一种特殊情况外有 7 条双切线. 可以找到有 $0, 5, 6, 7$ 个实数点的不等价的二次曲线. 他在其他地方给出了另一种分类方法.

第 3 节　　模不变量和模共变量的形式

下面我们将从两个方面来阐述通常的模不变量与前面所定义的模不变量是不同的. 首先,基本形式的系数 $c_1, c_2, c_3, \cdots$ 是任意的变量,并且为模 p 的待定整数. 其次,最后的同余式在没有利用费马定理简化 c_i 的指数的情况下在 $c_1, c_2, \cdots, x'_1, \cdots, x'_m$ 中保持等号成立.

赫维茨(A. Hurwitz) 给出了有关二次型 f 模不变量的第一个例子,并且给出了 $f \equiv 0 (\bmod p)$ 的解的个数的说明. 库尼(H. Kuhne) 和迪克森对以上内容的概括总结参见《数论史研究(第 1 卷)》. 赫维茨提出了在整数系数模 p 的线性变换下,给定群 L 中的不变量的基本组的有限性问题,并且对于特殊情形: L 的阶与 p 互素,给予了肯定的回答. 他认为给出一个基本的情形很困难,不能用已知的方法去化简.

桑德森(M. Sanderson) 证明了模不变量 I 的存在性, I 在模群 G 中有任意形式,其满足 $I = i(\bmod p)$ 的所有整数系数的形式,其中 i 是 G 中任意给定的模不变量的形式. 如同在代数理论中,我们可以通过共变量及 y 和 $-x$ 的线性型构造二次型的共变量的形式. 假如不变量转换为 x, y 形式的不变量,那么二元二次型模共变量可以用符号表示出.

迪克森是第一个构造规范不变量和半不变量的完全系的人. 他研究了关于 $p=2$ 和任意 $p>2$ 的二元二次型. 对于一个二元三次型, 当 $p=2$ 和 $p=5$ 时, 可以求出所有规范的半不变量; 当 $p \neq 3$ 时, 可以求出所有规范不变量. 有关桑德森所提出的定理的解释已经给出.

迪克森给出了一个求出正规模不变量的简单有效的方法. 例如: 整数坐标模 2 的对应点为 $(1,0),(0,1)$ 和 $(1,1)$. $Q=ax^2+bxy+cy^2$ 在这些点处的值为 a,c, $s=a+b+c$. 它的基本对称函数可以得出一组 Q 模 2 的不变量. 类似地, 当 l 是线性变换时, $l=\eta x+\xi y$ 在相同点处的值为 $\eta,\xi,\eta+\xi$, 这些值也经过了与点类似的排列组合. 因此, $\phi(a,\eta),\phi(c,\xi),\phi(s,\eta+\xi)$ 的任意对称函数是 Q 和 l 模 2 的正规不变量, 其中 ϕ 是任意多项式. 当模大于 2 时, 我们首先找出了基本形式在坐标为整数的点处的值的幂次. 此方法同时也可运用于半不变量中. 型相互等价的判定标准也由此产生.

格伦(O. E. Glenn) 利用一个简单的微分算子将一个规范模共变量转化为另一个规范模共变量. 同时, 他也应用了模的平延理论.

正如迪克森应用模不变量一样, 格伦应用了规范模不变量的零化子. 他指出迪克森的不变量 Q 是 L 的

一个共变量. 取关于 L 的黑森行列式 L 的雅可比行列式 J_1, 关于 L 的雅可比行列式 J_1 的雅可比行列式 J_2, ……. 通过 $p-2$ 次操作后, 我们可以得到 Q. 他解释了许多二元三次型模 2 的正规共变量和二元二次型模 3 的正规共变量的理论.

格伦认为用给定的正规半不变量去构造共变量起主导作用. 他简化了关于 f_1, f_2, f_3 组中 m 阶二次型 f_m 模 2 的有限正规共变量问题. 对于 f_3 模 2 中的任意阶数大于 3 的正规共变量的乘积, 可以通过给定的共变量表示为 $K = a_1 + a_2$ 的幂的形式.

格伦猜测 $p^2 - 1$ 是任意二次型模 p 的组中不可简化的共变量的最高阶数.

格伦讨论了 m 阶二次型 f_m 模 p 的正规共变量 ϕ_1, ϕ_2 的确定方式

$$f_m = Q\phi_1 + L\phi_2 (\mathrm{mod}\, p)$$

其中 f_m 的变量和系数是相等的.

格伦利用迪克森的有关正规半不变量的基本组得到了二元三次型模 2 的 20 个正规共变量的基本组和 18 个二元二次型模 3 的正规共变量的基本组.

黑兹利特证明了桑德森的猜想: 如果 S 是 ξ 和 η 中的任意二次型组, 且 S' 是由 S 和 $x\eta - y\xi$ 组成的, 那么每一个 S 的模共变量是 L 中的多项式, 并且是一组特定的 S' 的模不变量. 这个理论后来被推广到了同步变

量的二次型中.

格伦给出构造正规模半不变量和 m 阶二次型 f_m 的共变量的推导过程,发现 f_1,f_2 模 2 的 6 个半不变量和 19 个共变量的完整组. 得出了 f_4 模 3 的 9 个半不变量(还有许多共变量)和 f_4 模 2 的 19 个共变量的完全组.

黑兹利特给出了一个与模共变量类似的规范共变量的理论.

威廉姆斯(W. L. G. Williams)给出了一个二元三次型模 p 的正规半不变量的理论,并且得到了 $p = 5$ 和 $p = 7$ 的基本组.

$x^N \pm a$ 在有限域上的完全分解[①]

第 11 章

第 1 节 引 言

有限域是计算机科学和数字通信领域的最基本的数学工具之一. 有限域上不可约多项式即多项式环中的素元素,是有限域上一类特殊的多项式,对于有限域代数结构的研究有重要意义,在信息安全和编码理论中也有重要的作用. 因此,有限域上多项式的完全分解的研究一直是一个热门的研究课题. 令 F 为一个域,$F[x]$ 为 F 上的多项式环,$f(x) \in F[x]$,若

$$f(x) = f_1(x)^{n_1} \cdots f_r(x)^{n_r} \qquad (1)$$

其中 $f_i(x) \in F[x]$ 为 F 上的不可约多项式,那么称 $f(x)$ 在 F 上可完全分解,式(1)称为其完全分解式.

---

① 本章摘自《数学进展》,2018 年,第 47 卷,第 2 期.

置换与 Dickson 多项式

虽然给出一般多项式的完全分解比较困难,但对一些特殊形式的多项式,人们可以得到它的完全分解式. 例如迪克森在他的书中介绍了一类新的多项式

$$D_n(x,a) = \sum_{i=0}^{[n/2]} \frac{n}{n-i}\binom{n-i}{n}(-a)^i x^{n-2i}$$

通常称之为(第一类)迪克森多项式,易知 $D_n(x + \frac{a}{x}, a) = x^n + (\frac{a}{x})^n$. 文[6]和[7]中分别研究了迪克森多项式的不可约因子的特点、广义分圆多项式与迪克森多项式之间的联系,托森(Tosun)在此基础上给出了阶为 2^m 的广义分圆多项式的完全分解,从而得到迪克森多项式在有限域上的完全分解. 在文献[2]中,Blake 等人得到了当 $q \equiv 3 \pmod 4$ 时 $x^{2^m} - 1$ 在 F_q 上的不可约分解. Meyn 利用文献[2]中的结论,用更简洁的方法得到了 $x^{2^m} - 1$ 在 F_q 上的不可约分解,其中 q 为素数幂且 $q \equiv 3 \pmod 4$(详见文献[11]). 文献[10]中证明了对某些特殊的 q 和 n,$x^n - 1$ 在 $F_q[x]$ 可分解为一些形为 $x^t - a$ 不可约二项式或形为 $x^{2t} - ax^t + b$ 不可约三项式的乘积. 在文献[3]中,陈博聪等人研究了 $x^{2^m p^n} - 1(m,n$ 均为正整数,$p \mid q - 1)$ 这类多项式在有限域 F_q 上的不可约分解,得到这类多项式的完全分解形式. 文献[8]中推广了这一结论,得到 $x^{2^a p^b r^c} - 1$ 这类多项式在有限域 F_q 上的完全分解式,结果表明 $x^{2^a p^b r^c} - 1$ 的不可约因子都是二项式或者三项式.

南京航空航天大学理学院的王玉琨、曹喜望教授于 2018 年在文献[3,6,8]的基础上进行推广、研究了

138

$x^{2^m p^n} \pm a$ 这类多项式在 F_q 上的完全分解,其中 m,n 均为正整数,$a \in F_q$. 令 F_q 为阶为 q 的有限域,其中 q 为一些奇素数的幂. 当 $2p \mid (q-1)$ 时,我们可以给出 $x^{2^m p^n} \pm a$ 在 F_q 上的完全分解式. 对任意正整数 n 和素数 p,用 $v_p(n)$ 记 n 的 p 指数,即 $p^{v_p(n)} \mid n$,但 $p^{(v_p(n)+1)} \notin n$. 用 $\mathrm{rad}(n)$ 表示正整数 n 中不同素因子的乘积. 若 $v_2(q-1) > m$,并且 $v_p(q-1) > n$,则 $x^{2^m p^n} \pm a$ 的分解结果很容易得出,而其他情况就较为复杂. 记 $q-1 = 2^s p^t d$,s,t 为正整数,且 $\gcd(2p,d) = 1$. 这里要区分 $s \geqslant 2$ 和 $s = 1$ 两种不同的情况,因为当 $s \geqslant 2$ 时 $x^2 + 1$ 在 F_q 上是可约的,但 $s = 1$ 时在 F_q 上不可约. 在本章中我们分开讨论. 对于 $x^{2^m p^n} - a$,若 $s \geqslant 2$ 时,$x^{2^m p^n} - a$ 在 F_q 上可分解为一些二项式的乘积;而当 $s = 1$ 时,$x^{2^m p^n} - a$ 在 F_q 上的因式都是二项式或三项式. 对于 $x^{2^m p^n} + a$,若 $s \geqslant 2$ 时,$x^{2^m p^n} + a$ 在 F_q 上可分解为一些二项式的乘积;而当 $s = 1$ 时,$x^{2^m p^n} + a$ 在 F_q 上的因式都是三项式. 对上述各种情况,我们将给出相应多项式的完全分解式.

第 2 节　预备知识

在本章中,F_q 表示阶为奇素数幂 q 的有限域. F_q^* 表示 F_q 中所非零元素组成的乘法群. 对任意 $\lambda \in F_q$,记 λ 在 F_q^* 中的阶为 $\mathrm{ord}(\lambda)$,易知 $\mathrm{ord}(\lambda) \mid (q-1)$,且

λ 叫作 $F_q^{\,*}$ 中 $\mathrm{ord}(\lambda)$ 次本原单位根. 熟知 $F_q^{\,*}$ 为 $q-1$ 阶循环群, 即 $F_q^{\,*}$ 可由 $q-1$ 次本原单位根 ξ 生成, 也即 $F_q^{\,*} = \langle \xi \rangle$. 对任意的正整数 k, 有 $\mathrm{ord}(\xi^k) = \dfrac{q-1}{\gcd(q-1,k)}$, 其中 $\gcd(q-1,k)$ 表示 $q-1$ 和 k 的最大公因子. 本章始终假设 $2p \mid \mathrm{rad}(q-1)$.

显然对任意的 $a \in F_q^{\,*}$, 必存在 $\beta \in F_q^{\,*}$, 使得 $a = \beta^{2^{m'}p^{n'}}$, 其中 $m' \geqslant 0, n' \geqslant 0$. 故 $x^{2^m p^n} \pm a$ 的分解可看作 $x^{2^m p^n} \pm \beta^{2^{m'}p^{n'}}$ 的分解.

如果 $m' > m, n' > n$, 则

$$x^{2^m p^n} \pm a = x^{2^m p^n} \pm \left(\beta^{2^{m'-m}p^{n'-n}} \right)^{2^m p^n}$$

令 $\beta' = \beta^{2^{m'-m}p^{n'-n}}$, 即转化为讨论 $x^{2^m p^n} \pm \beta'^{2^m p^n}$ 的分解.

因此本章只考虑当 $0 \leqslant m' \leqslant m, 0 \leqslant n' \leqslant n$ 时 $x^{2^m p^n} \pm a$ 的分解, 其中 $a = \beta^{2^{m'}p^{n'}}$.

下面的四个引理在后面将会用到:

引理 1 假设 $k \geqslant 2, k \in \mathbf{N}_+$. 对于 $\gamma \in F_p^{\,*}$, 且 $\mathrm{ord}(\gamma) = e$, 二项式 $x^k - \gamma$ 在 F_q 上不可约的充要条件:

(1) k 的任意素因子均整除 e, 但不整除 $\dfrac{q-1}{e}$;

(2) 若 $k \equiv 0 \pmod 4$, 则 $q \equiv 1 \pmod 4$.

由文献[3]的命题 4 我们可以类似给出当 q 是一个奇素数幂且满足 $q \equiv 3 \pmod 4$ 时 $x^{2^m} - 1$ 在素数域 F_q 中的不可约分解式. 令 $l = v_2(q+1)$, 则有:

引理 2 当 $q \equiv 3 \pmod 4$ 时, 令 $H_1 = \{0\}$, 如下进行递归定义

$$H_i = \left\{ \pm \left(\frac{h+1}{2} \right)^{\frac{q+1}{4}} \,\middle|\, h \in H_{i-1} \right\} \quad (i = 1, 2, \cdots, l-1)$$

令

$$H_l = \left\{ \pm \left(\frac{h-1}{2} \right)^{\frac{q+1}{4}} \middle| h \in H_{l-1} \right\}$$

则 $x^{2^m} - 1$ 在 F_q 上的完全分解如下：

若 $1 \leqslant m \leqslant l$，则

$$x^{2^m} - 1 = (x+1)(x-1) \prod_{i=1}^{m-1} \prod_{h \in F_q} (x^2 - 2hx + 1)$$

若 $m \geqslant l+1$，则

$$x^{2^m} - 1 = (x+1)(x-1) \prod_{\substack{h \in H_i \\ 1 \leqslant i \leqslant l-1}} (x^2 - 2hx + 1) \cdot$$

$$\prod_{\substack{h \in H_k \\ 1 \leqslant k \leqslant m-l-1}} (x^{2^{k+1}} - 2hx^{2^k} + 1)$$

接下来，我们回顾一个验证多项式不可约的重要结论.

引理3 令 m 为正整数，$f(x) \in F_q[x]$ 为不可约多项式，其中 $\deg(f) = n > 0$. 假设 $f(0) \neq 0$，则 $f(x)$ 的阶 e 等于 $f(x)$ 的任意一个根的阶，并且 $f(x^m)$ 在 F_q 上不可约的充要条件：

(1) m 的任一素因子均整除 e；

(2) $\gcd(m, \dfrac{q^n - 1}{e}) = 1$；

(3) 若 $m \equiv 0 (\bmod 4)$，则 $q^n \equiv 1 (\bmod 4)$.

下面的结论是显然的：

引理4 对任意 $b \in F_q^*$，$f(x) \in F_q[x]$，则 $f(x)$ 在 F_q 上不可约当且仅当 $f(bx)$ 在 F_q 上不可约.

第 3 节　　主 要 结 果

与前一节一样,F_q 表示阶为奇素数幂 q 的有限域,s,t 为奇素数,满足 $q - 1 = 2^s p^t d, \gcd(2p, d) = 1$.

1. $x^{2^m p^n} - a$ **在** F_q **上的完全分解**

情形一:当 $a = \beta^{2^m p^n}, \beta \in F_q{}^*$,即 $\beta = \xi^M$ 时:

这种情况下,我们可以把多项式写为如下形式

$$x^{2^m p^n} - \beta^{2^m p^n} = \beta^{2^m p^n}\left(\frac{x^{2^m p^n}}{\beta^{2^m p^n}} - 1\right)$$

令 $y = \dfrac{x}{\beta}$,则可以转化为对 $y^{2^m p^n} - 1$ 的完全分解(详见文献[3]).

情形二:当 $a = \beta^{2^{m-1} p^n}, \beta \in F_q{}^*$,即 $\beta = \xi^M$ 时:

定理 1　当 $s \geq 2, n \leq t$ 时,$x^{2^m p^n} - \beta^{2^{m-1} p^n}$ 在 F_q 中的完全分解如下:

(1) 当 $m \leq s$ 时

$$x^{2^m p^n} - \beta^{2^{m-1} p^n} = \prod_{i=0}^{2^{m-1} p^n - 1} (x^2 - \beta \alpha_1^i) \qquad (2)$$

其中 $\alpha_1 = \xi^{2^{s-m+1} p^{t-n} d}$ 为 $2^{m-1} p^n$ 次本原单位根;当 $2 \nmid M$ 时,$x^2 - \beta \alpha_1^i$ 在 F_q 上不可约,式(2)为 $x^{2^m p^n} - \beta^{2^{m-1} p^n}$ 在 F_q 上的完全分解;否则若 $2 \mid M$,则

$$x^2 - \beta \alpha_1^i = x^2 - \xi^{M + 2^{s-m+1} p^{t-n} di}$$
$$= (x - \xi^{\frac{M}{2} + 2^{s-m} p^{t-n} di})(x + \xi^{\frac{M}{2} + 2^{s-m} p^{t-n} di})$$

(2) 当 $m > s$ 时

$$x^{2^m p^n} - \beta^{2^{m-1} p^n} = \prod_{k=0}^{2^s p^{n-1}} (x^2 - \beta \alpha_2^k) \cdot$$

$$\prod_{i=0}^{m-s-2} \prod_{\substack{j=1 \\ 2 \nmid j}}^{2^s p^n} (x^{2^{m-s-i}} - \beta^{2^{m-s-1-i}} \alpha_2^j) \quad (3)$$

其中 $\alpha_2 = \xi^{p^{t-n}d}$ 为 $2^s p^n$ 次本原单位根,当 $2 \mid M$ 且 $2 \mid k$ 时,$x^2 - \beta \alpha_2^k = (x - \xi^{\frac{M}{2} + p^{t-n} d \frac{k}{2}})(x + \xi^{\frac{M}{2} + p^{t-n} d \frac{k}{2}})$;其他情况下式(3)即为完全分解.

证 (1)当 $n \leq t, m \leq s$ 时,易知在 F_q 中存在 $2^{m-1} p^n$ 次本原单位根 $\alpha_1 = \xi^{2^{s-m+1} p^{t-n} d}$. 令 λ 为 $x^2 - \beta \alpha_1^i$ 在 F_q 某扩域中的根,即 $\lambda^2 = \beta \alpha_1^i$,故

$$\lambda^{2^m p^n} = (\lambda^2)^{2^{m-1} p^n} = (\beta \alpha_1^i)^{2^{m-1} p^n} = \beta^{2^{m-1} p^n}$$

故

$$x^2 - \beta \alpha_1^i \mid x^{2^m p^n} - \beta^{2^{m-1} p^n}$$

再讨论其不可约性.

由前知 $\beta = \xi^M$,对任意的 $0 \leq i \leq 2^{m-1} p^n$,$\beta \alpha_1^i = \xi^{M + 2^{s-m+1} p^{t-n} di}$. 故 $\mathrm{ord}(\beta \alpha_1^i) = \mathrm{ord}(\xi^{M + 2^{s-m+1} p^{t-n} di}) = \dfrac{\mathrm{ord}(\xi)}{\gcd(\mathrm{ord}(\xi), M + 2^{s-m+1} p^{t-n} di)}$. 若 $2 \nmid M$,则易得 $2 \mid \mathrm{ord}(\beta \alpha_1^i)$,但 $2 \nmid \dfrac{q-1}{\mathrm{ord}(\beta \alpha_1^i)}$,由引理1可知 $x^2 - \beta \alpha_1^i$ 在 F_q 上不可约. 即式(2)为 $x^{2^m p^n} - \beta^{2^{m-1} p^n}$ 在 F_q 上的完全分解.

否则若 $2 \mid M$,则 $x^2 - \beta \alpha_1^i$ 在 F_q 上仍可约,则 $x^2 - \beta \alpha_1^i = x^2 - \xi^{M + 2^{s-m+1} p^{t-n} di} = (x - \xi^{\frac{M}{2} + 2^{s-m} p^{t-n} di})(x + \xi^{\frac{M}{2} + 2^{s-m} p^{t-n} di})$,即 $x^{2^m p^n} - \beta^{2^{m-1} p^n}$ 在 F_q 上的完全分解为

$$x^{2^m p^n} - \beta^{2^{m-1}p^n} = \prod_{i=0}^{2^{m-1}p^n-1} \left(x - \xi^{\frac{M}{2}+2^{s-m}p^{t-n}di}\right) \cdot$$
$$\left(x + \xi^{\frac{M}{2}+2^{s-m}p^{t-n}di}\right)$$

（2）当 $m > s, n \leqslant t$ 时，在 F_q 中存在 $2^s p^n$ 次本原单位根 $\alpha_2 = \xi^{p^{t-n}d}$. 对于式（3）右边的第一个因式，我们可以类似（1）证明.

令 γ 为 $x^{2^{m-s-i}} - \beta^{2^{m-s-1-i}}\alpha_2^j$ 在 F_q 某扩域中的根，即 $\gamma^{2^{m-s-i}} = \beta^{2^{m-s-1-i}}\alpha_2^j$，则 $\gamma^{2^m p^n} = (\gamma^{2^{m-s-i}})^{2^{s+i}p^n} = (\beta^{2^{m-s-1-i}}\alpha_2^j)^{2^{s+i}p^n} = \beta^{2^{m-1}p^n}$. 因此 $x^{2^{m-s-i}} - \beta^{2^{m-s-1-i}}\alpha_2^j$ 为 $x^{2^m p^n} - \beta^{2^{m-1}p^n}$ 的因子.

下面讨论不可约性.

由前面知可，令 $\beta = \xi^M$，对任意的 $0 \leqslant i \leqslant m-s-2$ 和 $1 \leqslant j \leqslant 2^s p^n$ 且 $2 \nmid j, \beta^{2^{m-s-1-i}}\alpha_2^j = \xi^{2^{m-s-1-i}M+p^{t-n}di}$，则

$$\mathrm{ord}(\beta^{2^{m-s-1-i}}\alpha_2^j) = \mathrm{ord}(\xi^{2^{m-s-1-i}M+p^{t-n}dj})$$
$$= \frac{\mathrm{ord}(\xi)}{\gcd(\mathrm{ord}(\xi), 2^{m-s-1-i}M+p^{t-n}dj)}$$

因为 $2 \nmid j, \gcd(2p,d) = 1$，因此 $2 \mid \mathrm{ord}(\beta^{2^{m-s-1-i}}\alpha_2^j)$，但 $2 \nmid \dfrac{q-1}{\mathrm{ord}(\beta^{2^{m-s-1-i}}\alpha_2^j)}$，由引理 1 可知，$x^{2^{m-s-i}} - \beta^{2^{m-s-1-i}}\alpha_2^j$ 在 F_q 上不可约. 比较式（3）两边 x 的次数

$$2^{s+1}p^n + (2^2 + 2^3 + \cdots + 2^{m-s})(2^s p^n - 2^{s-1}p^n) = 2^m p^n$$

故最终可得此种情况的完全分解. 证毕.

定理 2 当 $s \geqslant 2, n \geqslant t$ 时，$x^{2^m p^n} - \beta^{2^{m-1}p^n}$ 在 F_q 中分解如下：

（1）当 $m \leqslant s$ 时

$$x^{2^m p^n} - \beta^{2^{m-1}p^n} = \prod_{k=0}^{2^{m-1}p^t-1} (x^2 - \beta\alpha_3^k) \cdot$$

$$\prod_{i=0}^{n-t-1} \prod_{\substack{i=1 \\ p\nmid j}}^{2^{m-1}p^t} (x^{2p^{n-t-i}} - \beta^{p^{n-t-i}}\alpha_3^j) \quad (4)$$

其中 $\alpha_3 = \xi^{2^{s-m+1}d}$ 为 $2^{m-1}p^t$ 次本原单位根,当 $2 \mid M$ 时,

$x^2 - \beta\alpha_3^k = (x - \xi^{\frac{M}{2}+2^{s-m}dk})(x + \xi^{\frac{M}{2}+2^{s-m}dk})$,$x^{2p^{n-t-i}} - $

$\beta^{p^{n-t-i}}\alpha_3^j = (x^{p^{n-t-i}} - \xi^{\frac{M}{2}p^{n-t-i}+2^{s-m}di})(x^{p^{n-t-i}} + \xi^{\frac{M}{2}p^{n-t-i}+2^{s-m}dj})$;

其他情况下式(4)为完全分解.

(2) 当 $m > s$ 时

$$x^{2^m p^n} - \beta^{2^{m-1}p^n} =$$

$$\prod_{k_1=0}^{2^s p^t} (x^2 - \beta\alpha_4^{k_1}) \prod_{k_2=0}^{m-s-2} \prod_{u=1, 2\nmid u}^{2^s p^t} (x^{2^{m-s-k_2}} - \beta^{2^{m-s-1-k_2}}\alpha_4^u) \cdot$$

$$\prod_{k_3=0}^{n-t-1} \prod_{v=1, p\nmid v}^{2^s p^t} (x^{2p^{n-t-k_3}} - \beta^{p^{n-t-k_3}}\alpha_4^v) \cdot$$

$$\prod_{i=1}^{m-s-1} \prod_{j=1}^{n-t} \prod_{\substack{r=1 \\ 2\nmid r, p\nmid r}} (x^{2^{i+1}p^j} - \beta^{2^i p^j}\alpha_4^r)$$

$$(5)$$

其中 $\alpha_4 = \xi^d$ 为 $2^s p^t$ 次本原单位根,当 $2 \mid k_1$ 且 $2 \mid M$ 时,

$x^2 - \beta\alpha_4^{k_1} = (x - \xi^{\frac{M}{2}+d\frac{k_1}{2}})(x + \xi^{\frac{M}{2}+d\frac{k_1}{2}})$;当 $2 \mid v$ 且 $2 \mid M$

时,$x^{2p^{n-t-k_3}} - \beta^{p^{n-t-k_3}}\alpha_4^v = (x^{p^{n-t-k_3}} - \xi^{p^{n-t-k_3}\frac{M}{2}+d\frac{v}{2}})(x^{p^{n-t-k_3}} +$

$\xi^{p^{n-t-k_3}\frac{M}{2}+d\frac{v}{2}})$,在其他情况下,式(5)均为完全分解.

证 对于(1)的证明分析过程同定理1的(2),下面证明(2).

当 $m > s, n > t$ 时,F_q 中存在 $2^s p^t$ 次本原单位根

$\alpha_4 = \xi^d$. 我们易证式（5）右边的因式均为 $x^{2^m p^n} - \beta^{2^{m-1} p^n}$ 的因子，下面讨论它们的不可约性即可.

对于 $x^2 - \beta \alpha_4^{k_1}$，因为 $\gcd(2p, d) = 1$，由引理 1 可知当 $2 \mid k_1$ 且 $2 \mid M$ 时在 F_q 上仍可约，即

$$x^2 - \beta \alpha_4^{k_1} = \left(x - \xi^{\frac{M}{2} + d\frac{k_1}{2}}\right)\left(x + \xi^{\frac{M}{2} + d\frac{k_1}{2}}\right)$$

而在其他情况下均不可约；

对于 $x^{2^{m-s-k_2}} - \beta^{2^{m-s-1-k_2}} \alpha_4^v$，可验证在 F_q 上不可约；

对于 $x^{2p^{n-t-k_3}} - \beta^{p^{n-t-k_3}} \alpha_4^v$，因为 $p \nmid v$，且 $\gcd(2p, d) = 1$，故当 $2 \mid v$ 且 $2 \mid M$ 时在 F_q 上仍可约，$x^{2p^{n-t-k_3}} - \beta^{p^{n-t-k_3}} \alpha_4^v = \left(x^{p^{n-t-k_3}} - \xi^{p^{n-t-k_3}\frac{M}{2} + d\frac{v}{2}}\right)\left(x^{p^{n-t-k_3}} + \xi^{p^{n-t-k_3}\frac{M}{2} + d\frac{v}{2}}\right)$，而在其他情况下均不可约；

对于 $x^{2^{i+1}p^j} - \beta^{2^i p^j} \alpha_4^r$，由于 $2 \nmid r, p \nmid r$ 且 $\gcd(2p, d) = 1$，由引理 1 知在 F_q 上不可约.

又可证分解式两边次数相等，因为 $2^{s+1} p^t + (2^2 + 2^3 + \cdots + 2^{m-s})(2^s p^t - 2^{s-1} p^t) + (p + p^2 + \cdots + p^{n-t})(2^{s+1} p^t - 2^{s+1} p^{t-1}) + (2^{s+1} p^t - 2^s p^t - 2^{s+1} p^{t-1} + 2^s p^{t-1})(2^2 + 2^3 + \cdots + 2^{m-s})(p + p^2 + \cdots + p^{n-t}) = 2^m p^n$，故我们可得出 $x^{2^m p^n} - \beta^{2^{m-1} p^n}$ 在 F_q 中的完全分解. 证毕.

以上讨论了 $q - 1 = 2^s p^t d$，其中 s, t 为正整数，$\gcd(2p, d) = 1$，当 $s \geqslant 2$ 时，$x^{2^m p^n} - \beta^{2^{m-1} p^n}$ 在 F_q 中的分解. 接下来考虑 $s = 1$，即 $4 \nmid q - 1$ 时，$x^{2^m p^n} - \beta^{2^{m-1} p^n}$ 在 F_q 中的分解情况，首先考虑 $x^{2^{m-1} p^n} - 1$ 在 F_q 中的分解.

有如下结果

$$x^{2^{m-1}p^n} - 1 = \begin{cases} \prod_{j=0}^{p^n-1} (x^{2^{m-1}} - v^j), n \le t \\ \prod_{r=0}^{p^t-1} (x^{2^{m-1}} - \delta^r) \cdot \\ \prod_{e=1}^{n-t} \prod_{k=1, p\nmid k}^{p^t} (x^{2^{m-1}p^e} - \delta^k), n \le t \end{cases} \qquad (6)$$

其中 $v = \xi^{2p^{t-n}d}$ 为 F_q 中 p^n 次本原单位根,$\delta = \xi^{2d}$ 为 F_q 中 p^t 次本原单位根.

要得到 $x^{2^{m-1}p^n} - 1$ 的不可约分解,就要找到上面等式中每个因式的不可约分解. 在这里,我们仅考虑当 $n > t$ 时 $x^{2^{m-1}} - \delta^r$ 的不可约分解,其余的均可以类似得到.

因为 $\text{ord}(\xi^{2^{m-1}}) = \dfrac{q-1}{\gcd(q-1, 2^{m-1})} = p^t d$,而 $\delta = \xi^{2d}$ 为 F_q 中 p^t 次本原单位根,这意味着 $\delta \in \langle \xi^{2^{m-1}} \rangle$,故存在 z_r 使 $\delta^r = \xi^{2^{m-1}z_r}$,令 $\zeta_r = \xi^{-z_r}$,则 $\zeta_r^{2^{m-1}} \delta^r = 1$. 因为 $4 \nmid q - 1$,我们可以假定 z_r 为奇数. 这是因为 $\delta = \xi^{2d}$,即 $\delta^r = \xi^{2^{m-1}z_r} \Leftrightarrow 2dr \equiv 2^{m-1}z_r \pmod{q-1}$,即 $dr \equiv 2^{m-2}z_r \pmod{p^t d}$,而上式总是有解的,且必要时其解加上 $p^t d$ 仍然是上式的解,从而我们可以假定 z_r 为奇数. 所以可得当 $1 \le m \le l$ 时

$$x^{2^{m-1}} - \delta^r = \delta^r ((\zeta_r x)^{2^{m-1}} - 1)$$

$$= \delta^r \left((\zeta_r x - 1)(\zeta_r x + 1) \prod_{i=1}^{m-2} \prod_{h \in H_i} (\zeta_r^2 x^2 - 2h\zeta_r x + 1) \right)$$

$$= (x - \zeta_r^{-1})(x + \zeta_r^{-1}) \cdot$$

$$\prod_{i=1}^{m-2} \prod_{h \in H^i} (x^2 - 2h\zeta_r^{-1}x + \zeta_r^{-2}) \qquad (7)$$

147

置换与 Dickson 多项式

当 $m \geqslant l+1$ 时

$$x^{2^{m-1}} - \delta^r = (x - \zeta_r^{-1})(x + \zeta_r^{-1}) \cdot$$
$$\prod_{\substack{h \in H_i \\ 1 \leqslant i \leqslant l-1}} (x^2 - 2h\zeta_r^{-1}x + \zeta_r^{-2})$$
$$\prod_{\substack{h \in H_l \\ 0 \leqslant k \leqslant m-l-1}} (x^{2^{k+1}} - 2h\zeta_r^{-2^k}s^{2^k} + \zeta_r^{-2^{k+1}}) \quad (8)$$

同样地,当 $n \leqslant t$ 时,有 $x^{2^{m-1}} - \nu^j$ 的分解如下:

当 $1 \leqslant m \leqslant l$ 时

$$x^{2^{m-1}} - \nu^j = (x - \zeta_j^{-1})(x + \zeta_j^{-1}) \cdot$$
$$\prod_{i=1}^{m-2}\prod_{h \in H_i} (x^2 - 2h\zeta_j^{-1}x + \zeta_j^{-2})$$

当 $m \geqslant l+1$ 时

$$x^{2^{m-1}} - \nu^j = (x - \zeta_j^{-1})(x + \zeta_j^{-1}) \cdot$$
$$\prod_{\substack{h \in H_i \\ 1 \leqslant i \leqslant l-1}} (x^2 - 2h\zeta_j^{-1}x + \zeta_j^{-2}) \cdot$$
$$\prod_{\substack{h \in H_i \\ 0 \leqslant k \leqslant m-l-1}} (x^{2^{k+1}} - 2h\zeta_j^{-2^k}x^{2^k} + \zeta_j^{-2^{k+1}})$$

定理 3　当 $s=1$ 时,$x^{2^m p^n} - \beta^{2^{m-1}p^n}$ 在 F_q 上的分解如下:

$(1) 1 \leqslant m \leqslant l+1, n \leqslant t$ 时

$$x^{2^m p^n} - \beta^{2^{m-1}p^n} = \prod_{j=0}^{p^n-1} (x^2 - \beta\zeta_j^{-1})(x^2 + \beta\zeta_j^{-1}) \cdot$$
$$\prod_{i=1}^{m-2}\prod_{h \in H_i} (x^4 - 2h\zeta_j^{-1}\beta x^2 + \beta^2\zeta_j^{-2})$$
$$(9)$$

$(2) m > l+1, n \leqslant t$ 时

148

$$x^{2^m p^n} - \beta^{2^{m-1} p^n} = \prod_{j=0}^{p^n-1} ((x^2 - \beta \zeta_j^{-1})(x^2 + \beta \zeta_j^{-1}) \cdot$$
$$\prod_{\substack{h \in H_i \\ 1 \leqslant i \leqslant l-2}} (x^4 - 2h\zeta_j^{-1}\beta x^2 + \beta^2 \zeta_j^{-2}) \cdot$$
$$\prod_{\substack{h \in H_l \\ 0 \leqslant k \leqslant m-l-2}} (x^{2^{k+2}} - 2h\zeta_j^{-2^k}\beta^{2^k} x^{2^{k+1}} - \beta^{2^{k+1}} \zeta_j^{-2^{k+1}}))$$

$$(10)$$

（3）当 $1 \leqslant m \leqslant l+1, n > t$ 时

$$x^{2^m p^n} - \beta^{2^{m-1} p^n} = \prod_{r=0}^{p^t-1} ((x^2 - \beta \zeta_r^{-1})(x^2 + \beta \zeta_r^{-1})$$
$$\prod_{i=1}^{m-2} \prod_{h \in H_i} (x^4 - 2h\zeta_r^{-1}\beta x^2 + \beta^2 \zeta_r^{-2})) \cdot$$
$$\prod_{e=1}^{n-t} \prod_{\substack{k=1, \\ p \nmid k}}^{p^t} ((x^{2p^e} - \beta^{p^e} \zeta_k^{-1})(x^{2p^e} + \beta^{p^e} \zeta_k^{-1}) \cdot$$
$$\prod_{k=1}^{m-2} \prod_{h \in H_k} (x^{4p^e} - 2h\zeta_k^{-1}\beta^{p^e} x^{2p^e} + \beta^{2p^e} \zeta_k^{-2}))$$

$$(11)$$

（4）当 $m > l+1, n > t$ 时

$$x^{2^m p^n} - \beta^{2^{m-1} p^n} = \prod_{r=0}^{p^t-1} ((x^2 - \beta \zeta_r^{-1})(x^2 + \beta \zeta_r^{-1}) \cdot$$
$$\prod_{\substack{h \in H_i \\ 1 \leqslant i \leqslant l-2}} (x^4 - 2h\zeta_r^{-1}\beta x^2 + \beta^2 \zeta_r^{-2}) \cdot$$
$$\prod_{\substack{h \in H_l \\ 1 \leqslant k \leqslant m-l-2}} (x^{2^{k+2}} - 2h\zeta_r^{-2^k}\beta^{2^k} x^{2^{k+1}} - \beta^{2^{k+1}} \zeta_r^{-2^{k+1}})) \cdot$$
$$\prod_{e=1}^{n-t} \prod_{\substack{k=1, \\ p \nmid k}}^{p^t} ((x^{2p^e} - \beta^{p^e} \zeta_k^{-1})(x^{2p^e} + \beta^{p^e} \zeta_k^{-1}) \cdot$$

149

$$\prod_{\substack{h \in H_l \\ 1 \le i \le l-2}} (x^{4p^e} - 2h\zeta_k^{-1}\beta^{p^e}x^{2p^e} - \beta^{2p^e}\zeta_k^{-2}) \cdot$$

$$\prod_{\substack{h \in H_l \\ 1 \le l \le m-l-2}} (x^{2^{i+2}p^e} - 2h\zeta_k^{-2^i}\beta^{2^i p^e}x^{2^{i+1}p^e} - \beta^{2^{i+1}p^e}\zeta_k^{-2^{i+1}}))$$

$$(12)$$

下面仅讨论(3)的完全分解,其他情况可类似讨论. 因为

$$x^{2^m p^n} - \beta^{2^{m-1}p^n} = \beta^{2^{m-1}p^n}\left(\left(\frac{x^2}{\beta}\right)^{2^{m-1}p^n} - 1\right)$$

可令 $y = \dfrac{x^2}{\beta}$,先讨论 $x^2 - \beta\zeta_r^{-1}$ 和 $x^2 + \beta\zeta_r^{-1}$ 在 F_q 上的不可约性.

由前知 $\zeta_r^{2^{m-1}}\delta^r = 1$,其 $\delta = \xi^{2d}$ 为 F_q 中 p^t 次本原单位根,存在正整数 z_r,记 $\zeta_r = \xi^{-z_r}$,则 $\beta\zeta_r^{-1} = \xi^{z_r + M}$,若 $2 \nmid (z_r + M)$,则 $2 \mid \mathrm{ord}(\beta\zeta_r^{-1})$,但 $2 \nmid \dfrac{q-1}{\mathrm{ord}(\beta\zeta_r^{-1})}$,故 $x^2 - \beta\zeta_r^{-1}$ 在 F_q 上不可约;否则若 $2 \mid (z_r + M)$,$x^2 - \beta\zeta_r^{-1}$ 在 F_q 上可约,即 $x^2 - \beta\zeta_r^{-1} = (x - \xi^{\frac{z_r+M}{2}})(x + \xi^{\frac{z_r+M}{2}})$.

对于 $x^2 + \beta\zeta_r^{-1}$,$-\beta\zeta_r^{-1} = \xi^{p^t d + z_r + M}$,当 $2 \nmid M$ 时,$2 \mid \mathrm{ord}(-\beta\zeta_r^{-1})$,但 $2 \nmid \dfrac{q-1}{\mathrm{ord}(-\beta\zeta_r^{-1})}$,由引理 1 知 $x^2 + \beta\zeta_r^{-1}$ 在 F_q 上不可约. 否则

$$x^2 + \beta\zeta_r^{-1} = (x + \xi^{\frac{p^t d + z_r + M}{2}})(x - \xi^{\frac{p^t d + z_r + M}{2}})$$

再用引理 3 来讨论 $x^4 - 2h\zeta_r^{-1}\beta x^2 + \beta^2\zeta_r^{-2}$ 的不可约性.

记

$$x^4 - 2h\zeta_r^{-1}\beta x^2 + \beta^2\zeta_r^{-2} = \beta^2\left(\left(\frac{x^2}{\beta}\right)^2 - 2h\zeta_r^{-1}\left(\frac{x^2}{\beta}\right) + \zeta_r^{-2}\right)$$

由式（7）知 $f(x) = x^2 - 2h\zeta_r^{-1}x + \zeta_r^{-2}$ 为 $x^{2^{m-1}} - \delta^r$ 在 F_q 上的不可约因子，令 ω 为 $f(x)$ 的根，$\omega \in F_{q^2}\backslash F_q$，即 $\omega^{q^2-1} = 1$，且 $\omega^{2^{m-1}} = \delta^r$，即 $(\omega^{2^{m-1}})^{p^t} = (\delta^r)^{p^t} = 1$. 令 $c = \gcd(q^2 - 1, 2^{m-1}p^t)$，有 $\omega^c = 1$. 又

$$c = \gcd(q^2 - 1, 2^{m-1}p^t)$$
$$= \gcd(4p^t d(p^t d + 1), 2^{m-1}p^t)$$
$$= p^t \cdot \gcd(4d(p^t d + 1), 2^{m-1})$$

若 $\gcd(4d(p^t d + 1), 2^{m-1}) = 2$，即 $m = 2$ 时，$\omega^c = \omega^{2p^t} = 1$，与 $\omega \notin F_q$ 矛盾. 故此时 $m \geqslant 3$，即 $\omega^{4p^t \cdot \gcd(d(p^t d+1), 2^{m-3})} = 1$，$\mathrm{ord}(\omega) \mid 4p^t \cdot \gcd(d(p^t d + 1), 2^{m-3})$. 由前知 $\mathrm{ord}(\omega) \nmid 2p^t$，知则与 $\omega \notin F_q$ 矛盾.

$\mathrm{ord}(\omega) = 4p^t \cdot \gcd(d(p^t d + 1), 2^{m-3})$：

（1）当 $v_2(p^t d + 1) \leqslant m - 3$ 时，$v_2(\mathrm{ord}(\omega)) = 2 + v_2(p^t d + 1) = v_2(q^2 - 1)$，则 $f(x^2) = x^4 - 2h\zeta_r^{-1}x^2 + \zeta_r^{-2}$ 在 F_q 上不可约，由引理 4 知 $x^4 - 2h\zeta_r^{-1}\beta x^2 + \beta^2\zeta_r^{-2}$ 在 F_q 上也不可约；

（2）当 $v_2(p^t d + 1) > m - 3$ 时，$v_2(\mathrm{ord}(\omega)) = 2 + m - 3 = m - 1 < 2 + v_2(p^t d + 1) = v_2(q^2 - 1)$，即 $\gcd(2, \dfrac{q^2 - 1}{\mathrm{ord}(\omega)}) \neq 1$，则 $f(x^2) = x^2 - 2h\zeta_r^{-1}x^2 + \zeta_r^{-2}$ 在 F_q 上可约，由引理 4 知 $x^4 - 2h\zeta_r^{-1}\beta x^2 + \beta^2\zeta_r^{-2}$ 在 F_q 上可约，可分解为两个不可约二次三项式的乘积.

若 $\mathrm{ord}(\omega) < 4p^t \cdot \gcd(d(p^t d + 1), 2^{m-3})$，因为 $\omega^{2^{m-1}} = \delta^r$，故

$$\text{ord}(\omega^{2^{m-1}}) = \frac{\text{ord}(\omega)}{\gcd(\text{ord}(\omega),2^{m-1})}$$

$$\text{ord}(\omega^{2^{m-1}}) = \frac{\text{ord}(\delta)}{\gcd(\text{ord}(\delta),r)}$$

（1）当 $p \nmid r$ 时，$p^t \mid \text{ord}(\omega)$，由前知 $\text{ord}(\omega) \nmid 2p^t$，故 $4p^t \mid \text{ord}(\omega)$，因为 $\text{ord}(\omega) < 4p^t \cdot \gcd(d(p^t d + 1), 2^{m-3})$，所以 $v_2(\text{ord}(\omega)) < 2 + v_2(\gcd(d(p^t d + 1), 2^{m-3}))$，即 $2 \mid \text{ord}(\omega)$，$\gcd(2, \dfrac{q^2 - 1}{\text{ord}(\omega)}) \neq 1$；故

$$f(x^2) = x^4 - 2h\zeta_r^{-1}x^2 + \zeta_r^{-2}$$

在 F_q 上可约，由引理 4 知 $x^4 - 2h\zeta_r^{-1}\beta x^2 + \beta^2 \zeta_r^{-2}$ 在 F_q 上仍可约，可分解为两个不可约二次三项式的乘积.

（2）当 $p \mid r$ 时，$p^t \nmid \text{ord}(\omega)$，则由前整除条件可知 $p^{t'} \mid \text{ord}(\omega)$，$0 \leq t' < t$，由前知 $\text{ord}(\omega) \nmid 2p^t$，故 $v_2(\text{ord}(\omega)) > 1$，即 $2 \mid \text{ord}(\omega)$，不妨记 $\text{ord}(\omega) = op^{t'}$，可知 $o > 2, 2 \mid o$，易得 $o \leq 4 \cdot \gcd(d(p^t d + 1), 2^{m-3})$，这是因为若 $o > 4\gcd(d(p^t d + 1), 2^{m-3})$，则与 $\text{ord}(\omega) \mid 4p^t \cdot \gcd(d(p^t d + 1), 2^{m-3})$ 矛盾. 这时始终有 $2 \mid \text{ord}(\omega)$.

当 $o < 4\gcd(d(p^t d + 1), 2^{m-3})$ 时，$\gcd(2, \dfrac{q^2 - 1}{\text{ord}(\omega)}) \neq 1$，则 $f(x^2) = x^4 - 2h\zeta_r^{-1}x^2 + \zeta_r^{-2}$ 在 F_q 上可约，由引理 4 知 $x^4 - 2h\zeta_r^{-1}\beta x^2 + \beta^2 \zeta_r^{-2}$ 在 F_q 上仍可约，可分解为两个不可约二次三项式的乘积.

当 $o = 4\gcd(d(p^t d + 1), 2^{m-3})$ 时，如前讨论可得，当 $v_2(p^t d + 1) \leq m - 3$ 时，$\gcd(2, \dfrac{q^2 - 1}{\text{ord}(\omega)}) = 1$，则 $f(x^2) = x^4 - 2h\zeta_r^{-1}x^2 + \zeta_r^{-2}$ 在 F_q 上不可约，由引理 4 知 $x^4 - 2h\zeta_r^{-1}\beta x^2 + \beta^2 \zeta_r^{-2}$ 在 F_q 上也不可约；当 $v_2(p^t d +$

1) $> m - 3$ 时,$\gcd(2, \dfrac{q^2 - 1}{\mathrm{ord}(\omega)}) \neq 1$,则 $f(x^2) = x^4 - 2h\zeta_r^{-1}x^2 + \zeta_r^{-2}$ 在 F_q 上可约,由引理 4 知 $x^4 - 2h\zeta_r^{-1}\beta x^2 + \beta^2\zeta_r^{-2}$ 在 F_q 上可约,可分解为两个不可约二次三项式的乘积.

由式(6)可知,当 $n > t$ 时

$$y^{2^{m-1}p^n} - 1 = \prod_{r=0}^{p^t-1}(y^{2^{m-1}} - \delta^r)\prod_{e=1}^{n-t}\prod_{\substack{k=1 \\ p \nmid k}}^{p^t}(y^{2^{m-1}p^e} - \delta^k)$$

其中 $\delta = \xi^{2d}$ 为 F_q 中 p^t 次本原单位根,又由式(7)知

$$y^{2^{m-1}} - \delta^k = (y - \zeta_k^{-1})(y + \zeta_k^{-1}) \cdot$$
$$\prod_{i=1}^{m-2}\prod_{h \in H_i}(y^2 - 2h\zeta_k^{-1}y + \zeta_k^{-2})$$

故

$$y^{2^{m-1}p^e} - \delta^k = (y^{p^e} - \zeta_k^{-1})(y^{p^e} + \zeta_k^{-1}) \cdot$$
$$\prod_{i=1}^{m-2}\prod_{h \in H_i}(y^{2p^e} - 2h\zeta_k^{-1}y^{p^e} + \zeta_k^{-2})$$
$$x^{2^{m-1}p^e} - \beta^{2^{m-1}p^e}\delta^k$$
$$= (x^{2p^e} - \beta^{p^e}\zeta_k^{-1})(x^{2p^e} + \beta^{p^e}\zeta_k^{-1}) \cdot$$
$$\prod_{i=1}^{m-2}\prod_{h \in H_i}(x^{4p^e} - 2h\zeta_k^{-1}\beta^{p^e}x^{2p^e} + \beta^{2p^e}\zeta_k^{-2})$$

对于任意的 $1 \leq e \leq n - t, 1 \leq k \leq p^t$ 且 $p \nmid k$,因为 $\mathrm{ord}(\zeta_k^{-1}) = \mathrm{ord}(\zeta_k) = p^t, \mathrm{ord}(-\zeta_k^{-1}) = 2p^t, \gcd(k, p) = 1$,故 $y^{p^e} - \zeta_k^{-1}, y^{p^e} + \zeta_k^{-1}$ 在 F_q 上不可约,又

$$\beta^{p^e}\zeta_k^{-1} = \xi^{Mp^e + z_k}$$
$$\mathrm{ord}(\beta^{p^e}\zeta_k^{-1}) = \frac{q - 1}{\gcd(q - 1, Mp^e + z_k)}$$

$$= \frac{2p^t d}{\gcd(2p^t d, Mp^e + z_k)}$$

（1）若 $2 \mid M$，则 $2 \mid \operatorname{ord}(\beta^{p^e}\zeta_k^{-1})$，但 $2 \nmid \dfrac{q-1}{\operatorname{ord}(\beta^{p^e}\zeta_k^{-1})}$，

即 $x^{2p^e} - \beta^{p^e}\zeta_k^{-1}$ 在 F_q 上不可约；

（2）否则，$x^{2p^e} - \beta^{p^e}\zeta_k^{-1}$ 在 F_q 上仍可约，可分解为两个 p^e 次不可约二项式的乘积.

对于 $x^{2p^e} + \beta^{p^e}\zeta_k^{-1}$，$-\beta^{p^e}\zeta_k^{-1}\xi^{p^t d + Mp^e + z_k}$，若 $2 \nmid M$，易知 $2 \mid \operatorname{ord}(-\beta^{p^e}\zeta_k^{-1})$，但 $2 \nmid \dfrac{q-1}{\operatorname{ord}(-\beta^{p^e}\zeta_k^{-1})}$，则 $x^{2p^e} + \beta^{p^e}\zeta_k^{-1}$

在 F_q 上是不可约的；否则，$x^{2p^e} + \beta^{p^e}\zeta_k^{-1}$ 在 F_q 上仍可约，可分解为两个 p^e 次不可约二项式的乘积.

接下来验证 $x^{2p^e} - 2h\zeta_k^{-1}\beta^{p^e}x^{2p^e} + \beta^{2p^e}\zeta_k^{-2}$ 在 F_q 上的不可约性.

当 $1 \leqslant k \leqslant p^t$ 且 $p \nmid k$ 时，令 $f(y) = y^2 - 2h\zeta_k^{-1}y + \zeta_k^{-2}$，由前知 $f(y)$ 为 $y^{2^{m-1}} - \delta^k$ 的不可约因子. 令 y_1 为 $f(y)$ 的根，则 $y_1^{2^{m-1}} = \delta^k$，其中 $\delta = \xi^{2d}$ 为 F_q 中 p^t 次本原单位根，且 $\gcd(k,p) = 1$，则 $p^t \mid \operatorname{ord}(y_1)$. 又因为 $\gcd(q+1,p) = 1$，故

$$p^t \parallel (q^2 - 1), \gcd(p^e, \frac{q^2-1}{\operatorname{ord}(y_1)}) = 1$$

以上验证了满足引理 3 的条件，故 $f(y^{p^e}) = y^{2p^e} - 2h\zeta_k^{-1}y^{p^e} + \zeta_k^{-2}$ 在 F_q 上不可约. $f(y^{p^e})$ 的次数为 $2p^e$，阶为 $p^e \cdot \operatorname{ord}(y_1)$，再次利用引理 3，可验证 $f((y^{p^e})^2)$ 不满足条件（2），故 $x^{4p^e} - 2h\zeta_k^{-1}\beta^{p^e}x^{2p^e} + \beta^{2p^e}\zeta_k^{-2}$ 在 F_q 上仍

可约,可分解为两个 $2p^e$ 次的多项式的乘积.

其余情况我们均可类似讨论.

其他情形:对于任意的 $m' \leqslant m, n' \leqslant n$,其中,$m$, n, m', n' 均为正整数,存在 $\beta \in F_q$ 使 $\alpha = \beta^{2^{m'}p^{n'}}$,我们均可利用

$$x^{2^m p^n} - a = x^{2^m p^n} - \beta^{2^{m'} p^{n'}} = \beta^{2^{m'} p^{n'}} \left(\left(\frac{x^{2^{m-m'} p^{n-n'}}}{\beta} \right)^{2^{m'} p^{n'}} - 1 \right)$$

令 $y = \dfrac{x^{2^{m-m'} p^{n-n'}}}{\beta}$,转化为 $y^{2^{m'} p^{n'}} - 1$ 在 F_q 上的完全分解,再加上讨论每个因子的不可约性,对可约因子继续分解即可,最终可得在 F_q 上的完全分解均为一些二项式或三项式的乘积.

下面我们研究 $x^{2^m p^n} + a$ 在 F_q 上的完全分解.

2. $x^{2^m p^n} + a$ 在 F_q 上的完全分解

情形一:当 $a = \beta^{2^m p^n}, \beta \in F_q^*$,即 $\beta = \xi^M$ 时:

定理 4 当 $s \geqslant 2, 0 \leqslant n < t$ 时,$x^{2^m p^n} + \beta^{2^m p^n}$ 在 F_q 上的完全分解如下:

(1)当 $0 \leqslant m < s$ 时

$$x^{2^m p^n} + \beta^{2^m p^n} = \prod_{i=0}^{2^m p^n - 1} (x - \beta \alpha_1 \rho_1^i) \qquad (13)$$

其中 $\rho_1 = \xi^{2^{s-m} p^{t-n} d}$ 为 F_q 中 $2^m p^n$ 次本原单位根,$\alpha_1 = \xi^{2^{s-m-1} p^{t-n} d}$;

(2)当 $m \geqslant s$ 时

$$x^{2^m p^n} + \beta^{2^m p^n} = \prod_{i=0}^{2^{s-1} p^n - 1} (x^{2^{m-s+1}} - \beta^{2^{m-s+1}} \alpha_2 \rho_2^i) \quad (14)$$

其中 $\rho_2 = \xi^{2 p^{t-n} d}$ 为 F_q 中 $2^{s-1} p^n$ 次本原单位根,$\alpha_2 =$

155

$\xi^{p^{t-n}d}$.

证 （1）当 $0 \leqslant m < s, 0 \leqslant n < t$ 时，F_q 中存在 $2^m p^n$ 次本原单位根 $\rho_1 = \xi^{2^{s-m}p^{t-n}d}$，令 $\alpha_1 = \xi^{2^{s-m-1}p^{t-n}d}$，即 $\alpha_1^{2^m p^n} = (\xi^{2^{s-m-1}p^{t-n}d})^{2^m p^n} = -1$，故我们可将 $x^{2^m p^n} + \beta^{2^m p^n}$ 转化为

$$x^{2^m p^n} + \beta^{2^m p^n} = x^{2^m p^n} - (-\beta^{2^m p^n}) = x^{2^m p^n} - (\beta\alpha_1)^{2^m p^n}$$

因为 F_q 中存在 $2^m p^n$ 次本原单位根 $\rho_1 = \xi^{2^{s-m}p^{t-n}d}$，故 $x^{2^m p^n} + \beta^{2^m p^n}$ 可以完全分解为如上形式；

（2）当 $m \geqslant s, 0 \leqslant n < t$ 时，同（1）可令 $\alpha_2 = \xi^{p^{t-n}d}$，即 $\alpha_2^{2^{s-1}p^n} = -1$，从而能转化为讨论 $x^{2^m p^n} - \alpha_2^{2^{s-1}p^n}\beta^{2^m p^n} = (x^{2^{m-s+1}})^{2^{s-1}p^n} - (\alpha_2\beta^{2^{m-s+1}})^{2^{s-1}p^n}$ 的分解.

令 λ 为 $x^{2^{m-s+1}} - \beta^{2^{m-s+1}}\alpha_2\rho_2^i$ 在 F_q 某扩域中的根，即 $\lambda^{2^{m-s+1}} = \beta^{2^{m-s+1}}\alpha_2\rho_2^i$，则 $\lambda^{2^m p^n} = (\lambda^{2^{m-s+1}})^{2^{s-1}p^n} = (\beta^{2^{m-s+1}}\alpha_2\rho_2^i)^{2^{s-1}p^n} = -\beta^{2^m p^n}$. 故 $x^{2^{m-s+1}} - \beta^{2^{m-s+1}}\alpha_2\rho_2^i$ 是 $x^{2^m p^n} + \beta^{2^m p^n}$ 的因子. 对任意的 $0 \leqslant i \leqslant 2^{s-1}p^n$，已知 $\beta = \xi^M$，其中 M 为正整数，即

$$\beta^{2^{m-s+1}}\alpha_2\rho_2^i = \xi^{M \cdot 2^{m-s+1}+p^{t-n}d+2p^{t-n}di}$$

$$\mathrm{ord}(\beta^{2^{m-s+1}}\alpha_2\rho_2^i) = \mathrm{ord}(\xi^{M \cdot 2^{m-s+1}+p^{t-n}d+2p^{t-n}di})$$

$$= \frac{\mathrm{ord}(\xi)}{\gcd(\mathrm{ord}(\xi), M2^{m-s+1}+p^{t-n}d+2p^{t-n}di)}$$

因为 $\gcd(2p,d) = 1$，可知 $2 \mid \mathrm{ord}(\beta^{2^{m-s+1}}\alpha_2\rho_2^i)$，但 $2 \nmid \dfrac{q-1}{\mathrm{ord}(\beta^{2^{m-s+1}}\alpha_2\rho_2^i)}$，又因为若 $4 \mid 2^{m-s+1}$，则 $4 \mid q-1$，由引理 1 知 $x^{2^{m-s+1}} - \beta^{2^{m-s+1}}\alpha_2\rho_2^i$ 为 $x^{2^m p^n} + \beta^{2^m p^n}$ 的不可约因子，

比较式(13)两边 x 的次数相等,故式(14)为 $x^{2^m p^n} + \beta^{2^m p^n}$ 在 F_q 上的完全分解式.

定理5 当 $s \geq 2, n \geq t$ 时, $x^{2^m p^n} + \beta^{2^m p^n}$ 在 F_q 上的分解如下:

(1) 当 $0 \leq m < s$ 时

$$x^{2^m p^n} + \beta^{2^m p^n} = \prod_{i=0}^{2^m p^t - 1} (x^{p^{n-t}} - \beta^{p^{n-t}} \alpha_3 \rho_3^i) \quad (15)$$

其中 $\rho_3 = \xi^{2^{s-m}d}$ 为 F_q 中 $2^m p^t$ 次本原单位根, $\alpha_3 = \xi^{2^{s-m-1}d}$;易知

$$\beta^{p^{n-t}} \alpha_3 \rho_3^i = \xi^{2^{s-m-1}d(1+2i)+Mp^{n-t}}$$

不妨令 $1 + 2i = p^\tau A$,其中 $\gcd(p,A) = 1$,则:

① 若 $\tau = 0$,则 $x^{p^{n-t}} - \beta^{p^{n-t}} \alpha_3 \rho_3^i$ 在 F_q 上不可约,式(15)已为完全分解;

② 若 $\tau < n - t, x^{p^{n-t}} - \beta^{p^{n-t}} \alpha_3 \rho_3^i = \prod_{j=1}^{p^\tau - 1} (x^{p^{n-t-\tau}} - \xi^{2^{s-m-1}dA+Mp^{n-t-\tau}} \varepsilon^j)$,其中 ε 为 F_q 中 p^τ 次本原位根;

③ 若 $\tau \geq n - t, x^{p^{n-t}} - \beta^{p^{n-t}} \alpha_3 \rho_3^i = \prod_{j=1}^{p^{n-t}-1} (x - \xi^{2^{s-m-1}dp^{\tau-n+t}A+M} \rho^j)$,其中 ρ 为 F_q 中 p^{n-t} 次本原单位根.

(2) 当 $m \geq s$ 时

$$x^{2^m p^n} + \beta^{2^m p^n} = \prod_{i=0}^{2^{s-1} p^t - 1} (x^{2^{m-s+1} p^{n-t}} - \beta^{2^{m-s+1} p^{n-t}} \alpha_4 \rho_4^i)$$

$$(16)$$

其中 $\rho_4 = \xi^{2d}$ 为 F_q 中 $2^{s-1} p^t$ 次本原单位根, $\alpha_4 = \xi^d$,易知

$$\beta^{2^{m-s+1} p^{n-t}} \alpha_4 \rho_4^i = \xi^{d(1+2i)+M2^{s-m-1} p^{n-t}}$$

157

不妨令 $1 + 2i = p^{\tau}A$，且 $\gcd(2p, A) = 1$，则：

① 若 $\tau = 0$，$x^{2^{m-s+1}p^{n-t}} - \beta^{2^{m-s+1}p^{n-t}}\alpha_4\rho_4^i$ 在 F_q 上不可约，式（16）为完全分解；

② 若 $\tau < n - t$

$$x^{2^{m-s+1}p^{n-t}} - \beta^{2^{m-s+1}p^{n-t}}\alpha_4\rho_4^i = \prod_{j=0}^{p^{\gamma}-1}(x^{2^{m-s+1}} - \xi^{2^{m-s+1}p^{n-t-\tau}M+dA}q^j)$$

其中 ε 为 F_q 中 p^{τ} 次本原单位根；

③ 若 $\tau \geqslant n - t$

$$x^{2^{m-s+1}p^{n-t}} - \beta^{2^{m-s+1}p^{n-t}}\alpha_4\rho_4^i = \prod_{j=0}^{p^{n-t}-1}(x^{2^{m-s+1}} - \xi^{2^{m-s+1}M+dAp^{\tau-n+t}}\rho^j)$$

其中 ρ 为 F_q 中 p^{n-t} 次本原单位根.

定理 5 的证明同上.

接下来考虑当 $s = 1$，即 $q - 1 = 2p^td$ 时，记 $L = v_2(q^2 - 1)$，则有如下结果：

定理 6 当 $0 \leqslant n \leqslant t$ 时，$x^{2^mp^n} + \beta^{2^mp^n}$ 在 F_q 上的完全分解如下：

（1）当 $m = 0$ 时

$$x^{p^n} + \beta^{p^n} = \prod_{i=0}^{p^n-1}(x - \beta\alpha_5\rho_5^i) \qquad (17)$$

其中 $\rho_5 = \xi^{2p^{t-n}d}$ 为 F_q 中 p^t 次本原单位根，$\alpha_5 = \xi^{p^{t-n}d}$；

（2）当 $m = 1$ 时

$$x^{2p^n} + \beta^{2p^n} = \prod_{i=0}^{p^n-1}(x^2 - \beta^2\alpha_5\rho_5^i) \qquad (18)$$

其中 $\rho_5 = \xi^{2p^{t-n}d}$ 为 F_q 中 p^t 次本原单位根，$\alpha_5 = \xi^{p^{t-n}d}$；

（3）当 $2 \leqslant m \leqslant L + 1$ 时

$$x^{2^mp^n} + \beta^{2^mp^n} = \prod_{\omega \in \Omega(p^n)}\prod_{c \in U_m}(x^2 + c\omega\beta x + \beta^2\omega^2)$$

$$(19)$$

其中 U_m 表示 $D_{2^{m-1}}(x,1)$ 在 F_q 中所有根的集合；

（4）当 $m \geqslant L+1$ 时

$$x^{2^m p^n} + \beta^{2^m p^n} = \prod_{\omega \in \Omega(p^n)} \prod_{d \in \in_L} (x^{2^{m-L+2}} + d\omega\beta^{2^{m-L+1}} x^{2^{m-L+1}} - \beta^{2^{m-L+2}} \omega^2) \quad (20)$$

其中 V_L 表示 $D_{2^{L-2}}(x,-1)$ 在 F_q 中所有根的集合.

这里（1）（2）（3）均为完全分解，下面讨论 $m \geqslant L+1$ 时（4）的完全分解，即讨论 $x^{2^{m-L+2}} + d\omega\beta^{2^{m-L+1}} x^{2^{m-L+1}} - \beta^{2^{m-L+2}} \omega^2$ 的不可约性：

令 $f(x) = x^2 + d\omega x - \omega^2$，可知 $f(x)$ 为 $x^{2^m} + \omega^{2^m}$ 的不可约因式，令 μ 为 $f(x)$ 的根，即 $\mu^{2^m} = -\omega^{2^m}$，$\omega$ 为 F_q 中 p^n 次本原单位根，故 $\mu^{2^{m+1} p^n} = (-\omega^{2^m})^{2p^n} = 1$. 易知 $\mu \in F_{p^2} \backslash F_q$，故 $\mu^{q^2-1} = 1$. 令

$$\begin{aligned} B &= \gcd(2^{m+1} p^n, q^2 - 1) \\ &= \gcd(2^{m+1} p^n, 4p^t d(p^t d + 1)) \\ &= p^n \cdot \gcd(2^{m+1}, 4p^{t-n} d(p^t d + 1)) \end{aligned}$$

则 $\mu^B = 1$，即 $\operatorname{ord}(\mu) \mid p^n \cdot \gcd(2^{m+1}, 4p^{t-n} d(p^t d + 1))$.

①若 $\operatorname{ord}(\mu) = p^n \cdot \gcd(2^{m+1}, 4p^{t-n} d(p^t d + 1))$，则式（20）为完全分解；

②若 $\operatorname{ord}(\mu) < p^n \cdot \gcd(2^{m+1}, 4p^{t-n} d(p^t d + 1))$，则 $f(x^{2^{m-L+1}})$ 在 F_q 上仍可约，即 $x^{2^{m-L+2}} + d\omega\beta^{2^{m-L+1}} x^{2^{m-L+1}} - \beta^{2^{m-L+2}} \omega^2$ 在 F_q 也仍可约，至多可分解为 2^{m-L+1} 个二次多项式的乘积.

证 （1）（2）易证为完全分解.

（3）对于式（19）

$$右边 = \prod_{\omega \in \Omega(p^n)} ((\beta\omega x)^{2^{m-1}} \prod_{c \in U_m} (\frac{x^2 + \beta^2 \omega^2}{\omega\beta x} + C))$$

$$= \prod_{\omega \in \Omega(p^n)} \left((\beta\omega x)^{2^{m-1}} \cdot D_{2^{m-1}}\left(\frac{x}{\beta\omega} + \frac{\beta\omega}{x}, 1\right) \right)$$

$$= \prod_{\omega \in \Omega(p^n)} \left(2^{2^m} + \beta^{2^m}\omega^{2^m} \right)$$

这里我们易知:因为 $x^{p^n} - 1 = \prod_{i=1}^{p^n-1}(x - \omega^i)$,其中 $\omega \in \Omega(p^n)$ 为 F_q 中 p^n 次本原单位根,而

$$-(x^{p^n} + 1) = (-x^{p^n}) - 1$$
$$= \prod_{i=1}^{p^n-1}(-x - \omega^i)$$
$$= (-1)^{p^n}\prod_{i=1}^{p^n-1}(x + \omega^i)$$
$$= -\prod_{i=1}^{p^n-1}(x + \omega^i)$$

所以 $x^{p^n} + 1 = \prod_{i=1}^{p^n-1}(x + \omega^i)$. 因此

$$\prod_{\omega \in \Omega(p^n)}(x^{2^m} + \beta^{2^m} + \omega^{2^m}) = x^{2^m p^n} + \beta^{2^m p^n}$$

且 $x^2 + c\omega\beta x + \beta^2\omega^2$ 在 F_q 上不可约.

再比较次数,对于迪克森多项式,已经证明了当 $q \equiv 1 \pmod 4$,及 $q \equiv 3 \pmod 4$ 时在 F_q 上均可完全分解,因此式(19)为 $x^{2^m p^n} + \beta^{2^m p^n}$ 在 F_q 上完全分解式.

(4) 当 $\mathrm{ord}(\mu) = p^n \cdot \gcd(2^{m+1}, 4p^{t-n}d(p^t d + 1))$ 时,因为这里 $m \geq L + 1$,即

$$m + 1 \geq L + 2 = v_2(q^2 - 1) + 2$$

故 $v_2(\mathrm{ord}(\mu)) = v_2(q^2 - 1)$,易得 $2 \mid \mathrm{ord}(\mu)$

$$\gcd\left(2^{m-L+1}, \frac{q^2 - 1}{\mathrm{ord}(\mu)}\right) = 1$$

易知 $4 \mid 2^{m-L+1}$ 时，$4 \mid q^2 - 1$，故 $f(x^{2^{m-L+1}})$ 在 F_q 上不可约，由引理 4 知 $x^{2^{m-L+2}} + d\omega\beta^{2^{m-L+1}}x^{2^{m-L+1}} - \beta^{2^{m-L+2}}\omega^2$ 在 F_q 上也不可约，即式（20）为完全分解；当

$$\mathrm{ord}(\mu) < p^n \cdot \gcd(2^{m+1}, 4p^{t-n}d(p^td+1))$$

时，因为 $\mu^{2^m} = -\omega^{2^m} = \xi^{p^td+2^{m+1}p^{-n}d}$，故

$$\mathrm{ord}(\mu^{2^m}) = \frac{\mathrm{ord}(\xi)}{\gcd(\mathrm{ord}(\xi), p^td+2^{m+1}p^{t-n}d)} = 2p^n$$

又 $\mathrm{ord}(\mu^{2^m}) = \dfrac{\mathrm{ord}(\mu)}{\gcd(\mathrm{ord}(\mu), 2^m)}$，可得 $2p^n \mid \mathrm{ord}(\mu)$，由前知 $\mathrm{ord}(\mu) \mid p^n \cdot \gcd(2^{m+1}, 4p^{t-n}d(p^td+1))$，故 $v_2(\mathrm{ord}(\mu)) < v_2(\gcd(2^{m+1}, 4p^{t-n}d(p^td+1)))$，因此 $2 \mid \mathrm{ord}(\mu)$，但 $\gcd(2^{m-L+1}, \dfrac{q^2-1}{\mathrm{ord}(\mu)}) \neq 1$，故 $f(x^{2^{m-L+1}})$ 在 F_q 上仍可约，$x^{2^{m-L+2}} + d\omega\beta^{2^{m-L+1}}x^{2^{m-L+1}} - \beta^{2^{m-L+2}}\omega^2$ 在 F_q 上也仍可约，至多可分解为 2^{m-L+1} 个二次多项式的乘积.

同样的，我们可以得到当 $n > t$ 时的分解.

定理 7 当 $n > t$ 时，$x^{2^mp^n} + \beta^{2^mp^n}$ 在 F_q 上的完全分解如下：

（1）当 $m = 0$ 时

$$x^{p^n} + \beta^{p^n} = \prod_{i=0}^{p^t-1}(x^{p^{n-t}} - \beta^{p^{n-t}}\alpha_6\rho_6^i) \quad (21)$$

其中 $\rho_6 = \xi^{2d}$ 为 F_q 中 p^t 次本原单位根，$\alpha_6 = \xi^d$，易知 $\beta^{p^{n-t}}\alpha_6\rho_6^i = \xi^{p^{n-t}M+d(1+2i)}$，不妨令 $1 + 2i = p^\tau A$，其中 $\gcd(p, A) = 1$：

① 若 $\tau = 0$，则 $x^{p^{n-t}} - \beta^{p^{n-t}}\alpha_6\rho_6^i$ 在 F_q 上不可约；

② 若 $\tau < n - t$，则 $x^{p^{n-t}} - \beta^{p^{n-t}}\alpha_6\rho_6^i = \prod\limits_{j=0}^{p^\tau-1}(x^{p^{n-t-\tau}} - \xi^{p^{n-t-\tau}M+dA}\varepsilon^j)$，其中 ε 为 F_q 中 p^τ 次本原单位根；

③ 若 $\tau \geq n - t$，则 $x^{p^{n-t}} - \beta^{p^{n-t}}\alpha_6\rho_6^i = \prod\limits_{j=0}^{p^{n-t}-1}(x - \xi^{M+dp^{\tau-n+t}A}\rho^j)$，其中 ρ 为 F_q 中 p^{n-t} 次本原单位根．

（2）当 $m = 1$ 时

$$x^{2p^n} + \beta^{2p^n} = \prod\limits_{i=0}^{p^t-1}(x^{2p^{n-t}} - \beta^{2p^{n-t}}\alpha_6\rho_6^i) \qquad (22)$$

其中 $\rho_6 = \xi^{2d}$ 为 F_q 中 p^t 次本原单位根，$\alpha_6 = \xi^d$，易知 $\beta^{2p^{n-t}}\alpha_2\rho_6^i = \xi^{2p^{n-t}M+d(1+2i)}$，不妨令 $1 + 2i = p^\tau A$，其中 $\gcd(2p,A) = 1$：

① 若 $\tau = 0$，则 $x^{2p^{n-t}} - \beta^{2p^{n-t}}\alpha_6\rho_6^i$ 在 F_q 上不可约；

② $\tau < n - t$，则 $x^{2p^{n-t}} - \beta^{2p^{n-t}}\alpha_6\rho_6^i = \prod\limits_{j=0}^{p^\tau-1}(x^{2p^{n-t-\tau}} - \xi^{2p^{n-t-\tau}M+dA}\varepsilon^j)$，其中 ε 为 F_q 中 p^τ 次本原单位根；

③ 若 $\tau \geq n - t$，则 $x^{2p^{n-t}} - \beta^{2p^{n-t}}\alpha_6\rho_6^i = \prod\limits_{j=0}^{p^{n-t}-1}(x^2 - \xi^{2M+dp^{\tau-n+t}A}\rho^j)$，其中 ρ 为 F_q 中 p^{n-t} 次本原单位根．

（3）当 $2 \leq m \leq L + 1$ 时

$$x^{2^m p^n} + \beta^{2^m p^n} = \prod\limits_{\omega \in \Omega(p^t)}\prod\limits_{c \in U_m}(x^{2p^{n-t}} + c\omega\beta^{p^{n-t}}x + \beta^{2p^{n-t}}\omega^2)$$

$$(23)$$

其中 U_m 表示 $D_{2^{m-1}}(x,1)$ 在 F_q 中所有根的集合．

（4）当 $m \geq L + 1$ 时

$$x^{2^m p^n} + \beta^{2^m p^n} = \prod\limits_{\omega \in \Omega(p^t)}\prod\limits_{d \in V_L}(x^{2^{m-L+2p^{n-t}}} +$$

$$d\omega\beta^{2^{m-L+1}p^{n-t}}x^{2^{m-L+1}p^{n-t}} - \beta^{2^{m-L+2}p^{n-t}}\omega^2) \qquad (24)$$

其中 V_L 表示 $D_{2^{L-2}}(x, -1)$ 在 F_q 中所有根的集合.

证 这里我们仅证明(3).

(3) 这里我们只要验证 $x^{2p^{n-t}} + c\omega\beta^{p^{n-t}}x + \beta^{2p^{n-t}}\omega^2$ 的不可约性即可. 令 $f(x) = x^2 + c\omega x + \omega^2$, 易验证 $f(x)$ 为 $x^{2^m} + + \omega^{2^m}$ 的不可约因式, 令 μ 为 $f(x)$ 的根, 即 $\mu^{2^m} = -\omega^{2^m}$, ω 为 F_q 中 p^t 次本原单位根, 即

$$\mu^{2^m} = -\omega^{2^m} = \xi^{p^t d}\omega^{2^m} = \xi^{p^t d + 2^{m+1}d}$$

因此

$$\begin{aligned}
\mathrm{ord}(\mu^{2^m}) &= \frac{\mathrm{ord}(\xi)}{\gcd(\mathrm{ord}(\xi), p^t d + 2^{m+1}d)} \\
&= \frac{2p^t d}{\gcd(2p^t d, p^t d + 2^{m+1}d)} \\
&= 2p^t
\end{aligned}$$

又 $\mathrm{ord}(\mu^{2^m}) = \dfrac{\mathrm{ord}(\mu)}{\gcd(\mathrm{ord}(\mu), 2^m)}$, 可得 $2p^t \mid \mathrm{ord}(\mu)$, 因此 $p \mid \mathrm{ord}(\mu)$, 又因为 $\gcd(p, q+1) = 1$, 故 $\gcd(p^{n-t}, \dfrac{q^2-1}{\mathrm{ord}(\mu)}) = 1$, 由引理 3 知 $f(x^{p^{n-t}})$ 在 F_q 上不可约, 所以 $x^{2p^{n-t}} + c\omega\beta^{p^{n-t}}x + \beta^{2p^{n-t}}\omega^2$ 在 F_q 上也不可约, 即此时式 (23) 为完全分解.

其他情形: 对于任意的 $m' \leqslant m, n' \leqslant n$, 其中 m, n, m', n' 均为正整数, 存在 $\beta \in F_q$ 使 $\alpha = \beta^{2^{m'}p^{n'}}$, 我们均可利用

$$x^{2^m p^n} + a = x^{2^m p^n} + \beta^{2^{m'}p^{n'}} = (x^{2^{m-m'}p^{n-n'}})^{2^{m'}p^{n'}} + \beta^{2^{m'}p^{n'}}$$

然后如上讨论可发现在 F_q 上的某些情况下可完全分解为一些二项式或三项式的乘积.

第4节　总　　结

本章给出了 $x^{2^m p^n} \pm a$ 在 F_q 上某些特殊情况下的完全分解式,在证明的过程中发现在这些情况下 $x^{2^m p^n} \pm a$ 在 F_q 上不可约因式均为一些二项式或三项式. 对于任意的正整数 N,若 N 的素因子均为 $q-1$ 的素因子,那么我们就可以用本章的方法来类似地给出 $x^N \pm a$ 在 F_q 上某些特殊情况的完全分解.

参 考 文 献

[1] BHARGAVE M,ZIEVE M. Factoring Dickson polynomials over finite fields [J]. Finite Fields Appl. ,1999,5: 103-111.

[2] BLAKE I F,GAO S H,MULLIN R C. Explicit factorization of $x^{2^k} + 1$ over F_q with $p \equiv 3 (\bmod 4)$ [J]. Appl. Algebra Engrg. Comm. Comput. ,1993,4: 89-94.

[3] CHEN B C,Li L, TUERHONG R. Explicit factorization of $x^{2^m p^n} - 1$ over a finite field [J]. Finite Fields Appl. ,2013,24: 95-104.

[4] CHOU W S. The factorization of Dickson polynomials over finite fields [J]. Finite Fields Appl. ,1997,3:84-96.

[5] DICKSON L E. Modern Elementary Theory of Numbers [M]. Chicago: University of Chicago,1939.

[6] FITZGERALD R W, YUCAS J L. Explicit factorizations of cyclotomic and Dickson polynomials over finite fields. [J] Lecture Notes in Comput. Sci. ,Vol. 4547,2007,1-10.

[7] FITZGERALD R W, YUCAS J L. Generalized reciprocals,factors of Dickson polynomials and generalized cyclotomic polynomials over

Permutation and Dickson Polynomial

finite fields [J]. Finite Fields Appl. ,2007,13: 492-515.

[8] LI F, CAO X W. Explicit factorization of $x^{2a_p b_r c} - 1$ over a finite field [J]. Acta Math. Sin. ,Chin. Ser. ,2015,58: 469-478.

[9] LIDL R, NIEDERREITER H. Finite Fields [M]. Cambridge: Cambridge Univ. Press,2008.

[10] MARTINEZ F E B,VERGARA C R G, DE OLICEIRA L B D. Explicit factorization of $x^n - 1 \in F_q[x]$ [J]. Des. Codes Cryptogr. ,2015,77(1):277-286.

[11] MEYN H. Factorization of the cyclotomic polynomial $x^{2^n} + 1$ over finite fields [J]. Finite Fields Appl. ,1996,2:439-442.

[12] STICHTENOTH H, TOPUZOGLU A. Factorization of a class of polynomials over finite fields [J]. Finite Fields Appl. ,2012,18: 108-122.

[13] TOSUN C. Explicit factorizations of generalized Dickson polynomials of order 2^m via generalized cyclotomic polynomial over finite fields [J]. Finite Fields Appl. ,2016,38:40-56.

[14] WANG L P, WANG Q. On explicit factors of cyclotomic polynomials over finite fields [J]. Des. Codes Cryptogr. ,2012,63:87-104.

第四编
置换与置换多项式

置换序列与置换多项式

第

12

章

第 1 节　置 换 序 列[①]

在置换序列（permutation sequence）这一情形,尽管问题同样困难,但情势有所不同：一个简单的例子（可能是科拉茨（Collatz）原来问题的反问题）是

$$a_{n+1} = 3a_n/2 \quad （若 \ a_n \ 为偶数）$$

$$a_{n+1} = \lfloor (3a_n + 1)/4 \rfloor \quad （若 \ a_n \ 为奇数）$$

或者,可能更为明确地是表述成

$$2m \rightarrow 3m$$

$$4m - 1 \rightarrow 3m - 1$$

$$4m + 1 \rightarrow 3m + 1$$

由此可以清楚地看出其逆运算也能顺利施行. 因此它产生的结构仅由不相交的圈和双无穷链组成. 不知道它们中每一种是有

[①]　本章摘自《数论中未解决的问题》(第 2 版),R. K. 盖伊著,张明尧译,科学出版社,2003.

有限多个还是无穷多个?甚至也不知道是否有一个无穷的链存在?猜想仅有的圈是 $\{1\}$, $\{2,3\}$, $\{4,6,9,7,5\}$ 和 $\{44,66,99,74,111,83,62,93,70,105,79,59\}$. 迈克. 盖 (Mike Guy)借助于一台名为 TITAN 的计算机证明了:任何别的圈都有大于 320 的周期. 那么包含数 8 的序列情况又如何呢

$$\cdots,97,73,55,41,31,23,17,13,10,15,11,8$$
$$12,18,27,20,30,45,34,51,38,57,43,32,48,72,\cdots$$

诸数

$$8,14,40,64,80,82,104,136,172,184,188,242,$$
$$256,274,280,296,352,368,382,386,424,472,496,$$
$$526,530,608,622,638,640,652,670,688,692,712,$$
$$716,752,760,782,784,800,814,824,832,960,878,$$
$$904,910,932,964,980,\cdots$$

中的每一个数是否都属于一个单独分开的序列?

有一些颇为吸引人的悖论:如果现有的是个偶数,你就"向前"走,乘以 3/2;如果它是奇数,则乘以大约 3/4—— 这样得到一个公比是 $3/\sqrt{8} \approx 1.060\ 660\ 172$ 的不稳定的"伪几何级数". 另一方面,如果现有的数是 3 的倍数,你就"向后"退,乘以 2/3,否则的话就乘以大约 4/3—— 这样得到一个公比是 $32^{1/3}/3 \approx 1.058\ 267\ 368$ 的"伪几何级数". 这两个数应该互为倒数!我们对处处不可微的函数有一种离散的类似. 右"导数"是正的,左"导数"是负的. 注意,当"向前"走时,接在偶数后面那个数是 3 的倍数 —— 有一半数是 3 的倍数!

第 2 节　置换多项式的判别与构造[①]

置换多项式,简单地讲,就是表完全剩余系的多项式. 本节给出有限域上的置换多项式的判别与构造方面的一些基本结果.

定义 1　设 p 是一个素数,$F = F_{p^n}$ 是 p^n 个元的有限域,$F[x]$ 表 F 上全体多项式组成的集,$f(x) \in F[x]$,如果

$$f: c \to f(c)$$

是 F 到 F 的一一映射,则称 $f(x)$ 是 F 的置换多项式.

因为 F 仅有有限个元,不难证明 F 上的置换多项式可以有下述几个等价的定义.

定理 1　设 $f(x) \in F[x]$,则 $f(x)$ 是 F 的置换多项式当且仅当以下条件之一成立:

① 函数 $f: c \to f(c)$ 是 F 到 F 的单射;

② 函数 $f: c \to f(c)$ 是 F 到 F 的满射;

③ 对任何 $a \in F$,$f(x) = a$ 在 F 中有解;

④ 对任何 $a \in F$,$f(x) = a$ 在 F 中有唯一解.

(证明留作习题.)

定理 2　有限域 F 到自身的任一函数均可由 $F[x]$ 中某一次数小于 p^n 的多项式表出.

证　设 $h(x)$ 是 F 到 F 的任一函数,令

$$g(x) = \sum_{c \in F} h(c)(1 - (x - c)^{p^n-1}) \qquad (1)$$

---

① 本节摘自《数论讲义》(下册,第 2 版),柯召,孙琦编著. 高等教育出版社,2003.

对 F 中任一元 a, 代入式 (1), 显然有

$$g(a) = \sum_{c \in F} h(c)(1 - (a - c)^{p^n-1}) = h(a)$$

因此, $g(a) = h(a)$ 对所有 $a \in F$ 成立, 且 $g(x) \in F[x]$, $g(x)$ 的次数小于 p^n.

证完.

设 $f(x) \in F[x]$, 由欧几里得算法知, 存在 $F[x]$ 中次数小于 p^n 的多项式 $g(x)$ 使得

$$f(x) \equiv g(x) (\bmod\ x^{p^n} - x)$$

因为 $x^{p^n} - x$ 在 F 上恒取零, 故 $f(a) = g(a)$ 对所有 $a \in F$ 成立. 这样, $F[x]$ 中任一多项式经模 $x^{p^n} - x$ 后, 均可化为一次数小于 p^n 的多项式 $g(x)$, 使得 $f(a) = g(a)$ 对所有 $a \in F$ 均成立. $g(x)$ 叫作 $f(x)$ 模 $x^{p^n} - x$ 的简化多项式, 简称 $f(x)$ 的简化多项式. $g(x)$ 的次数叫作 $f(x)$ 的简化次数.

定理 3 设 $f(x), f_1(x) \in F[x]$, 则有 $f(a) = f_1(a)$ 对所有 $a \in F$ 成立当且仅当

$$f(x) \equiv f_1(x) (\bmod\ x^{p^n} - x)$$

证 由欧几里得算法知, 存在次数小于 p^n 的多项式 $r(x)$ 满足

$$f(x) - f_1(x) \equiv r(x) (\bmod\ x^{p^n} - x) \qquad (2)$$

如果 $f(a) = f_1(a)$ 对所有的 $a \in F$ 均成立, 由于 $a^{p^n} = a$ 对所有的 $a \in F$ 也都成立, 式 (2) 给出 $r(a) = 0$ 对所有的 $a \in F$ 成立, 而 $r(x)$ 的次数小于 p^n, 因此 $r(x)$ 是零多项式, 由式 (2) 得

$$f(x) \equiv f_1(x) (\bmod\ x^{p^n} - x)$$

现设 $f(x) \equiv f_1(x) \pmod{x^{p^n} - x}$,类似可证对所有的 $a \in F$,有 $f(a) = f_1(a)$.

显然,有以下的推论.

推论 1 设 $f(x) \in F[x]$,则 $f(x)$ 的简化多项式是唯一决定的,因而它的简化次数也是唯一确定的.

下面我们给出有限域上置换多项式的判别法则.

定理 4 设 $F = F_q$,$q = p^n$,$f(x) \in F[x]$,则 $f(x)$ 是 F 上的置换多项式当且仅当下面两个条件成立:

① $f(x)$ 在 F 中恰有一个解;

② 对每一个整数 t,$1 \le t \le q - 2$,$f^t(x)$ 模 $x^q - x$ 的简化次数不超过 $q - 2$.

证 设 $N(a)$ 表示 $f(x) = a$ 在 F 中的解数. 我们有 $f(x)$ 是 F 上的置换多项式 $\Leftrightarrow N(a) = 1$ 对所有 $a \in F$ 成立 $\Leftrightarrow N(a) \equiv 1 \pmod{p}$ 对所有 $a \in F$ 成立,这里 p 是 F 的特征.

设

$$f^t(x) \equiv \sum_{i=0}^{q-1} b_i^{(t)} x^i \pmod{x^q - x} \quad (0 \le t \le q - 1) \tag{3}$$

由

$$\sum_{a \in F} a^i = \begin{cases} 0, & \text{当 } 0 \le i \le q - 2 \\ -1, & \text{当 } i = q - 1 \end{cases}$$

故式(3)给出

$$\sum_{a \in F} f^t(a) = \sum_{i=0}^{q-1} b_i^{(t)} \sum_{a \in F} a^i = b_{q-1}^{(t)} \sum_{a \in F} a^{q-1}$$
$$= - b_{q-1}^{(t)} \quad (0 \le t \le q - 1) \tag{4}$$

在不致混淆的情况下,在下面的等式中我们用 1 代表有限域 F 的单位元,$N(a)$ 表示 $N(a)$ 个单位元相

173

加. 我们有

$$N(a) = \sum_{c \in F} (1 - (f(c) - a)^{q-1})$$

$$= - \sum_{c \in F} (f(c) - a)^{q-1}$$

$$= - \sum_{c \in F} \sum_{t=0}^{q-1} \binom{q-1}{t} f(c)(-a)^{q-1-t}$$

将式(4)代入上式得

$$N(a) = \sum_{t=0}^{q-1} \binom{q-1}{t} b_{q-1}^{(t)} (-a)^{q-1-t} \qquad (5)$$

如果条件 ① 成立,则有

$$\sum_{a \in F} f^{q-1}(a) = q - 1 = -1$$

由式(4),即 $b_{q-1}^{(q-1)} = 1$. 如果还有条件 ② 成立,则有 $b_{q-1}^{(t)} = 0 (0 \leqslant t \leqslant q-2)$,于是在式(5)给出 F 中的等式 $N(a) = 1$,由于 F 的特征是 p,即对每一个 $a \in F$,有 $N(a) \equiv 1 (\bmod p)$,这便证明了 $f(x)$ 是 F 上的置换多项式.

现在,设 $f(x)$ 是置换多项式,条件 ① 显然成立. 此外,对每一个 $a \in F$,有 $N(a) = 1$,故对每一个 $a \in F$,由式(5)给出

$$\sum_{t=0}^{q-2} \binom{q-1}{t} b_{q-1}^{(t)} (-a)^{q-1-t} + b_{q-1}^{(q-1)} - 1 = 0$$

即 F 上的方程

$$\sum_{t=0}^{q-2} \binom{q-1}{t} b_{q-1}^{(t)} x^{q-1-t} + b_{q-1}^{(q-1)} - 1 = 0 \qquad (6)$$

在 F 中有 q 个解,而式(6)中左端多项式的次数 $< q$,于是式(6)给出 $b_{q-1}^{(q-1)} = 1$ 和

$$\binom{q-1}{t} b_{q-1}^{(t)} = 0 \quad (0 \leqslant t \leqslant q-2) \qquad (7)$$

我们来证明

$$p \nmid \binom{q-1}{t} \quad (0 \leqslant t \leqslant q-2) \tag{8}$$

因为 $q = p^n$，故 $p \mid \binom{q}{t}(1 \leqslant t \leqslant q-1)$. 再由组合等式

$$\binom{q}{t} = \binom{q-1}{t-1} + \binom{q-1}{t} \quad (1 \leqslant t \leqslant q-1) \tag{9}$$

显然 $p \nmid \binom{q-1}{0}$，设 $p \nmid \binom{q-1}{t-1}$，由 $p \mid \binom{q}{t}$ 和式（9），可推出 $p \nmid \binom{q-1}{t}$，这就证明了式（8）成立，因而式（7）给出 $b_{q-1}^{(t)} = 0 (0 \leqslant t \leqslant q-2)$，即条件 ② 成立.

证完.

推论 2 设 $d > 1, d \mid q-1$，则不存在次数为 d 的 F 的置换多项式.

证 设 $f(x)$ 的次数为 $d, d > 1, d \mid q-1$，取 $t = \dfrac{q-1}{d}$，故 $f(x)$ 的简化次数为 $q-1$，而 $1 \leqslant t \leqslant \dfrac{q-1}{2} \leqslant q-2$，由定理 4 便知 $f(x)$ 不是 F 的置换多项式.

证完.

定理 4 还可改述为下面的定理.

定理 5 设 $F = F_q, q = p^n, f(x) \in F[x]$，则 $f(x)$ 是 F 上的置换多项式当且仅当下面两个条件成立：

①$f^{q-1}(x)$ 模 $x^q - x$ 的简化次数是 $q-1$；

②$f^t(x)(1 \leqslant t \leqslant q-2)$ 模 $x^q - x$ 的简化次数不超过 $q-2$.

证 如果 $f(x)$ 是 F 的置换多项式，则在定理 4 的最后一部分证明中已得出 $b_{q-1}^{(q-1)} = 1$ 和 $b_{q-1}^{(t)} = 0(1 \leqslant t \leqslant q-2)$，这就表明条件 ① 和 ② 成立.

反过来,若 $b_{q-1}^{(q-1)} \neq 0, b_{q-1}^{(t)} = 0 (1 \leqslant t \leqslant q-2)$. 因 $b_{q-1}^{(0)} = 0$,代入式(5) 得

$$N(a) = b_{q-1}^{(q-1)} \neq 0$$

即 $p \nmid N(a)$ 对所有 $a \in F$ 均成立,即 $f(x) = a$ 在 F 中总有解,故 $f(x)$ 是 F 的置换多项式.

证完.

现在,我们用定理 4 来构造一类 F 的置换多项式.

定理 6 设 $F = F_q, q = p^n, r$ 是正整数

$$(r, q-1) = 1$$

s 是 $q-1$ 的因子,再设 $g(x) \in F[x]$ 使得 $g(x^s)$ 在 F 中无非零解,则 $f(x) = x^r g(x^s)^{\frac{q-1}{s}}$ 是 F 的置换多项式.

证 定理 4 的条件 ① 显然是满足的. 现在来证明 $f(x)$ 满足条件 ②. 取整数 $t, 1 \leqslant t \leqslant q-2$.

先设 $s \nmid t$,此时 $f^t(x)$ 的展开式中的方幂为形如 $rt + ms$ 的整数,其中 m 是非负整数. 因 $s \nmid t$,故

$$s \nmid rt + ms \tag{10}$$

从而

$$x^{rt+ms} \not\equiv x^{q-1} (\bmod \ x^q - x) \tag{11}$$

如果式(11) 不成立,则有

$$x^{rt+ms} = x^{q-1} + h(x)(x^q - x) \quad (h(x) \in F[x]) \tag{12}$$

设 g 是 F 的原根,令 $x = g$ 代入式(12) 得

$$g^{rt+ms} = g^{q-1} = 1$$

即得 $q - 1 \mid rt + ms$,与(10) 矛盾,这便证明了在 $s \nmid t$ 时,$f^t(x)$ 模 $x^q - x$ 的简化次数不超过 $q - 2$.

再设 $t = ks, k$ 是正整数. 此时

$$f^t(x) = x^{rt}(g(x^s))^{(q-1)k}$$

有 $h(x) = x^{rt}$. 显然对所有的 $a \in F$,有 $f(a) = h(a)$,故由定理 3 可得

$$f^t(x) \equiv h(x) = x^{rt} \pmod{x^q - x}$$

而 $q - 1 \nmid rt$,故 $f^t(x)$ 模 $x^q - x$ 的简化次数不超过 $q - 2$.

证完.

定理 7   设 $F = F_q, q = p^n, p$ 是奇素数,m 是正整数,$f(x) = x^{\frac{q-1}{2}+m} + ax^m \in F[x], (m, q-1) = 1$,则 $f(x)$ 是 F 的置换多项式当且仅当存在 $c \in F^*, c^2 \neq 1$,使

$$a = \frac{1 + c^2}{1 - c^2}$$

证   考虑方程

$$x_1^m (x_1^{\frac{q-1}{2}} + a) = x_2^m (x_2^{\frac{q-1}{2}} + a) \tag{13}$$

由定理 1 知 $f(x)$ 是 F 的置换多项式,当且仅当方程 (13) 无 $x_1 \neq x_2$ 的解. 现设 $x_1 \neq x_2$ 满足方程(13),我们来推出 a 应满足的条件. 当 $x_1 x_2$ 是 F 的平方元时(包括 $x_1 = 0$ 或 $x_2 = 0$ 的情形),方程(13)有解 $x_1 \neq x_2$ 当且仅当 $a = \pm 1$. 当 $x_1 x_2$ 是 F 中的非平方元时,不失一般,可设 x_1 为平方元,x_2 为非平方元,此时有

$$x_1^{\frac{q-1}{2}} = 1, x_2^{\frac{q-1}{2}} = -1$$

且方程(13)成立 $\Leftrightarrow a = \dfrac{x_2^m + x_1^m}{x_2^m - x_1^m} = (1 + (\dfrac{x_1}{x_2})^m)/1 -$

$(\dfrac{x_1}{x_2})^m \Leftrightarrow$ 存在 F 中的非平方元 t(由于 m 是奇数,故可

令 $t = (\dfrac{x_1}{x_2})^m$),使得 $a = \dfrac{1 + t}{1 - t}$. 因此,方程(13)无

$x_1 \neq x_2$ 的解的充要条件是 $a \neq \pm 1$,且对任何非平方元

$t \in F$ 有 $a \neq (1 + t)(1 - t)^{-1}$, 这两个条件等价于存在 $c \in F^*, c^2 \neq 1$, 使 $a = \dfrac{1 + c^2}{1 - c^2}$.

证完.

卡里兹(Carlitz)曾经证明: 设 $q \equiv 1 \pmod 2$, $a \in F_q^*$, 则 $f(x) = x^{\frac{q-1}{2}+1} + ax$ 不是 $F_{p^r}(r > 1)$ 的置换多项式. 1962年, 卡里兹还猜想: 设 $q \equiv 1 \pmod 3$, $a \in F_q^*$, 则 $x^{\frac{q-1}{3}+1} + ax$ 不是 $F_{p^r}(r > 1)$ 的置换多项式. 不久前, 这一猜想已由万大庆证明.

卡里兹还有一个著名的猜想: 给定一个正偶数 n, 存在常数 c_n, 只要奇 $q > c_n$, 则 F_q 无次数为 n 的置换多项式. 对于这一猜想, 万大庆、柯恩(Cohen)等均有重要贡献, 最后是由伦斯爵(Lenstra)证明的.

Z/mZ 上的多元置换多项式

第 13 章

第 1 节　引　言

首先对任意整数 m,定义 $Z_m = \{0, 1, \cdots, m-1\}$.

设 m, n 是正整数,$f(x_1, \cdots, x_n) \in Z[x_1, \cdots, x_n]$. 若对任意整数 a,同余式

$$f(x_1, \cdots, x_n) \equiv a \pmod{m}$$

在 Z_m^n 中有 m^{n-1} 个解,则称 $f(x_1, \cdots, x_n)$ 为模 m 的置换多项式(简记为 PP).

如果 $(a_1, \cdots, a_n) \in Z_p^n$ 满足同余式组

$$\frac{\partial f}{\partial x_j} \equiv 0 \pmod{p} \quad (j = 1, \cdots, n, p \text{ 为素数})$$

则称 $(a_1, \cdots, a_n)$ 为多项式 f 模 p 的奇点,有奇点的多项式称为奇异多项式.

置换与 Dickson 多项式

诺鲍尔[①]对 $n = 1$ 的情形证明了下述结果[②]:

(1) 设 $m = \prod_{i=1}^{k} p_i^{l_i}$ 是 m 的标准分解式,则 $f(x)$ 是模 m 的 PP 的充要条件是 $f(x)$ 是模 $p_i^{l_i}$ 的 PP.

(2) 设 p 是素数,$l > 1$,则 $f(x)$ 是模 p^l 的 PP 的充要条件是 $f(x)$ 是模 p 的非奇异 PP.

诺鲍尔的定理把模 m 的一元置换多项式简化到了模 p 上. 一个自然的问题是对多元置换多项式是否有类似结果. 孙琦和万大庆[③]证明了结果(1) 可推广到多元的情形而结果(2) 不能,这是因为多元置换多项式未必都是非奇异的.

四川大学数学所的张起帆教授 1991 年讨论了一类奇异的二元多项式,得到了下列定理.

定理1 设整系数多项式 $f(x,y)$ 的所有奇点满足下述同余式组

$$\frac{1}{2}f_{xx} \equiv f_{xy} \equiv \frac{1}{2}f_{yy} \equiv 0 \pmod{p} \qquad (1)$$

则 f 是模 $p^l (l > 2)$ 的 PP 当且仅当 f 是模 p^2 的 PP 且同余式组

$$\begin{cases} f_x \equiv 0 \pmod{p^2} \\ f_y \equiv 0 \pmod{p^2} \end{cases} \qquad (2)$$

无解.

---

① W. Nobauer. Uber permutations polynome und permutation functionen fur primzahl potenzen,*Monatsh. Math.* , 1965(69),230-238.

② 孙琦,万大庆. 置换多项式及应用. 沈阳:辽宁教育出版社,1987.

③ 孙琦,万大庆. 环 Z/mZ 上的多元置换多项式. 四川大学学报,1993(1).

定理 2 设 $f(x,y) = f_1^p(x,y) + pf_2(x,y)$, $f_1(x,y)$, $f_2(x,y) \in Z[x,y]$, 则:

(1) f 是模 p^2 的 PP 当且仅当 f_1, f_2 构成模 p 的正交组.

(2) f 是模 $p^l(l > 2)$ 的 PP 当且仅当 f 是模 p^2 的 PP, 且下列同余式组无解

$$\begin{cases} f_1^{p-1} \cdot \dfrac{\partial f_1}{\partial x} + \dfrac{\partial f_2}{\partial x} \equiv 0 (\mod p) \\ f_1^{p-1} \cdot \dfrac{\partial f_1}{\partial y} + \dfrac{\partial f_2}{\partial y} \equiv 0 (\mod p) \end{cases} \quad (3)$$

正交组的定义见 R. Lidl 和 H. Niederreiter 的 *Finite flelds*, *Encycl. of Math. and Its Appl*(Vol. 20, Addison-Wesley. Reading Mass, 1983).

推论 1 若 p 是奇数素数, 则 $x^{p^2} + py^p$ 是模 p^2 的 PP 但非模 p^3 的 PP.

第 2 节   定理的证明

首先, 我们把同余式 $F(x,y) \equiv 0 (\mod p)$ 看作仿射平面 $A^2(F_p)$ 上的代数曲线, 定义曲线的奇点为 $F(x,y)$ 的奇点. 为证明定理, 需要几个引理.

引理 1 设 $s \mid m$, $f(x_1, \cdots, x_n) \in Z[x_1, \cdots, x_n]$. 如果 f 是模 m 的 PP, 则 f 是模 s 的 PP.

引理 2 如果 $f(x,y)$ 是模 p 的 PP 且曲线 $f(x,y) \equiv a(\mod p)$ 上无奇点, 则同余式为

$$f(x,y) \equiv a(\mod p^l)$$

的解的个数是 p^l.

引理 3 设 $f(x,y)$ 是模 p^2 的 PP，则对任意整数 a，曲线 $f(x,y) \equiv a \pmod{p}$ 上或无奇点或只有奇点.

证 设 (x_1, y_1) 是曲线上一奇点，(x_2, y_2) 是其上一非奇点. 对任意 $(s_1, t_1) \in Z_p^2$，可由泰勒公式得

$$f(x_1 + ps_1, y_1 + pt_1) \equiv f(x_1, y_1) + f_x(x_1, y_1)ps_1 +$$
$$f_y(x_1, y_1)pt_1$$
$$\equiv f(x_1, y_1) \pmod{p^2} \quad (4)$$

同样的，对任意 $(s_2, t_2) \in Z_p^2$，有

$$f(x_2 + ps_2, y_2 + pt_2) \equiv f(x_2, y_2) +$$
$$f_x(x_2, y_2)ps_2 + f_y(x_2, y_2)pt_2 \pmod{p^2} \quad (5)$$

因此，同余式

$$f(x_2 + s_2 p, y_2 + t_2 p) \equiv f(x_1, y_1) \pmod{p^2}$$

等价于同余式

$$f_x(x_2, y_2)s_2 + f_y(x_2, y_2)t_2 \equiv$$
$$\frac{f(x_1, y_1) - f(x_2, y_2)}{p} \pmod{p} \quad (6)$$

既然 (x_2, y_2) 是非奇点，式 (6) 一定有 p 个解. 这样，在 Z_p^2 中有 p 个 (s_2, t_2) 满足

$$f(x_2 + s_2 p, y_2 + t_2 p) \equiv f(x_1, y_1) \quad (7)$$

式 (4) 和式 (7) 意味着同余式

$$f(x,y) \equiv f(x_1, y_1) \pmod{p^2}$$

至少有 $p^2 + p$ 个解（在 $Z_{p^2}^2$ 中），与 f 模 p^2 的 PP 矛盾.

引理 4 设 $f(x,y) \in Z[x,y]$，$a \in Z$，l 为自然数，A 和 B 分别代表式 (8) 和 (9) 的解集

$$f(x,y) \equiv a \pmod{p^l}$$
$$0 \leqslant x \leqslant p^l - 1, 0 \leqslant y \leqslant p^l - 1 \quad (8)$$
$$f(x,y) \equiv a \pmod{p^{l+1}}$$

$$0 \leqslant x \leqslant p^{l+1} - 1, 0 \leqslant y \leqslant p^{l+1} - 1 \qquad (9)$$

若曲线 $f(x,y) \equiv a(\bmod p)$ 只有奇点,则:

(1) $B = \{(x,y) \mid (x,y) = (X + sp^l, Y + tp^l), (X, Y) \in A \cap B, (s,t) \in Z_p^2\}$;

(2) $|B| = p^2 |A \cap B|$.

证 显然 B 的每一元素都具有下列形式

$$(x_0 + sp^l, y_0 + tp^l)$$

这里 $\qquad (x_0, y_0) \in A, (s,t) \in Z_p^2$

因由 $(x_0, y_0) \in A$ 可推出

$$f(x_0, y_0) \equiv a(\bmod p^l) \Rightarrow f(x_0, y_0) \equiv a(\bmod p)$$

所以 $\qquad f_x(x_0, y_0) \equiv f_y(x_0, y_0) \equiv 0(\bmod p)$

用泰勒公式可得

$$f(x_0 + p^l s, y_0 + p^l t) \equiv f(x_0, y_0) + f_x(x_0, y_0)p^l s + $$
$$f_y(x_0, y_0)p^l t$$
$$\equiv f(x_0, y_0)(\bmod p^{l+1})$$

于是有

$$(x_0 + p^l s, y_0 + p^l t) \in B \text{ 当且仅当} (x_0, y_0) \in B$$

因此

$$B = \{(x,y) \mid (x,y) = (X + p^l s, Y + p^l t),$$
$$(X,Y) \in A \cap B, (s,t) \in Z_p^2\}$$

显然以任意 $(x_1, y_1) \in A \cap B$ 和任意 $s_1, t_1, s_2, t_2 \in Z_p$,有

$$(x_1 + p^l s_1, y_1 + p^l t_1) = (x_2 + p^l s_2, y_2 + p^l t_2) \Leftrightarrow$$
$$(x_1, y_1) = (x_2, y_2), (s_1, t_1) = (s_2, t_2)$$

所以 $\qquad |B| = p^2 |A \cap B|$

引理 5 若 $f(x,y)$ 满足定理 1 的条件,且 $f(x,y)$ 是模 $p^l(l \geqslant 2)$ 的 PP,$f(x,y)$ 还使同余式组(2)无解,

183

则 f 是模 p^{l+1} 的 PP.

证 任取整数 a ,记 A_k 代表集合

$$\{(x,y) \in Z_p^2 \mid f(x,y) \equiv a(\bmod p^k)\}$$

$$k = l-1, l, l+1$$

我们只要证明 $|A_{l+1}| = p^{l+1}$. 不失普遍性可设曲线

$$f(x,y) \equiv a(\bmod p) \tag{10}$$

只有奇点(否则,由前三个引理可得 $|A_{l+1}| = p^{l+1}$). 由引理 1 ,有 $f(x,y)$ 是模 p^{l-1} 的 PP,这表明

$$|A_l| = p^l, \quad |A_{l-1}| = p^{l-1}$$

由引理 4 ,有

$$A_l = \{(x,y) \mid (x,y) = (X+p^{l-1}s, Y+p^{l-1}t),$$
$$(X,Y) \in A_{l-1} \cap A_l, (s,t) \in Z_p^2\}$$

且

$$|A_l| = p^2 |A_{l-1} \cap A_l| \Rightarrow |A_{l-1} \cap A_l| = p^{l-2}$$

现在我们计算 $|A_l \cap A_{l+1}|$.

任取 $(x,y) \in A_l, (x,y)$ 必可表为

$$(X+sp^{l-1}, Y+tp^{l-1})$$

这里 $(X,Y) \in A_{l-1} \cap A_l, (s,t) \in Z_p^2$. 用泰勒公式可得

$$f(X+sp^{l-1}, Y+tp^{l-1}) \equiv$$
$$f(X,Y) + f_x(X,Y)sp^{l-1} + f_y(X,Y)tp^{l-1} +$$
$$\frac{1}{2}f_{xx}(X,Y)(xp^{l-1})^2 + f_{xy}(X,Y)stp^{2(l-1)} +$$
$$\frac{1}{2}f_{yy}(X,Y)(tp^{l-1})^2 (\bmod p^{3(l-1)})$$

注意到条件(1)和

$$1 + 2(l-1) \geqslant l+1, 3(l-1) \geqslant l+1$$

得到

$$f(X + sp^{l-1}, Y + tp^{l-1}) \equiv$$
$$f(X,Y) + f_x(X,Y)sp^{l-1} + f_y(X,Y)tp^{l-1} (\mathrm{mod}\ p^{l+1})$$

因由 $(X,Y) \in A_{l-1} \cap A_l$ 可推得

$$f(X,Y) \equiv a(\mathrm{mod}\ p^l)$$

这样有

$$f(X + sp^{l-1}, Y + tp^{l-1}) \equiv a(\mathrm{mod}\ p^{l+1})$$

等价于

$$\frac{f_x(X,Y)}{p}s + \frac{f_y(X,Y)}{p}t \equiv \frac{a - f(X,Y)}{p^l}(\mathrm{mod}\ p)$$

$$(11)$$

既然同余式组

$$\begin{cases} f_x \equiv 0(\mathrm{mod}\ p^2) \\ f_y \equiv 0(\mathrm{mod}\ p^2) \end{cases}$$

无解,那么式(11)正好有 p 个解. 这就是说对任意 $(X,Y) \in A_{l-1} \cap A_l$,总有 p 个 $(s,t) \in Z_p^2$ 满足

$$(X + sp^{l-1}, Y + tp^{l-1}) \in A_{l+1}$$

因此

$$|A_l \cap A_{l+1}| = p \cdot |A_{l-1} \cap A_l| = p \cdot p^{l-2} = p^{l-1}$$

再用引理 4 可得

$$|A_{l+1}| = p^2 \cdot |A_l \cap A_{l+1}| = p^2 \cdot p^{l-1} = p^{l+1}$$

定理 1 的证明　用归纳法和引理 5 立得充分性. 现只须证必要性.

假设同余式组(2)有一解,设为 (x_0, y_0),当然 (x_0, y_0) 是 $f(x,y)$ 模 p 的奇点,满足同余式组(1),再次使用泰勒公式

185

$$f(x_0 + sp + up^2, y_0 + tp + vp^2) \equiv$$

$$f(x_0, y_0) + f_x(x_0, y_0)sp + f_y(x_0, y_0)tp(\text{mdo } p^3)$$

因为

$$f_x(x_0, y_0) \equiv f_y(x_0, y_0) \equiv 0(\text{mod } p^2)$$

所以

$$f(x_0 + sp + up^2, y_0 + tp + vp^2) \equiv$$

$$f(x_0, y_0)(\text{mod } p^3)$$

对任意 s, t, u, v 成立,这就给出了同余式

$$f(x, y) \equiv f(x_0, y_0)(\text{mod } p^3)$$

的 p^4 个解,与 $f(x, y)$ 是模 $p^l(l \geqslant 3)$ 的 PP 矛盾. 说明同余式组(2)无解. 由引理 1 可推得 $f(x, y)$ 是模 p^2 的 PP.

定理 2 的证明   第二部分是定理 1 的直接推论,只须证第一部分. (必要性)任取整数 a 和 b. 同余式

$$f_1^p(x, y) + pf_2(x, y) \equiv a^p + pb(\text{mod } p^2)$$

必有 p^2 组解,设 (x_0, y_0) 为其中一解,则

$$f_1^p(x_0, y_0) + pf_2(x_0, y_0) \equiv a^p + pb(\text{mod } p^2) \quad (12)$$

当然有

$$f_1^p(x_0, y_0) + pf_2(x_0, y_0) \equiv a^p + pb(\text{mod } p)$$

即

$$f_1(x_0, y_0) \equiv a(\text{mod } p) \qquad (13)$$

从而有

$$f_1^p(x_0, y_0) \equiv a^p(\text{mod } p^2) \qquad (14)$$

由式(12)和(14)可得

$$pf_2(x_0, y_0) \equiv pb(\text{mod } p^2)$$

即

$$f_2(x_0, y_0) \equiv b(\text{mod } p) \qquad (15)$$

式(13)和(15)意味着$f_1(x,y)$,$f_2(x,y)$构成模p的正交组.

（充分性）对任意整数a,同余式组

$$\begin{cases} f_1(x,y) \equiv a(\bmod\ p) \\ f_2(x,y) \equiv \dfrac{a-a^p}{p}(\bmod\ p) \end{cases}$$

必有解,设(x_0,y_0)为其解. 由

$$f_1(x_0,y_0) \equiv a(\bmod\ p)$$

可得 $\qquad f_1^p(x_0+sp,y_0+tp) \equiv a^p(\bmod\ p^2)$

由 $\qquad f_2(x_0,y_0) \equiv \dfrac{a-a'}{p}(\bmod\ p)$

可得

$$pf_2(x_0+sp,y_0+tp) \equiv a-a'(\bmod\ p^2)$$

因此 $\qquad f(x_0+sp,y_0+tp) \equiv a(\bmod\ p^2)$

这就给出了同余式

$$f(x,y) \equiv a(\bmod\ p^2) \qquad (16)$$

的p^2组解,即同余式(16)至少有p^2组解. 注意到a的任意性可知$f(x,y)$是模p^2的模 PP.

推论1的证明 在定理2中取$f_1(x,y)=x^p$,$f_2(x,y)=y^p$. 显然f_1,f_2形成模p的正交组,由定理2的第一部分知f是模p^2的 PP. 另一方面,这里的f_1,f_2使同余式(3)有解. 因此由定理2的第二部分知f不是模p^3的 PP.

187

R_m 的置换多项式
与科斯塔斯矩阵[①]

第

14

章

湘潭大学的叶正华教授 1996 年给出了多项式 $h_k(x) = 1 + x + x^2 + \cdots + x^k$ 置换剩余类环 $R_m(Z/(m))$ 的充分必要条件;证明了 R_m 的纯奇次置换多项式 $f(x)$ 不能生成 $m \times m(m \geqslant 4)$ 的科斯塔斯(Costas)矩阵. 并深入讨论了迪克森多项式 $g_k(x,a)$ 和 $h_k(x)$ 与科斯塔斯矩阵的关系.

第 1 节   符号与定义

设 m,k 为正整数,p 为素数,$q = p^k$($k \geqslant 1$)为素数的方幂. $Z/(m)$ 是模 m 剩余类整数环,也记作 R_m,当 $m = p$ 时,$Z/(p)$

---

① 本章摘自《湘潭大学自然科学学报》,1996 年,第 18 卷,第 2 期.

是有限域,记作 F_p. 模 m 的置换多项式 $f(x)$ 称为 R_m 的置换多项式,或称 $f(x)$ 置换 R_m. $Z[x]$ 表整系数多项式环. (a,b) 表示 a 和 b 的最大公因数.

定义 1 设 $f(x) = \sum_{i=0}^{n} a_i x^{b_i} \in Z[x]$, $a_i \neq 0$, $i = 0, 1, \cdots, n$. 若 b_i 均为奇数,则称 $f(x)$ 为纯奇次多项式;若 b_i 均为偶数,则称 $f(x)$ 为纯偶次多项式.

定义 2 若 $f(x) \in Z[x]$ 满足:$f(x)$ 的导数 $f'(x) \equiv 0 \pmod{m}$ 无解,则称 $f(x)$ 是模 m 的正则多项式.

定义 3 若 $f(x) \in Z[x]$ 满足:$f(x)$ 置换 R_m,并且对任意互不相同的 $x_1, x_2, x_3, x_4 \in R_m = \{0, 1, \cdots, m - 1\}$.

(1)若 $x_2 - x_1 = x_4 - x_3$,则 $r_2 - r_1 \neq r_4 - r_3$;

(2)若 $x_2 - x_1 = x_3 - x_2$,则 $r_2 - r_1 \neq r_3 - r_2$,其中 $r_i \equiv f(x_i) \pmod{m}$, $0 \leqslant r_i \leqslant m - 1$, $i = 1, 2, 3, 4$,则称 $f(x)$ 能生成 $m \times m$ 的科斯塔斯矩阵. 否则,称 $f(x)$ 不能生成 $m \times m$ 的科斯塔斯矩阵.

第 2 节　引理和推论

引理 1[①] 设 $f(x) \in Z[x]$. (1)设 $m = \prod_{i=1}^{k} p_i^{r_i}$ 是 m 的标准分解式,同 $f(x)$ 置换 R_m 当且仅当 $f(x)$ 置换 R_{q_i}, $q_i = p_i^{r_i}$, $i = 1, \cdots, k$.

---

① 孙琦,万大庆. 置换多项式及其应用,沈阳:辽宁教育出版社,1989:3-28.

（2）设 $q = p^k, k \geqslant 2$，则 $f(x)$ 置换 R_q 当且仅当 $f(x)$ 置换 F_p，且导数 $f'(x) \equiv 0 \pmod{p}$ 无解，即 $f(x)$ 是 F_p 的正则置换多项式.

实际上，引理 1 已将 R_m 的置换多项式归结为 F_p（或 R_p）的正则置换多项式.

引理 2　迪克森多项式

$$g_k(x,a) = \sum_{j=0}^{\left[k/2\right]} \frac{k}{k-j}\binom{k-j}{j}(-a)^j x^{k-2j}$$

$\left[\dfrac{k}{2}\right]$ 表 $\dfrac{k}{2}$ 的整数部分，满足：（1）当 $a = 0$ 时，$g_k(x,0) = x^k$ 置换 F_p 当且仅当 $(k, p-1) = 1$；（2）当 $a \neq 0$，$g_k(x,a)$ 置换 F_p 当且仅当 $(k, p^2 - 1) = 1, g_k(x,a)$ 置换 $R_q, q = p^k, k \geqslant 2$，即 $g_k(x,a)$ 是 F_p 的正则置换多项式当且仅当 $(k, p(p^2 - 1)) = 1$.

推论 1　设 $q = p^r, r \geqslant 2, q/m, k > 1$，则 $g_k(x,0) = x^k$ 不可能置换 R_q，更不可能置换 R_m.

证　$g'_k(x,0) = kx^{k-1}$，当 $k > 1$ 时

$$g'_k(0,0) \equiv 0 \pmod{p}$$

故 $g_k(x,0)$ 非模 p 的正则多项式. 根据引理 1，$g_k(x,0)$ 不可能置换 R_q，更不可能置换 R_m. 证毕.

引理 3　$h_k(x) = 1 + x + x^2 + \cdots + x^k$ 满足：$h_k(x)$ 置换 F_p（或 R_p）当且仅当 $k \equiv 1 \pmod{p(p-1)}$.

第 3 节　结果及其证明

定理 1　若 $f(x) \in Z[x]$ 是纯奇次多项式，则

$f(x)$ 不能生成 $m \times m(m \geqslant 4)$ 的科斯塔斯矩阵.

证 设 $f(x)$ 置换 R_m，因 $f(x)$ 是纯奇次的，故 $f(-x) \equiv -f(x)(\bmod m)$，且 $f(0) = 0$. 对互不等的 $x_i \in R_m^*(R_m$ 的全体非零元素$)$，令

$$f(x_i) \equiv r_i(\bmod m) \quad (1 \leqslant r_i \leqslant m - 1, i = 1,2,3,4)$$

（1）m 为偶数时，取 $x_1 = m/2 - 1, x_2 = m/2, x_3 = m/2 + 1$，则有

$$x_2 - x_1 = x_3 - x_2 = 1$$

且

$$x_1 + x_3 = 2x_2 = m$$

因而

$$f(x_1) + f(x_3) \equiv 2f(x_2) \equiv 0(\bmod m)$$

即

$$r_1 + r_3 \equiv 2r_2 \equiv 0(\bmod m)$$

又因

$$1 \leqslant r_i \leqslant m - 1$$

所以

$$r_1 + r_3 = 2r_3 = m$$

从而

$$r_2 - r_1 = r_3 - r_2$$

（2）m 为奇数时，取

$$x_1 = (m - 1)/2 - 1$$
$$x_2 = (m - 1)/2$$
$$x_3 = (m + 1)/2$$
$$x_4 = (m + 1)/2 + 1$$

则

$$x_2 - x_1 = x_4 - x_3 = 1$$

且

191

$$x_1 + x_4 = x_2 + x_3 = m$$

则

$$f(x_1) + f(x_4) \equiv f(x_2) + f(x_3) \equiv 0 (\bmod\ m)$$

即

$$r_1 + r_4 \equiv r_2 + r_3 \equiv 0 (\bmod\ m)$$

又 $1 \leqslant r_i \leqslant m - 1$,故

$$r_1 + r_4 = r_2 + r_3 = m$$

从而

$$r_2 - r_1 = r_4 - r_3$$

证毕.

因此,能生成 $m \times m (m \geqslant 4)$ 的科斯塔斯矩阵的置换多项式肯定"既含奇次项又含偶次项". 因为纯偶次项多项式有 $f(-x) \equiv f(x)(\bmod\ m)$,故不可能是 $R_m(m \geqslant 3)$ 的置换多项式,但这仅仅是必要条件之一,远远不是充分的.

定理 2 设 m 为偶数,$g(x) \in Z[x]$ 是 R_m 的纯奇次置换多项式,则 R_m 的非纯奇次置换多项式 $f(x) = g(x) + m/2$ 不能生成 $m \times m (m \geqslant 6)$ 的科斯塔斯矩阵.

证 $g(x)$ 是纯奇次多项式,故

$$f(-x) \equiv -g(x) + m/2 (\bmod\ m)$$

因而

$$f(x) + f(-x) \equiv 0 (\bmod\ m)$$

取

$$x_1 = m/2 - 2$$
$$x_2 = m/2 - 1$$
$$x_3 = m/2 + 1$$
$$x_4 = m/2/ + 2$$

仿定理 1 得证.

192

定理 3 设 $g_k(x,a)$ 置换 $R_m(m \geq 3)$,则有:

(1) $g_k(x,a)$ 能生成 3×3 的科斯塔斯矩阵当且仅当 $a \equiv 2(\bmod 3)$ 且 $k \equiv 5$ 或 $7(\bmod 8)$.

(2) $g_k(x,a)$ 不能生成 $m \times m(m \geq 4)$ 的科斯塔斯矩阵.

证 (1) 因 $g_k(x,a)$ 置换 R_3,由引理 2,k 为奇数,又 $g_k(0,a) = 0$,由定义 3 可知,$g_k(x,a)$ 能生成 3×3 的科斯塔斯矩阵当且仅当 $g_k(1,a) = 2$.

当 $a = 0$ 时
$$g_k(x,0) = x^k$$
$$g_k(1,0) = 1$$
当 $a \neq 0$ 时,$g_k(x,a)$ 满足
$$g_1(x,a) = x$$
$$g_2(x,a) = x^2 - 2a$$
$$g_{k'+1}(x,a) = xg_{k'-1}(x,a) - ag_{k'-1}$$
$$(x,a)k' \geq 2$$

若 $a = 1$,容易验证:$g_{2t-1}(1,1) = 1,g_{2t}(1,1) = 2,i \geq 1$. 因此 $g_k(1,1) = 1$.

若 $a = 2$,不难验证:$g_{8i+j}(1,2) = g_j(1,2),i \geq 1$,$1 \leq j \leq 8$,且 $g_j(1,2) = 2$ 当且仅当 $j = 5,7,8$,因此 $g_k(1,2) = 2$ 当且仅当 $k \equiv 5$ 或 $7(\bmod 8)$.

(2) 因 $g_k(x,a)$ 每项的次数形如 $k - 2j$,故 $g_k(x,a)$ 要么是纯奇次的,要么是纯偶次的. 若 $g_k(x,a)$ 是纯偶次的,因 $m \geq 4$,所以 $g_k(x,a)$ 不能置换 R_m,与定理的条件矛盾. 故 $g_k(x,a)$ 为纯奇次多项式,由定理 1 可知结论成立,证毕.

定理 3 详尽地给出了迪克森多项式与科斯塔斯矩

193

阵的生成关系.

定理 4　设 $q = p^k, k \geqslant 2$：(1) 当 $p = 2$ 时，$h_k(x)$ 置换 R_q 当且仅当 $k \equiv 1 (\mathrm{mod}\ 4)$. (2) 当 $p \neq 2$ 时，$h_k(x)$ 置换 R_q 当且仅当 $h_k(x)$ 置换 F_p（或 R_p），即

$$k \equiv 1 (\mathrm{mod}\ p(p-1))$$

证　由引理 1 和 3 知，$h_k(x)$ 置换 R_q 当且仅当 $h_k(x)$ 置换 F_p，即

$$k \equiv 1 (\mathrm{mod}\ p(p-1))$$

且导数 $h'_k(x) = 1 + 2x + \cdots + kx^{k-1} \equiv 0 (\mathrm{mod}\ p)$ 无解，即 $h_k(x)$ 是 F_p 的正则多项式.

（1）当 $p = 2$ 时

$$h_k^1(0) = 1$$
$$h'_k(1) = k(k+1)1/2$$

因此，$h'_k(x) \equiv 0 (\mathrm{mod}\ 2)$ 无解当且仅当

$$h'_k(1) \equiv 1 (\mathrm{mod}\ 2)$$

因 $k \equiv 1 (\mathrm{mod}\ 2)$，设 $k = 2j + 1, j \geqslant 0$，则

$$h'_k(1) = (2j+1)(j+1) \equiv 1 (\mathrm{mod}\ 2)$$

当且仅当 $j \equiv 0 (\mathrm{mod}\ 2)$，即 $k \equiv 1 (\mathrm{mod}\ 4)$.

（2）当 $p \neq 2$ 时，若 $x \neq 1$，则

$$h_k(x) = (x^{k+1} - 1)/(x - 1)$$

因

$$k \equiv 1 (\mathrm{mod}\ p(p-1))$$

所以

$$h'_k(x) = [kx^{k+1} - (k+1)x^k + 1]/(x-1)^2$$
$$\equiv 1 (\mathrm{mod}\ p)$$

若 $x = 1$，则 $h'_k(1) = k(k+1)/2$，因

$$k \equiv 1 (\mathrm{mod}\ p(p-1))$$

设 $k = jp(p-1) + 1, j \geqslant 0$，所以

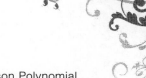

$$h'_k(1) = (jp(p-1)+1)(jp \cdot (p-1)/2+1)$$
$$\equiv 1 (\mathrm{mod}\ p)$$

因此，当 $p \neq 2, k \equiv 1 (\mathrm{mod}\ p(p-1))$ 时，$h_k(x)$ 也是 F_p 的正则多项式，证毕.

由引理 1 可知，引理 3 及定理 4 给出了 $h_k(x)$ 置换 R_m 的充分必要条件.

定理 5 设 m 的标准分解式为 $m = \prod_{i=1}^{m} p_i$，则 $h_k(x)$ 不能生成 $m \times m(m \geqslant 5)$ 的科斯塔斯矩阵.

证 设 $h_k(x)$ 置换 R_m，由引理 1 和 3 有
$$k \equiv 1 (\mathrm{mod}\ p_i(p_i-1)) \quad (i = 1, 2, \cdots, n)$$
若 $x \neq 1$，则
$$h_k(x) = (x^{k+1}-1)/(x-1) \equiv x+1 (\mathrm{mod}\ p_i)$$
若 $x = 1$，则
$$h_k(x) = k+1 \equiv 2 (\mathrm{mod}\ p_i)$$
故对任意 x
$$h_k(x) \equiv x+1 (\mathrm{mod}\ p_i)$$
从而 $h_k(x) \equiv x+1 (\mathrm{mod}\ m)$. 由此易证定理成立，证毕.

有限域 F_8 上正形置换多项式的计算[①]

第 15 章

分组密码是现代密码学中一个重要的研究分支,而置换理论在分组密码中有重要的地位. 1995 年,美国 Teledyne 电子技术公司的 Lothrop Mittenthal 博士提出了一种置换,即正形置换;文献[2,3] 等研究了其密码性质及构造,表明正形置换具有良好的密码性能. 由于这种置换在构造等方面的研究存在一定困难,文献[4] 将正形置换的研究转化为有限域上的正形置换多项式的研究. 西北工业大学应用数学系的李志慧、李瑞虎、李学良三位教授 2001 年利用置换多项式理论的有关结果,给出有限域上正形置换多项式的判定准则,并用此准则对有限域 F_8 上置换多项式进行计算及判定,得到有限域 F_8 上正形置换多项

① 本章摘自《陕西师范大学学报(自然科学版)》,2001 年,第 29 卷,第 4 期.

式的具体表示形式及计数,为正形置换进一步的研究提供了具体的实例.

第 1 节 预 备 知 识

设 F_q 为有限域,其中 $q = p^m, p$ 为素数.

定义 1   设 $f(x) \in F_q[x]$,如果多项式函数 $f: c \to f(c)$ 为 F_q 上的一个置换,则称 $f(x)$ 为 F_q 上的一元置换多项式.

定义 2   设 $f(x) \in F_q[x]$,若 $f(x), f(x) + x$ 都是 F_q 上的置换多项式,则称 $f(x)$ 为 F_q 上的正形置换多项式.

由于 F_q 上的任意映射都可由次数小于 q 的多项式唯一表示,故只要讨论次数小于 q 的置换多项式问题即可.

下面是关于置换多项式与正形置换多项式的已知结论:

(1) $f(x) \in F_q[x]$ 为 F_q 上的置换多项式当且仅当函数 $f: c \to f(c)$ 为单射;

(2) 若 $f(x), g(x)$ 均为置换多项式,则 $f(g(x))$ 也是置换多项式;

(3) $f(x) \in F_q[x]$ 为 F_q 上的置换多项式当且仅当 $\forall r \in F_q, f(x) + r$ 为 F_q 上的置换多项式;

(4) $f(x) \in F_q[x]$ 为 F_q 上的正形置换多项式当且仅当 $\forall r \in F_q, f(x) + r$ 为 F_q 上的正形置换多项式;

(5) $f(x) = ax + b$ 为 F_q 上的正形置换多项式当且

仅当 $a \neq 0, 1$.

第 2 节　　特征为 2 的有限域上正形
置换多项式的判定准则

设 F_q 是特征为 2 的有限域,由埃尔米特判别法可得到正形置换多项式的判定定理如下:

定理 1　设 $f(x) \in F_q[x]$, $f(x)$ 为 F_q 上的正形置换多项式当且仅当下面两个条件同时成立:

(1)$f(x)$, $f(x) + x$ 在 F_q 上都恰有一个根;

(2) 任意奇整数 $t, 1 \leqslant t \leqslant q - 2$

$$f(x)^t \bmod (x^q + x)$$

和

$$[f(x) + x]^t \bmod (x^q + x)$$

的次数都不超过 $q - 2$.

推论 1　若 $d > 1, d \mid (q - 1)$, 则 F_q 上不存在 d 阶置换多项式,从而不存在 d 阶正形置换多项式.

推论 2　F_q 上不存在二阶正形置换多项式.

证　令 $f(x) = ax^2 + bx (a \neq 0)$, 显然 $f(x)$ 在 F_q 上有两个根,由定理 1 可知 $f(x)$ 不是置换多项式,从而不是正形置换多项式. 进一步,由本章已知结论(4)知 $f(x) + c (c \in F_q)$ 也不是正形置换多项式.

推论 3　若 $q = 2^m, m \geqslant 3$, 则 F_q 上的 $2^{m-1} - 1$ 阶多项式不是正形置换多项式.

证　令

$$f(x) = \alpha^t (x^{2^{m-1}-1} + a_{2^{m-1}-2} x^{2^{m-1}-2} + \cdots + a_1 x)$$

记 $a_{2^{m-1}-1} = 1$, 则

$$f(x)^3 = \alpha^{3t}(x^{2^m-2} + a_{2^{m-1}-2}^2 x^{2^m-4} + \cdots + a_1^2 x) \cdot$$
$$(x^{2^{m-1}-1} + \cdots + a_1 x)$$
$$\equiv [\alpha^{3t}(a_{2^{m-1}-1}^2 a_1 + a_{2^{m-1}-2}^2 a_3 + \cdots +$$
$$a_{2^{m-1}-2^{m-2}}^2 a_{2^{m-1}-1})x^{q-1} + \varphi_1(x)] (\bmod\ x^q + x)$$
$$[f(x) + x]^3$$
$$\equiv [\alpha^{3t}(a_1 + \alpha^{-t} + a_{2^{m-1}-2}^2 a_3 + \cdots +$$
$$a_{2^{m-1}-2^{m-2}}^2 a_{2^{m-1}-1})x^{q-1} + \varphi_2(x)] (\bmod\ x^q + x)$$

比较二式,利用定理 1 可得,$f(x)$ 与 $f(x) + x$ 至少有一个不是置换多项式,所以 $f(x)$ 不是正形置换多项式.

第 3 节　F_8 上正形置换多项式的判定及计数

由第 2 节可知,F_8 的 2 次、3 次及 7 次多项式均不是正形置换多项式,且易计算 F_8 上的 1 次正形置换多项式的个数为 48. 以下分别计算 F_8 上的 4 次、5 次及 6 次正形置换多项式的个数.

1. F_8 上 4 次正形置换多项式的个数

设 α 是 F_2 上本原多项式 $x^3 + x + 1$ 的根,则 $F_2(\alpha) = F_8$,显然,α 是 F_8 的本原元. 在 F_8 中利用其运算,易得 $\alpha^3 = 1 + \alpha, \alpha^4 = \alpha + \alpha^2, \alpha^5 = 1 + \alpha + \alpha^2, \alpha^6 = 1 + \alpha^2$,$\alpha^7 = 1$. 利用同余概念易证如下事实:

引理 1　若 $n = 7k + n_1$,则 $x^n \equiv x^{n_1} (\bmod\ x^8 + x)$.

引理 2　若 $f(x) = \alpha^t(x^4 + ax^3 + bx^2 + cx)$ 是 F_8 上的多项式,$a \neq 0$,则 $f(x)$ 不是正形置换多项式.

证

$$f(x)^3 = \alpha^{3t}(x^8 + a^2 x^6 + b^2 x^4 + cx) \cdot (x^4 + ax^3 + bx^2 + cx)$$

$$\equiv \left[\alpha^{3t}(a^2c + b^2a)x^7 + \varphi_1(x)\right](\bmod x^8 + x)$$

而

$$[f(x) + x]^3 \equiv [\alpha^{3t}(a^2c + a^2\alpha^{-t} + b^2a)x^7 + \varphi_2(x)](\bmod x^8 + x)$$

故 $f(x), f(x) + x$ 至少有一个不是置换多项式,因此 $f(x)$ 不是正形置换多项式.

定义 3 设 $\mu(x) = \sum_{i=0}^{m} a_i x^{2^i}, a_i \in F_q$,则称 $\mu(x)$ 为 F_q 上的 2 – 多项式,其中 $q = 2^n$.

引理 3 F_q 上的 2 – 多项式 $\mu(x)$ 为置换多项式 $\Leftrightarrow \mu(x)$ 在 F_q 上仅有一个零根.

证 因为 $\mu(x)$ 是线性映射,故若 $\mu(x)$ 在 F_q 上仅有一个零根当且仅当 $\mu(x)$ 是 F_q 上的单射,即 $\mu(x)$ 是 F_q 上的置换多项式.

定理 2 F_q 上的 2 – 多项式 $\mu(x)$ 为正形置换多项式 $\Leftrightarrow \mu(x), \mu(x) + x$ 分别仅有一个零根.

推论 4 F_8 上的多项式 $L(x) = a_4 x^4 + a_2 x^2 + a_1 x$ 是正形置换多项式 $\Leftrightarrow a_4 x^3 + a_2 x + a_1$ 和 $a_4 x^3 + a_2 x^2 + (a_1 + 1)x$ 在 F_q 上不可约.

推论 5 F_8 上的多项式 $L(x) = x^4 + x^2 + \alpha^j x$ 是正形置换多项式 $\Leftrightarrow j \equiv 1, 2, 4 (\bmod 7)$.

证 利用有限域 F_8 上的运算,易求出当 $j \equiv 0, 3, 5(\bmod 7)$ 时,$x^3 + x + \alpha^j$ 在 F_8 上有根,即 $x^3 + x + \alpha^j$ 在 F_8 上可约. 因此,$x^3 + x + \alpha^j$ 在 F_8 上不可约当且仅当 $j \equiv 1, 2, 4(\bmod 7)$,故结论成立.

引理 4 F_8 上的多项式 $f(x) = \alpha^t(x^4 + bx^2 + cx)$ 是正形置换多项式,其中 $t \in Z_7 \Leftrightarrow$ 下面两个条件同时

成立:

（1）$b = \alpha^{2k}, c = \alpha^{n}$,其中 $n - 3k \equiv s \pmod 7$, $s \in \{1,2,4\}$;

（2）$\alpha^{n-3k} + \alpha^{-t-3k} = \alpha^{l}, l \in \{1,2,4\}$.

证 当 $b = c = 0$ 时,则 $f(x) + x$ 在 F_8 上有两个不同的根,故 $f(x)$ 不是正形置换多项式;当 $bc = 0$ 时,而 b, c 不全为零,则 $f(x)$ 有两个不同的根,故 $f(x)$ 不是正形置换多项式;当 $bc \neq 0$ 时,令 $b = \alpha^{2k}, k \in \{0,1,2,3, 4,5,6\}, c = \alpha^{n}, x = \alpha^{k}y$,则 $f(x) = \alpha^{t+4k}(y^4 + y^2 + \alpha^{n-3k}y) = \alpha^{t+4k}g(y), f(x) + x = \alpha^{t+4k}(y^4 + y^2 + (\alpha^{n-3k} + \alpha^{-t+3k})y) = \alpha^{t+4k}h(y)$. 当且仅当 $n - 3k \equiv s \pmod 7$, $s \in \{1,2,4\}$ 时, $g(y)$ 为 F_8 上的置换多项式,从而 $f(x)$ 为 F_8 上的置换多项式. 当 $f(x)$ 为置换多项式时,要使 $f(x) + x$ 为置换多项式当且仅当 $\alpha^{n-3k} + \alpha^{-t-3k} = \alpha^{l}, l \in \{1,2,4\}$,故结论成立.

定理 3 F_8 上的 4 次正形置换多项式的个数为 336.

证 若 $f(x)$ 为 4 次正形置换多项式,则可令 $f(x) = \alpha^{t}(x^4 + \alpha^{2k}x^2 + \alpha^{j}x) + r, k \in Z_7$,对固定的 k 存在 3 个 j,使 $j - 3k \equiv s \pmod 7$, $s \in \{1,2,4\}$. 当 j 取值使 $j - 2k \equiv s \pmod 7$ 时,存在两个 t 值使

$$\alpha^{j-3k} + \alpha^{-t-3k} = \alpha^{l} \quad (l \in \{1,2,4\})$$

而 r 可任意选取,故由引理 3 可知 F_8 上的 4 次正形置换多项式的个数为 $7 \times 3 \times 2 \times 8 = 336$.

2. F_8 上 5 次正形置换多项式的个数

定义 4 设 $f(x) \in F_q[x], q = p^m$,其中 p 为素数, $f(x)$ 称为 F_q 上的正规置换多项式,如果 $f(x)$ 满足以下条件:（1）首项系数为 1;（2）以 0 为根;（3）当 $f(x)$

的次数 n 不能被 F_q 的特征 p 整除时，x^{n-1} 的系数为 0.

由预备知识的有关结论，对有限域上的任意一个置换多项式 $g(x)$，令 $f(x) = cg(x+b) + d, c \neq 0, b, d \in F_q$，可以证明当 c, b, d 经过适当选取，总可以使 $f(x)$ 是正规置换多项式. 李志慧、李学良利用上述变换及埃尔米特定理给出了有限域 F_q 上次数 $\leqslant 5$ 的所有正规置换多项式的具体形式，其中 F_8 上的正规置换多项式形式为 $x^5 + ax^3 + 5^{-1}a^2x(a \in F_8)$. 由此得到：

引理 5　有限域 F_8 上的次数等于 5 的置换多项式的形式为
$$f(x) = ax^5 + bx^4 + cx^3 + a^{-1}bcx^2 + [(a^{-1})^4b^4 + a^{-1}b^2 + 5^{-1}a^2]x + d$$
$$a \neq 0, b, c, d \in F_8$$

由这个引理可以看出，5 次置换多项式中一次项系数是由 5 次和 4 次项的系数决定，因此，若 $f(x)$ 为有限域 F_8 上的次数等于 5 的置换多项式，则 $f(x) + x$ 一定不是 F_8 上的次数等于 5 的置换多项式. 从而证明了以下定理：

定理 4　F_8 上的 5 次多项式均不是正形置换多项式.

3. F_8 上 6 次正形置换多项式的个数

用定理 1 以及对 F_8 上的 6 次多项式做适当的替换后可以证明以下定理：

定理 5　F_8 上的 6 次多项式均不是正形置换多项式.

综上所述，F_8 上的正形置换多项式的次数只能是 1 次和 4 次. 由预备知识及定理 3 可得：

推论 6　F_8 上的正形置换多项式的个数为 384.

推论 7　F_8 上的正形置换多项式均是仿射多项式.

参 考 文 献

［1］LOTHROP MITTENTHAL. Block substitutions using orthormorphic mapping［J］. Advances in Applied Mathematics,1995,16(1)：59-71.

［2］邢育森,林晓东,杨义先,等. 密码体制中正形置换的构造与计数［J］. 通信学报,1999,20(2):27-30.

［3］冯登国,刘振华. 关于正形置换的构造［J］. 通信保密,1996(2)：61-64.

［4］李志慧,李学良. 正形置换的刻画与计数［J］. 西安电子科技大学学报,2000,26(6):809-812.

［5］LIDL R,NIEDERREITER H. Finite fields,encyclopedia of mathematics and its applications［M］. London：Addison-Wesley Publishing Company,1983.

关于正形置换多项式的注记^①

第 16 章

n 为正整数，m 为大于 1 的正整数，武汉大学计算机学院的袁媛、张焕国两位教授 2007 年证明了当 $n \equiv 0,1(\bmod m)$ 时，F_{2^n} 上不存在 $2^m - 1$ 次正形置换多项式，并给出了该结果的几个推论：F_{2^n} 上不存在次数为 3 的正形置换多项式；$n > 2$ 时，F_{2^n} 上的 4 次正形置换多项式都是仿射多项式.

第 1 节 引 言

置换理论在密码体制设计中有重要应用，任何没有信息扩张的密码体制都可以看作是置换的结果. 正形置换是特征为 2 的有限域上的完全映射，文献 [1-3] 等研究表明正形置换具有良好的密码性能，从而使得正形置换成为置换理论研究的热点之一.

① 本章摘自《武汉大学学报(理学版)》,2007 年,第 53 卷,第 1 期.

文献[1]指出正形置换具有一种完全平衡性;文献[4]从正交拉丁方截集的角度出发,给出了一种逐比特增长的构造正形置换的方法;文献[5]利用和阵给出了正形置换的一种枚举方法. 另外,因为有限域 F_q 上的任意映射都可表示成一个次数小于 q 的多项式,文献[6,7]等从多项式的角度来研究正形置换,如 Mertens 在文献[6]给出:当 n 为大于等于6的偶数时,F_{2^n} 上不存在次数为6的置换多项式;文献[7]给出了 F_8 上所有的正形置换多项式.

就 F_{2^n} 上的正形置换多项式而言,当 n 不同或者多项式的次数不同时,需要运用的技巧也不同. 正是这种困难性使得像文献[6]中那样的一般性结论很少. 本章利用初等技巧,得到一个一般性的结论:当 m 为大于1的正整数,$n \equiv 0,1 \pmod{m}$ 时,F_{2^n} 上不存在 $2^m - 1$ 次正形置换多项式,并给出了该结果的几个推论. 本章的结果进一步缩小了寻找具有较好密码学特性的正形置换的范围.

第 2 节 预 备 知 识

设 F_q 是有限域,其中 $q = p^m$,p 是素数.

定义 1 设 $f(x) \in F_q[x]$,如果多项式函数 $f:c \to f(c)$ 是 F_q 上的一个置换,那么称 $f(x)$ 是 F_q 上的置换多项式.

由置换多项式的定义容易得到:$f(x) \in F_q[x]$ 为 F_q 上的置换多项式当且仅当 $\forall \alpha \in F_q, f(x) + \alpha$ 为 F_q 的置换多项式.

205

文献[8]给出了置换多项式的判定定理(埃尔米特判别定理):

定理 1 $f(x) \in F_q[x]$，$f(x)$ 是 F_q 上的置换多项式当且仅当下面两条同时成立：

①$f(x)$ 在 F_q 上只有一个根；

②$(t,p) = 1, 1 \leqslant t \leqslant q - 2$，$f(x)^t \bmod (x^q - x)$ 的次数都不超过 $q - 2$.

定义 2 设 σ 为 F_2^n 上的一个置换，I 为 F_2^n 上的恒等置换，若 $\sigma + I$ 仍是 F_2^n 上的一个置换，则称 σ 为 F_2^n 上的正形置换.

定义 3 $f(x) \in F_{2^n}[x]$，若 $f(x)$，$f(x) + x$ 都是 F_2^n 上的置换多项式，那么称 $f(x)$ 是 F_{2^n} 上的正形置换多项式.

容易验证，F_2^n 上的正形置换与 F_{2^n} 上的正形置换多项式有一一对应关系. 故 F_2^n 上的正形置换的研究就转化成了 F_{2^n} 上正形置换多项式的研究.

由正形置换多项式的定义容易得到：$f(x) \in F_{2^n}[x]$ 为 F_{2^n} 上的正形置换多项式当且仅当 $\forall \alpha \in F_{2^n}$，$f(x) + \alpha$ 为 F_{2^n} 上的正形置换多项式.

容易得到 F_{2^n} 上正形置换多项式的判别定理(埃尔米特判别定理)：

定理 2 $f(x) \in F_{2^n}[x]$，$f(x)$ 是 F_{2^n} 上的正形置换多项式当且仅当下面两条同时成立：

①$f(x)$，$f(x) + x$ 在 F_{2^n} 上都只有一个根；

②t 为奇数，且 $1 \leqslant t \leqslant 2^n - 2$，$f(x)^t \bmod (x^{2^n} + x)$ 和 $[f(x) + x]^t \bmod (x^{2^n} + x)$ 的次数都不超过 $2^n - 2$.

推论 1 若 $d > 1, d \mid (2^n - 1)$，则 F_{2^n} 上不存在 d

阶置换多项式,从而不存在 d 阶正形置换多项式.

第3节　　主要结果和证明

$n > 1$, F_{2^n} 是特征为 2 的有限域, α 是它的一个本原元; t 是一个非负整数, m 是任意大于 1 的正整数.

引理 1 $n \equiv 0 \pmod{m}$ 时,若 F_{2^n} 上的多项式 $f(x) = \alpha^t(x^{2^m} + a_{2^m-1}x^{2^m-1} + \cdots + a_2 x^2 + a_1 x)$ 是置换多项式,那么 $a_{2^m-1} = 0$.

证　当 $n \equiv 0 \pmod{m}$ 时,有

$$2^n - 1 = (2^m - 1) \cdot (2^{n-m} + \cdots + 2^m + 1)$$
$$= (2^m - 1) \cdot \frac{2^n - 1}{2^m - 1}$$

论断 1 $f(x) = \alpha^t(x^{2^m} + a_{2^m-1}x^{2^m-1} + \cdots + a_2 x^2 + a_1 x)$ 的幂 $f(x)^{\frac{2^n-1}{2^m-1}} \bmod (x^{2^n} + x)$ 中 x^{2^n-1} 的系数为 $(\alpha^t a_{2^m-1})^{\frac{2^n-1}{2^m-1}}$.

① $n = m$ 时, $\dfrac{2^n-1}{2^m-1} = 1$,有

$$f(x) = \alpha^t(x^{2^m} + a_{2^m-1}x^{2^m-1} + \cdots + a_2 x^2 + a_1 x)$$

显然, $f(x) \bmod (x^{2^n} + x)$ 中 x^{2^n-1} 的系数为 $\alpha^t a_{2^m-1}$,故论断 1 对 $n = m$ 成立.

② $n > m$ 时,设 $l \equiv 0 \pmod{m}$, $l \le n$,有:

论断 2 $f(x) = \alpha^t(x^{2^m} + a_{2^m-1}x^{2^m-1} + \cdots + a_2 x^2 + a_1 x)$ 的幂 $f(x)^{\frac{2^l-1}{2^m-1}} \bmod (x^{2^n} + x)$ 中 x^{2^l-1} 的系数为

$(\alpha^{t} a_{2^{m}-1})^{\frac{2^{l}-1}{2^{m}-1}}.$

下面对 l 用数学归纳法来证明论断 2.

（1）$l = m$ 时，$\dfrac{2^{l}-1}{2^{m}-1} = 1$，有

$$f(x) = \alpha^{t}(x^{2^{m}} + a_{2^{m}-1}x^{2^{m}-1} + \cdots + a_{2}x^{2} + a_{1}x)$$

显然，$f(x)\,\mathrm{mod}(x^{2^{n}} + x)$ 中 $x^{2^{l}-1}$ 的系数为 $\alpha^{t}a_{2^{m}-1}$，故论断 2 对 $l = m$ 成立.

（2）设论断 2 对 $n - m$ 成立，下面证明对 n 也成立

$$f(x)^{2^{n-m}} = \alpha^{2^{n-m}t}(x^{2^{n}} + a_{2^{m}-1}^{2^{n-m}}x^{(2^{m}-1)\times 2^{n-m}} + \cdots + a_{1}^{2^{n-m}}x^{2^{n-m}})$$

$$f(x)^{2^{n-2m}} = \alpha^{2^{n-2m}t}(x^{2^{n-m}} + a_{2^{m}-1}^{2^{n-2m}}x^{(2^{m}-1)\times 2^{n-2m}} + \cdots + a_{1}^{2^{n-2m}}x^{2^{n-2m}})$$

$$\vdots$$

$$f(x)^{2^{m}} = \alpha^{2^{m}t}(x^{2^{2m}} + a_{2^{m}-1}^{2^{m}}x^{(2^{m}-1)\times 2^{m}} + \cdots + a_{1}^{2^{m}}x^{2^{m}})$$

$$f(x) = \alpha^{t}(x^{2^{m}} + a_{2^{m}-1}x^{2^{m}-1} + \cdots + a_{2}x^{2} + a_{1}x)$$

考虑这 $\dfrac{n}{m}$ 个多项式的乘积 $f(x)^{\frac{2^{n}-1}{2^{m}-1}}\mathrm{mod}(x^{2^{n}} + x)$

中 $x^{2^{n}-1}$ 的系数：后 $\dfrac{n}{m} - 1$ 个多项式的乘积 $f(x)^{\frac{2^{n-m}-1}{2^{m}-1}}$ 中

除了次数为 $2^{n-m} - 1$ 这项外，其余项与 $f(x)^{2^{n-m}}$ 做乘积

模 $x^{2^{n}} + x$ 后均不产生次数为 $2^{n} - 1$ 的项. 故 $f(x)^{\frac{2^{n-m}-1}{2^{m}-1}}$

中只有次数为 $2^{n-m} - 1$ 这项与 $f(x)^{2^{n-m}}$ 中次数为 $(2^{m} -$

$1)\times 2^{n-m}$ 的这项乘积模 $x^{2^{n}} + x$ 后产生次数为 $2^{n} - 1$ 的项.

而由数学归纳法知，后 $\dfrac{n}{m} - 1$ 个多项式的乘积

$f(x)^{\frac{2^{n-m}-1}{2^m-1}}\bmod(x^{2^n}+x)$ 中，$x^{2^{n-m}-1}$ 的 系 数 是 $(\alpha^t a_{2^m-1})^{\frac{2^{n-m}-1}{2^m-1}}$. 所以 $f(x)^{\frac{2^n-1}{2^m-1}}\bmod(x^{2^n}+x)$ 中 x^{2^n-1} 的系数为 $(\alpha^t a_{2^m-1})^{2^{n-m}+\frac{2^{n-m}-1}{2^m-1}}=(\alpha^t a_{2^m-1})^{\frac{2^n-1}{2^m-1}}$. 即论断 2 对 n 也成立.

那么得到论断 1 对 $n > m$ 也成立，所以论断 1 成立.

根据论断 1 和埃尔米特判别定理（定理 1）知，若 $f(x)=\alpha^t(x^{2^m}+a_{2^m-1}x^{2^m-1}+\cdots+a_2x^2+a_1x)$ 是置换多项式，则 $(\alpha^t a_{2^m-1})^{\frac{2^n-1}{2^m-1}}=0$，即有 $a_{2^m-1}=0$，引理得证.

引理 2 $n \equiv 1(\bmod m)$ 时，若 F_2^n 上的多项式 $f(x)=\alpha^t(x^{2^m}+a_{2^m-1}x^{2^m-1}+\cdots+a_2x^2+a_1x)$ 是正形置换多项式，那么 $a_{2^m-1}=0$.

证 当 $n \equiv 1(\bmod m)$ 时，有 $2^n-1=(2^m-1)(2^{n-m}+\cdots+2)+1=(2^m-1)\dfrac{2^n-2}{2^m-1}+1$.

论断 3 $f(x)=\alpha^t(x^{2^m}+a_{2^m-1}x^{2^m-1}+\cdots+a_2x^2+a_1x)$ 的幂 $f(x)^{\frac{2^n-2}{2^m-1}+1}\bmod(x^{2^n}+x)$ 中 x^{2^n-1} 的系数为 $\alpha^{3t}(\alpha^t a_{2^m-1})^{\frac{2^n-2}{2^m-1}-2}(a_{2^m-1}^2 a_1+a_{2^m-1}a_{2^m-1}^2)$.

①$n=m+1$ 时，$\dfrac{2^n-2}{2^m-1}+1=3$

$$f(x)^2=\alpha^{2t}(x^{2^{m+1}}+a_{2^m-1}^2 x^{(2^m-1)\cdot 2}+\cdots+a_1^2 x^2)$$
$$f(x)=\alpha^t(x^{2^m}+a_{2^m-1}x^{2^m-1}+\cdots+a_2^2+a_1x)$$

显然，$f(x)^3\bmod(x^{2^n}+x)$ 中 x^{2^n-1} 的系数为 $\alpha^{3t}(a_{2^m-1}^2 a_1+$

$a_{2^m-1}a_{2^{m-1}}^2$），故论断 3 对 $n = m + 1$ 成立.

②$n > m + 1$ 时,设 $l \equiv 1 (\bmod m)$,$l \leqslant n$,有:

论断 4 $f(x) = \alpha^t(x^{2^m} + a_{2^m-1}x^{2^{m-1}} + \cdots + a_2x^2 + a_1x)$ 的幂 $f(x)^{\frac{2^l-2}{2^m-1}+1}\bmod(x^{2^n} + x)$ 中 x^{2^l-1} 的系数为 $\alpha^{3t}(\alpha^t a_{2^m-1})^{\frac{2^l-2}{2^m-1}-2}(a_{2^m-1}^2 a_1 + a_{2^m-1}a_{2^{m-1}}^2)$.

下面对 l 用数学归纳法来证明论断 4:

(1)$l = m + 1$ 时,$\dfrac{2^l-2}{2^m-1} + 1 = 3$

$$f(x)^2 = \alpha^{2t}(x^{2^{m+1}} + a_{2^m-1}^2 x^{(2^m-1)\cdot 2} + \cdots + a_1^2 x^2)$$

$$f(x) = \alpha^t(x^{2^m} + a_{2^m-1}x^{2^{m-1}} + \cdots + a_2x^2 + a_1x)$$

显然,$f(x)^3\bmod(x^{2^n} + x)$ 中 x^{2^l-1} 的系数为 $\alpha^{3t}(a_{2^m-1}^2 a_1 + a_{2^m-1}a_{2^{m-1}}^2)$,故论断 4 对 $l = m + 1$ 成立.

(2)设论断 4 对 $n - m$ 成立,下面证明对 n 也成立

$$f(x)^{2^{n-m}} = \alpha^{2^{n-m}t}(x^{2^n} + a_{2^m-1}^{2^{n-m}}x^{(2^m-1)\cdot 2^{n-m}} + \cdots + a_1^{2^{n-m}}x^{2^{n-m}})$$

$$f(x)^{2^{n-2m}} = \alpha^{2^{n-2m}t}(x^{2^{n-m}} + a_{2^m-1}^{2^{n-2m}}x^{(2^m-1)\cdot 2^{n-2m}} + \cdots + a_1^{2^{n-2m}}x^{2^{n-2m}})$$

$$\vdots$$

$$f(x)^{2^m} = \alpha^{2^m t}(x^{2^{2^m}} + a_{2^m-1}^{2^m}x^{(2^m-1)\cdot 2^m} + \cdots + a_1^{2^m}x^{2^m})$$

$$f(x)^2 = \alpha^{2t}(x^{2^{m+1}} + a_{2^m-1}^2 x^{(2^m-1)\cdot 2} + \cdots + a_1^2 x^2)$$

$$f(x) = \alpha^t(x^{2^m} + a_{2^m-1}x^{2^{m-1}} + \cdots + a_2x^2 + a_1x)$$

考虑这 $\dfrac{n-1}{m} + 1$ 个多项式的乘积 $f(x)^{\frac{2^n-2}{2^m-1}+1}\bmod(x^{2^n} + x)$ 中 x^{2^n-1} 的系数:后 $\dfrac{n-1}{m}$ 个多项

式的乘积 $f(x)^{\frac{2^{n-m}-2}{2^m-1}+1}$ 中除了次数为 $2^{n-m}-1$ 这项外,其余项与 $f(x)^{2^{n-m}}$ 做乘积模 $x^{2^n}+x$ 后均不产生次数为 2^n-1 的项. 故 $f(x)^{\frac{2^{n-m}-2}{2^m-1}}+1$ 中只有次数为 $2^{n-m}-1$ 这项与 $f(x)^{2^{n-m}}$ 中次数为 $(2^m-1)\times2^{n-m}$ 的这项乘积模 $x^{2^n}+x$ 后产生次数为 2^n-1 的项.

而由数学归纳法知,后 $\dfrac{n-1}{m}$ 个多项式的乘积 $f(x)^{\frac{2^{n-m}-2}{2^m-1}+1}\bmod(x^{2^n}+x)$ 中,$x^{2^{n-m}-1}$ 的系数是 $\alpha^{3t}(\alpha^t a_{2^m-1})^{\frac{2^{n-m}-2}{2^m-1}-2}(a_{2^m-1}^2 a_1 + a_{2^m-1}a_{2^m-1}^2)$. 所以 $f(x)^{\frac{2^n-2}{2^m-1}+1}\bmod(x^{2^n}+x)$ 中 x^{2^n-1} 的系数为

$$\alpha^{3t}(\alpha^t a_{2^m-1})^{2^{n-m}+\frac{2^{n-m}-2}{2^m-1}-2}(a_{2^m-1}^2 a_1 + a_{2^m-1}a_{2^m-1}^2) =$$
$$\alpha^{3t}(\alpha^t a_{2^m-1})^{\frac{2^n-2}{2^m-1}-2}(a_{2^m-1}^2 a_1 + a_{2^m-1}a_{2^m-1}^2)$$

即论断 4 对 n 也成立.

那么得到论断 3 对 $n>m+1$ 也成立,所以论断 3 成立.

那么由论断 3 知

$$f(x)+x = \alpha^t\big[x^{2^m}+a_{2^m-1}x^{2^m-1}+\cdots+a_2x^2+\\(a_1+\alpha^{-t})x\big]$$

的幂 $[f(x)+x]^{\frac{2^n-2}{2^m-1}+1}\bmod(x^{2^n}+x)$ 中 x^{2^n-1} 的系数为

$$\alpha^{3t}(\alpha^t a_{2^m-1})^{\frac{2^n-2}{2^m-1}-2}\big[a_{2^m-1}^2(a_1+\alpha^{-t}) + a_{2^m-1}a_{2^m-1}^2\big].$$

由埃尔米特判别定理(定理 2)知,若 $f(x) = \alpha^t(x^{2^m}+a_{2^m-1}x^{2^m-1}+\cdots+a_2x^2+a_1x)$ 是正形置换多项式,则必有

211

$$\alpha^{3t}(\alpha^t a_{2^m-1})^{\frac{2^n-2}{2^m-1}-2}\left[a_{2^m-1}^2(a_1+\alpha^{-t})+a_{2^m-1}a_{2^m-1}^2\right]=0$$

$$\alpha^{3t}(\alpha^t a_{2^m-1})^{\frac{2^n-2}{2^m-1}-2}(a_{2^m-1}^2 a_1+a_{2^m-1}a_{2^m-1}^2)=0$$

即有 $a_{2^m-1}=0$，引理得证.

综合引理 1 和引理 2，得到以下定理：

定理 3 n 为正整数，m 为大于 1 的正整数，当 $n\equiv 0,1(\mathrm{mod}\ m)$ 时，F_{2^n} 上不存在 2^m-1 次正形置换多项式.

证 ① $n=1,m$ 时，F_{2^n} 上显然不存在 2^m-1 次正形置换多项式；

②$n>m$ 且 $n\equiv 0(\mathrm{mod}\ m)$ 时，由引理 1 中的证明可知，F_2^n 上的 2^m-1 次多项式

$$f(x)=\alpha^t(x^{2^m-1}+a_{2^m-2}x^{2^m-2}+\cdots+a_2 x^2+a_1 x)$$

的幂 $f(x)^{\frac{2^n-1}{2^m-1}}\mathrm{mod}(x^{2^n}+x)$ 中 x^{2^n-1} 的系数为 $\alpha^{\frac{2^n-1}{2^m-1}t}$，若 $f(x)$ 是置换多项式，那么必有 $\alpha^t=0$，而 α 是本原元，矛盾.

③$n>m$ 且 $n\equiv 1(\mathrm{mod}\ m)$ 时，由引理 2 的证明可知，F_2^n 上的 2^m-1 次多项式 $f(x)=\alpha^t(x^{2^m-1}+a_{2^m-2}x^{2^m-2}+\cdots+a_2 x^2+a_1 x)$ 的幂 $f(x)^{\frac{2^n-2}{2^m-1}+1}\mathrm{mod}(x^{2^n}+x)$ 中 x^{2^n-1} 的系数为 $\alpha^{t(\frac{2^n-2}{2^m-1}+1)}(a_1+a_{2^m-1}^2)$，$f(x)+x=\alpha^t\left[x^{2^m-1}+a_{2^m-2}x^{2^m-2}+\cdots+a_2 x^2+(a_1+\alpha^{-t})x\right]$ 的幂 $f(x)^{\frac{2^n-2}{2^m-1}+1}\mathrm{mod}(x^{2^n}+x)$ 中 x^{2^n-1} 的系数为 $\alpha^{t(\frac{2^n-2}{2^m-1}+1)}\cdot\left[(a_1+\alpha^{-t})+a_{2^m-1}^2\right]$. 若 $f(x)$ 是正形置换多项式，那么必有

$$\alpha^{t(\frac{2^n-2}{2^m-1}+1)}(a_1+a_{2^m-1}^2)=0$$

$$\alpha^{t(\frac{2^n-2}{2^m-1}+1)}\left[(a_1 + a^{-t}) + a_{2^m-1}^2\right] = 0$$

从而有 $\alpha^t = 0$，而 α 是本原元，矛盾.

推论 2 F_{2^n} 上不存在 3 次正形置换多项式.

证 取 $m = 2$，再根据定理 3 即可得该推论.

定义 4 F_{2^n} 上形如 $f(x) = \sum\limits_{i=0}^{n-1} a_i x^{2^i} + r$ 的多项式称为仿射多项式，其中 $a_i, r \in F_{2^n}$. 特别的，当 $r = 0$ 时，$f(x) = \sum\limits_{i=0}^{n-1} a_i x^{2^i}$ 称为线性化的多项式.

推论 3 $n > 2$ 时，F_{2^n} 上 4 次正形置换多项式都是仿射多项式.

证 取 $m = 2, n > 2$.

当 n 为偶数时，由引理 1 知，若 F_{2^n} 上 4 次多项式 $f(x) = \alpha^t(x^4 + a_3 x^3 + a_2 x^2 + a_1 x)$ 是置换多项式，则必有 $a_3 = 0$. 即 $f(x)$ 为线性化的多项式.

当 n 为奇数时，由引理 2 知，若 F_{2^n} 上 4 次多项式 $f(x) = \alpha^t(x^4 + a_3 x^3 + a_2 x^2 + a_1 x)$ 是正形置换多项式，则必有 $a_3 = 0$，即 $f(x)$ 为线性化的多项式.

而若 $f(x) = \alpha^t(x^4 + a_3 x^3 + a_2 x^2 + a_1 x + a_0)$ 是正形置换多项式，则 $f(x) = \alpha^t(x^4 + a_3 x^3 + a_2 x^2 + a_1 x)$ 是正形置换多项式，那么必有 $a_3 = 0$，即 $f(x)$ 为仿射多项式.

参 考 文 献

[1] LOHROP M. Block Substituiton Using Orthormorphic Mapping[J]. Advances in Applied Mathematics, 1995, 16(1):59-71.

[2] 冯登国,刘振华. 关于正形置换的构造[J]. 通信保密,1996(2)：61-64.

[3] 刑育森,林晓东,杨义先,等. 密码体制中的正形置换的构造和计数[J]. 通信学报,1999,20(2):27-30.

[4] 徐海波,刘海蛟,荆继武,等. 一种正形置换的逐位递增构造方法[J]. 中国科学院研究生院学报,2006,23(2):251-256.

[5] 任金萍,吕述望. 正形置换的枚举计数[J]. 计算机研究与发展,2006,43(6):1071-1075.

[6] MULLEN G L. Permutation Polynomials：a Matrix Analogue of Schur's Conjecture and a Surey of Recent Results[J]. Finite Fields and Their Applications,1995,1：242-258.

[7] 李志慧,李瑞虎,李学良. 有限域 F_8 上正形置换多项式的计数[J]. 陕西师范大学学报(自然科学版),2001,29(4):13-16.

[8] LIDL R,NIEDERREITER H. Finite Fields,Encyclopedia of Mathematics and Its Application [M]. London：Addison-Wesley Publishing Company,1983.

有限域 F_{2^n} 上的 2 类正形置换多项式研究[①]

第 17 章

第 1 节　概　述

正形置换是一类完全映射, 在密码体制设计中应用广泛, 现已成为分组密码和序列密码设计的基础置换. 国内外学者对正形置换的构造问题进行了大量讨论, 给出了许多构造方法. 如文献[1] 利用正形拉丁方截集与正形置换等价的关系, 给出一种截集的抽取方法, 从而构造出正形置换; 文献[2] 利用级联方法, 通过低阶正形置换构造出高阶正形置换. 由于有限域 F_q 上的任意映射都可以表示成次数小于 q 的多项式, 文献[3-5] 从多项式的角度研究正

---

① 本章摘自《计算机工程》, 2010 年, 第 36 卷, 第 8 期.

形置换,文献[3]给出:当 n 为大于等于 6 的偶数时,F_{2^n} 上不存在次数为 6 的正形置换多项式;文献[4]给出了 F_8 上所有的正形置换多项式.

解放军信息工程大学电子技术学院的郭江江,郑浩然两位教授 2010 年利用乘积多项式中次数的分布规律和整数 m 进制表示的有关技巧,指出文献[5]中关于 $2^d - 1$ 次正形置换多项式非存在性和 2^d 次正形置换多项式存在性的判定结果存在的问题,精确地得到了 2 种正形置换多项式的判定结果.

第 2 节 预 备 知 识

设 F_q 是特征为 p 的有限域,其中,$q = p^n$.

定义 1 设 $f(x) \in F_q[x]$,若多项式函数 $f: c \rightarrow f(c)$ 为 F_q 上的一个置换,则称 $f(x)$ 为 F_q 上的置换多项式.

定义 2 设 $f(x) \in F_q[x]$,若 $f(x), f(x) + x$ 都是 F_q 上的置换多项式,则称 $f(x)$ 为 F_q 上的正形置换多项式.

引理 1 设 $f(x) \in F_q[x], f(x)$ 为 F_q 上的正形置换多项式当且仅当以下 2 个条件同时成立:(1)$f(x)$,$f(x) + x$ 在 F_q 上都恰有 1 个根;(2)对任意奇整数 $t(1 \leqslant t \leqslant q - 2)$

$f(x)^t \bmod (x^q + x)$ 和 $[f(x) + x]^t \bmod (x^q + x)$ 的次数都不超过 $q - 2$.

引理 2 设 $d > 1, d \mid q - 1$,则在有限域上 F_q 不存在 d 次置换多项式,从而不存在 d 次正形置换多项式.

引理 3 若 $d \mid n$,则有限域上 F_q 不存在 $p^d - 1$ 次置换多项式,从而不存在 $p^d - 1$ 次正形置换多项式.

第 3 节 $2^d - 1$ 次和 2^d 次正形置换多项式的判定准则

令 $F_q = F_{2^n}, m = 2^d$,其中,$1 \leqslant d \leqslant n - 2$;$\alpha$ 为 F_{2^n} 上的本原元,$u \in Z_{2^n-1}$.

定义 3 设 $g(x) = x^l + b_{l-1}x^{l-1} + \cdots + b_1 x$ 是有限域 F_{2^n} 上的多项式,其中,$1 \leqslant l \leqslant 2^n$,称序列 $(l, l-1, \cdots, 1)$ 为多项式 $g(x)$ 的次数序列.

显然,当 $g(x)$ 的次数序列给定以后,则 $g(x)^{2^l}$ 的次数序列是对 $g(x)$ 次数序列的每一个分量乘以 2^i.

1. $2^d - 1$ 次正形置换多项式的非存在性

定义 4 设 $f(x) = \alpha^u (x^{m-1} + a_{m-2}x^{m-2} + \cdots + a_1 x)$ 是有限域 F_{2^n} 上的多项式,称矩阵

$$\boldsymbol{\sigma}_f = \begin{pmatrix} m-1 & m-2 & \cdots & 2 & 1 \\ 2^{i_1}(m-1) & 2^{i_1}(m-2) & \cdots & 2^{i_1} \times 2 & 2^{i_1} \\ \vdots & \vdots & & \vdots & \vdots \\ 2^{i_k}(m-1) & 2^{i_k}(m-2) & \cdots & 2^{i_k} \times 2 & 2^{i_k} \end{pmatrix}$$

为多项式 $(f(x), f(x)^{2^{i_1}}, \cdots, f(x)^{2^{i_k}})$ 的次数矩阵,其中,$0 < i_1 < i_2 < \cdots < i_k < n - \log_2(m-1)$.

乘积多项式 $(f(x)f(x)^{2^{i_1}} \cdots f(x)^{2^{i_k}})$ 的 j 次项中的 j 满足条件

$$j = 2^0 s_0 + 2^{i_1} s_{i_1} + \cdots + 2^{i_k} s_{i_k} (\bmod 2^n) \qquad (1)$$

其中,$1 \leqslant s_v \leqslant m - 1, v = 0, i_1, \cdots, i_k$,即乘积多项式

置换与 Dickson 多项式

$(f(x)f(x)^{2^{i_1}}\cdots f(x)^{2^{i_k}})$ 中的 j 次项是一些乘积项的和，和中的每项次数 j 是式 (1) 的形式，即 j 是 $k+1$ 个元素的和，而且这 $k+1$ 个元素恰好分别取自 $f(x)$ 的多项式序列 $(f(x),f(x)^{2^{i_1}},\cdots,f(x)^{2^{i_k}})$ 的次数矩阵 $\boldsymbol{\sigma}_f$ 中的每一行，每一行的元素仅取 1 次.

另一方面，若 j 为式 (1) 的表示形式，则乘积多项式中的 j 次项系数的代数和中必有对应的一项为 $a_{s_0}^{2^0}a_{s_{i_1}}^{2^{i_1}}\cdots a_{s_{i_k}}^{2^{i_k}}$；由于 j 关于式 (1) 的表示形式有多种，则乘积多项式中 j 次项的系数必有对应项的代数和.

设 $n=kd+r,0\leqslant r<d$，则有
$$2^n-1=2^r 2^{kd}-1$$
$$=(2^r-1)2^{kd}+2^{kd}-1$$
$$=(2^r-1)m^k+m^k-1$$
$$2^n-1=(2^r-1)m^k+(m-1)m^{k-1}+\cdots+$$
$$(m-1)m+m-1 \tag{2}$$

由于 $m-1$ 和 2^r-1 都小于 m，因此由数论知识可知式 (2) 唯一. 若 $y=b_k m^k+b_{k-1}m^{k-1}+\cdots+b_1 m+b_0$，其中，$0\leqslant b_i\leqslant m-1,i=0,1,\cdots,m$，则 $y\in[0,m^{k+1}-1]$.

文献 $[5]$ 中的结论 1 及问题如下：

结论 1 设 $f(x)=\alpha^u(x^{2^d-1}+a_{2^d-2}x^{2^d-2}+\cdots+a_1 x)$ 是有限域 F_{2^n} 上的多项式，其中，α 为 F_{2^n} 上的原元，$u\in Z_{2^n-1}$. 设 $n=kd+r,e=d-r,0\leqslant r<d$，则：

（1）当 $r=0,1$ 时，$f(x)$ 不是有限域 F_{2^n} 上的正形置换多项式；

（2）当 $1<r<d$ 时，若 $a_{2^r-1}\neq 0$，则 $f(x)$ 不是有限域 F_{2^n} 上的正形置换多项式.

问题：当 $1 \leqslant r < d, t = 1 + m + m^2 + \cdots + m^k$ 时，上述结论认为 $f(x)^t$ 中的 $2^n - 1$ 次项在乘积多项式 $(f(x)f(x)^m \cdots f(x)^{m^k})$ 中只出现 1 次，而实际上，当 $1 \leqslant r < d$ 时，在 $[0, m^{k+1} - 1]$ 内，$2^n - 1$ 模 2^n 的同余有多个，使得 $2^n - 1$ 次项在乘积多项式出现多次，最终导致该结论存在 2 个问题：

（1）当 $r = 1$ 时，结论的证明过程不正确；

（2）当 $1 < r < d$ 时，结论不正确.

基于上述结论的问题，本章给出具体的修正方法和结论：当 $r = 0$ 时，$m - 1 \mid 2^n - 1$，对次数为 $2^d - 1$ 的多项式 $f(x)$ 而言，根据引理 3，$f(x)$ 不是正形置换多项式，因此，下面只讨论当 $0 < r < d$ 时，在 $[0, m^{k+1} - 1]$ 内，$2^n - 1$ 模 2^n 的剩余类的形式及个数.

引理 4　设 $n = kd + r, e = d - r$，若 $y \in [0, m^{k+1} - 1]$，则方程 $y \equiv 2^n - 1 \pmod{2^n}$，有 2^e 个解，且每个解取自集合 $\{2^r i m^k + 2^n - 1 \mid 0 \leqslant i < 2^e\}$.

证　显然，方程 $y \equiv 2^n - 1 \pmod{2^n}$ 解的形式为 $2^r i m^k + 2^n - 1$；又因为 $m^{k+1} - 1 = 2^r(2^e - 1)m^k + 2^n - 1$，所以 $m^{k+1} - 1$ 是 $y \equiv 2^n - 1 \pmod{2^n}$ 的最大解，即方程有 2^e 个解.

由此根据式（2）表示法的唯一性，得到如下结论：

定理 1　设 $n = kd + r, e = d - r, y \in \{2^r i m^k + 2^n - 1 \mid 0 \leqslant i < 2^e\}$，则 y 的 m 进制表示法唯一，具体形式为 $y = ((i + 1)2^r - 1)m^k + (m - 1)m^{k-1} + \cdots + (m - 1)m + m - 1$.

定理 2　设 $f(x) = \alpha^u(x^{2^d-1} + a_{2^d-2}x^{2^d-2} + \cdots + a_1 x)$ 是有限域 F_{2^n} 上的多项式，其中，α 为 F_{2^n} 上的本原元，$u \in Z_{2^n-1}$. 设 $n = kd + r, e = d - r$，则：

（1）当 $r = 0,1$ 时，$f(x)$ 不是有限域 F_{2^n} 上的正形置换多项式；

（2）当 $1 < r < d$ 时，若 $\sum_{i=1}^{2^e} a_{i2^r-1} \neq 0$，则 $f(x)$ 不是有限域 F_{2^n} 上的正形置换多项式.

证 令 $t = 1 + m + m^2 + \cdots + m^k$，则 $t < 2^n - 1$ 且 t 为奇整数.

（1）当 $r = 0$ 时，显然，$f(x)$ 不是有限域 F_{2^n} 上的正形置换多项式；当 $r = 1$ 时，$f(x)^t$ 中的 $2^n - 1$ 次项的系数是取自乘积多项式 $(f(x)f(x)^m \cdots f(x)^{m^k})$ 中的 $2^n - 1$ 次项的系数；根据乘积多项式的次数分布规律及引理 4，引理 1，$f(x)^t$ 中 $2^n - 1$ 次项的系数具体为

$(\sum_{i=1}^{2^e} a_{2i-1}^{m^k}) a_{2^d-1}^{1+m+\cdots+m^{k-1}} (a^u)^{\frac{m^{k+1}-1}{m-1}}$，因为 $a_{2^d-1} = 1$，其系数为

$$(\sum_{i=1}^{2^e} a_{2i-1}^{m^k})(a^u)^{\frac{m^{k+1}-1}{m-1}} = (\sum_{i=1}^{2^e} a_{2i-1})^{m^k} \alpha^{\frac{m^{k+1}-1}{m-1}u} \quad (3)$$

同样可得 $(f(x) + x)^t$ 中的 $2^n - 1$ 项系数为

$$(\sum_{i=1}^{2^e} a_{2i-1}^{m^k} + (a_1 + \alpha^{-u})^{m^k})(\alpha^u)^{\frac{m^{k+1}-1}{m-1}} =$$
$$(\sum_{i=1}^{2^e} a_{2i-1} + \alpha^{-u})^{m^k} \alpha^{\frac{m^{k+1}-1}{m-1}u} \quad (4)$$

则式（3）和式（4）不能同时为 0，因此，根据引理 1，$f(x)$ 不是有限域 F_{2^n} 上的正形置换多项式.

（2）当 $1 < r < d$ 时，$f(x)^t$ 和 $(f(x) + x)^t$ 中的 $2^n - 1$ 项系数均为 $\sum_{i=1}^{2^e} a_{i2^r-1}^{m^k} (\alpha^u)^{\frac{m^{k+1}-1}{m-1}}$. 由于 $\sum_{i=1}^{2^e} {}_{i2^r-1} \neq 0$，因此 $f(x)$ 不是有限域 F_{2^n} 上的正形置换多项式.

2. 2^d 次正形置换多项式的存在性

对于多项式 $f(x) = \alpha^u(x^m + a_{m-1}x^{m-1} + \cdots + a_1x)$，令 $t = 1 + m + m^2 + \cdots + m^k$，根据上文分析可知，$f(x)^t = f(x)f(x)^m \cdots f(x)^{m^k}$ 中的 $2^n - 1$ 次项的系数依然遵循乘积多项式的次数分布规律. 与式(2)不同的是，将 $2^n - 1$ 用 m 进制表示时，表示的系数取值可以达到 m，由下面的引理 5 证明了这种表示是唯一的.

引理 5　设 $n = kd + r, 0 \leqslant r < d$，则 $2^n - 1 = (2^r - 1)m^k + (m-1)m^{k-1} + \cdots + (m-1)m + m - 1$；若 $2^n - 1 = b_km^k + b_{k-1}m^{k-1} + \cdots + b_1m + b_0$，当且仅当 $b_k = 2^r - 1, b_i = m - 1$，其中，$1 \leqslant b_i \leqslant m, 0 \leqslant i < k$，$0 \leqslant b_k \leqslant m$.

文献[5]的结论 2 及问题如下：

结论 2　设 $f(x) = \alpha^u(x^{2^d} + a_{2^d-1}x^{2^d-1} + \cdots + a_1x)$ 是有限域 F_{2^n} 上的多项式，其中，α 为 F_{2^n} 上的本原元，$u \in Z_{2^n-1}$. 设 $n = kd + r, e = d - r, 0 \leqslant r < d$. 若 $f(x)$ 是有限域 F_{2^n} 上的正形转换多项式，则：

（1）当 $r = 0, 1$ 时，必有 $a_{2^d-1} = 0$；

（2）当 $1 < r < d$ 时，若 $a_{2^r-1} \neq 0$，则必有 $a_{2^d-1} = 0$.

问题：结论 2 产生与结论 1 类似的 2 个问题，其原因也与结论 1 相同.

基于上述结论的问题，本章总结出修正方法与结论如下：若 $y = b_km^k + b_{k-1}m^{k-1} + \cdots + b_1m + b_0$，其中，$0 \leqslant b_i \leqslant m, i = 0, 1, \cdots, k$，则 $y \in \left[0, \dfrac{m^{k+1} - 1}{m - 1}m\right]$. 特别的，当 $b_k = 0$ 时，$y \in \left[0, \dfrac{m^k - 1}{m - 1}m\right]$.

引理 6 设 $n = kd + r, e = d - r$，则：

（1）若 $y \in \left[0, \dfrac{m^k - 1}{m - 1} m \right]$，则方程

$$y \equiv 2^n - 1 (\bmod 2^n)$$

只有 $2^n - 1$ 一个解；

（2）若 $y \in \left[0, \dfrac{m^{k+1} - 1}{m - 1} m \right]$，则方程

$$y \equiv 2^n - 1 (\bmod 2^n)$$

有 2^e 个解，且每个解取自集合 $\{ 2^r i m^k + 2^n - 1 \mid 0 \leqslant i \leqslant 2^e \}$.

证 （1）由于

$$\frac{m^k - 1}{m - 1} m - (m^k - 1) = \frac{m^k - 1}{m - 1} < m^k$$

因此方程 $y \equiv 2^n - 1 (\bmod 2^n)$ 只有 $2^n - 1$ 一个解；

（2）由引理 4 知，在 $[0, m^{k+1} - 1]$ 内，$m^{k+1} - 1$ 是方程 $y \equiv 2^n - 1 (\bmod 2^n)$ 的最大解；又因为

$$\frac{m^{k+1} - 1}{m - 1} m - (m^{k+1} - 1) = \frac{m^{k+1} - 1}{m - 1} < m^k 2^r$$

则在 $\left[0, \dfrac{m^{k+1} - 1}{m - 1} m \right]$ 内，$m^{k+1} - 1$ 也是此方程的最大解，所以结论成立.

根据引理 5 和引理 6，得到如下结论：

定理 3 设 $f(x) = \alpha^u (x^{2^d} + a_{2^d - 1} x^{2^d - 1} + \cdots + a_1 x)$ 是有限域 F_{2^n} 上的多项式，其中，α 为 F_{2^n} 上的本原元，$u \in Z_{2^n - 1}$. 设 $n = kd + r, e = d - r$，若 $f(x)$ 是有限域 F_{2^n} 上的正形置换多项式，则：

（1）当 $r = 0, 1$ 时，必有 $a_{2^d - 1} = 0$；

（2）当 $1 < r < d$ 时，若 $\displaystyle\sum_{i=1}^{2^e} a_{i 2^r - 1} \neq 0$，则必有 $a_{2^d - 1} = 0$.

证 (1) 当 $r = 0$ 时, 令 $t = 1 + m + m^2 + \cdots + m^{k-1}$, 根据引理 5 及上面讨论, 可得 $f(x)^t$ 与 $(f(x) + x)^t$ 的 $2^n - 1$ 项系数均为 $a_{m-1}^{\frac{m^k-1}{m-1}} (\alpha^u)^{\frac{m^{k+1}-1}{m-1}}$; 若 $f(x)$ 是有限域 F_{2^n} 上的正形置换多项式, 则根据引理 1, 必有 $a_{m-1} = 0$. 当 $r = 1$ 时, 令 $t = 1 + m + m^2 + \cdots + m^k$, 则根据引理 5 及 $2^n - 1$ 项在乘积多项式中的表示法, 得 $f(x)^t$ 和 $f(f(x) + x)^t$ 中的 $2^n - 1$ 项系数分别为

$$\left(\sum_{i=1}^{2^e} a_{2i-1}^{m^k} \right) a_{m-1}^{\frac{m^k-1}{m-1}} (\alpha^u)^{\frac{m^{k+1}-1}{m-1}}$$

$$\left(\sum_{i=1}^{2^e} a_{2i-1}^{m^k} + \alpha^{-um^k} \right) a_{m-1}^{\frac{m^k-1}{m-1}} (\alpha^u)^{\frac{m^{k+1}-1}{m-1}}$$

则 $f(x)^t$ 和 $(f(x) + x)^t$ 中的 $2^n - 1$ 项系数不能同时为 0, 因此, 若 $f(x)$ 是正形置换多项式, 必有 $a_{m-1} = 0$.

(2) 当 $1 < r < d$ 时, 同理可得 $f(x)^t$ 和 $(f(x) + x)^t$ 中的 $2^n - 1$ 项系数均为 $\sum_{i=1}^{2^e} a_{i2^{r-1}}^{m^k} a_{m-1}^{\frac{m^k-1}{m-1}} (\alpha^u)^{\frac{m^{k+1}-1}{m-1}}$, 已知 $\sum_{i=1}^{2^e} a_{i2^{r}-1} \neq 0$, 则要使得 $2^n - 1$ 项系数为 0, 必有 $a_{m-1} = 0$.

第 4 节　结　束　语

本章根据正形置换多项式的判定原则, 以及乘积多项式中次数的分布规律和整数的 m 进制表示技巧, 重新给出有限域 F_{2^n} 上次数为 $2^d - 1$ 正形置换多项式不存在的充分条件和次数为 2^d 正形置换多项式存在

的必要条件. 如何给出次数为 $2^d - 1$ 和 2^d 的正形置换多项式的更一般的结果以及其他次数的正形置换多项式的判定条件是下一步的研究方向.

参 考 文 献

[1] 任金萍,吕述望. 正形置换的枚举与计数[J]. 计算机研究与发展, 2006,43(6):1071-1075.

[2] 邢育森,林晓东,杨义先,等. 密码体制中的正形置换的构造与计数 [J]. 通信学报,1999,20(2):27-30.

[3] MULLEN G L. Permutation Polynomials:A Matrix Analogue of Schur's Conjecture and a Surey of Recent Results[J]. Finite Fields and Their Application,1995,1(2):242-258.

[4] 李志慧,李瑞虎,李学良. 有限域 F_8 上正形置换多项式的计数[J]. 陕西师范大学学报(自然科学版),2001,29(4):13-16.

[5] 李志慧. 特征为 2 的有限域上一类正形置换多项式的非存在性 [J]. 陕西师范大学学报(自然科学版),2008,36(2):5-10.

Cyclotomic Polynomials,
Primes Congruent to 1 mod n

第

18

章

Cyclotomic Polynomials – just as we have primitive roots mod p_t we can have primitive n^{th} roots of unity in the complex numbers. Recall that there are n distinct n^{th} roots of unity – ie., solutions of $z^n = 1$, in the complex numbers. We can write them as $e^{2\pi i j/n}$ for $j = 0, 1, \cdots, n - 1$. They form a regular n-gon on the unit circle.

We say that z is a primitive n^{th} root of unity if $z^d \neq 1$ for any d smaller than n. If we write $z = e^{2\pi i j/n}$, this is equivalent to saying $(j, n) = 1$. So there are $\phi(n)$ primitive n^{th} roots of unity.

Eg. 4th roots of 1 are solutions of $z^4 - 1 = 0$, or $(z - 1)(z + 1)(z^2 + 1) = 0 \Rightarrow z = 1, -1 \pm i$.

Now 1 is a primitive first root of unity, -1 is a primitive second root of unity, and $\pm$ i are primitive fourth roots of unity. Notice that $\pm$ i are roots of the polynomial $z^2 + 1$. In general, define

$$\Phi_n(x) = \prod_{\substack{(j,n)=1 \\ 1 \leqslant j \leqslant n}} (x - e^{2\pi i j/n})$$

This is the nth cyclotomic polynomial.

We'll prove soon the $\Phi_n(x)$ is a polynomial with integer coefficients. Another fact is that it is irreducible, ie., cannot be factored into polynomials of smaller degree with integer coefficients (we won't prove this, however).

Anyway, here is how to compute $\Phi_n(x)$: take $x^n - 1$ and factor it. Remove all factors which divide $x^d - 1$ for some $d \mid n$ and less than n.

Eg. $\Phi_6(x)$. Start with

$$x^6 - 1 = (x^3 - 1)(x^3 + 1)$$

Throw out $x^3 - 1$ since $3 \mid 6$ and $3 < 6$

$$x^3 + 1 = (x + 1)(x^2 - x + 1)$$

Throw out $x + 1$ which divides $x^2 - 1$, Since $2 \mid 6, 2 < 6$. We're left with $x^2 - x + 1$ and it must be $\Phi_6(x)$ since it has the right degree $2 = \varphi(6)$ (the nth cyclotomic polynomial has degree $\varphi(n)$, by definition).

If you write down the first few cyclotomic polynomials you'll notice that the coefficient seems to be 0 or $\pm$ 1. But in fact, $\Phi_{105}(x)$ has -2 as a coefficient, and the coefficients can be arbitrarily large if n is large enough.

These polynomials are very interesting and useful in number theory. For instance, we're going to use them to prove that given any n, there are infinitely many primes congruent to 1 mod n.

Eg. $\Phi_4(x) = x^2 + 1$ and the proof for primes $\equiv 1$ mod 4 used $(2p_1 \cdots p_n)^2 + 1$.

proposition 1. $x^n - 1 = \prod \Phi_n(x)$.

2. $\Phi_n(x)$ has integer coefficients.

3. For $n \geqslant 2$, $\Phi_n(x)$ is reciprocal; ie. , $\Phi_n(\frac{1}{x}) \cdot x^{\varphi(n)} = \Phi_n(x)$ (ie. , coefficients are palindromic).

proof 1. is easy—we have

$$x^n - 1 = \prod_{1 \leqslant j \leqslant n} (x - e^{2\pi ij/n})$$

If $(j,n) = d$ then $e^{2\pi ij/n} = e^{2\pi ij'/n'}$ when $j' = \dfrac{j}{d}, n' = \dfrac{n}{d}$, and $(j',n') = 1$. $(x - e^{2\pi ij'/n'})$ is one of the factors of $\Phi_{n'}(x)$ and $n' \mid n$. Looking at all possible j, we recover all the factors of $\Phi_{n'}(x)$, for every n' dividing n, exactly once. So

$$x^n - 1 = \prod_{n' \mid n} \Phi_{n'}(x)$$

2. By induction. $\Phi_1(x) = x - 1$. Suppose true for $n < m$. Then

$$x^m - 1 = \prod_{d \mid m} \Phi_d(x) = \underbrace{(\prod_{\substack{d \mid m \\ d < m}} \Phi_d(x))}_{\substack{\text{monic (by defn), integer} \\ \text{coefficients (by ind. hypothesis)}}} \cdot \Phi_m(x)$$

So $\Phi_m(x)$, obtained by dividing a polynomial with integer coefficients, by a monic polynomial with integer

227

coefficients, also has integer coefficients. This completes the induction.

3. By induction. True for $n = 2$, since

$$\Phi_2(x) = x + 1$$

$$\Phi_2\left(\frac{1}{x}\right)x^{\varphi(2)} = \left(\frac{1}{x} + 1\right)x = x + 1 = \Phi_2(x)$$

Suppose true for $n < m$. If we plug in $\frac{1}{x}$ into

$$x^m - 1 = \prod_{d \mid m} \Phi_d(x)$$

$$\left(\frac{1}{x}\right)^m - 1 = \prod_{d \mid m} \Phi_d\left(\frac{1}{x}\right) = \left(\prod_{\substack{1 < d < m \\ d \mid m}} \Phi_d\left(\frac{1}{x}\right)\right) \cdot$$

$$\Phi_m\left(\frac{1}{x}\right) \cdot \left(\frac{1}{x} - 1\right)$$

Multiply by $x^m = \sum_{x^{d} \mid m} \varphi(d) = \prod_{d \mid m} x^{\varphi(d)}$—proved before—to get

$$1 - x^m = \left(\prod_{\substack{1 < d < m \\ d \mid m}} \Phi_d\left(\frac{1}{x}\right)x^{\varphi(d)}\right) \cdot \Phi_m\left(\frac{1}{x}\right)x^{\varphi(m)} \cdot \left(\frac{1}{x} - 1\right)x$$

$$-(x^m - 1) = \left(\prod_{\substack{1 < d < m \\ d \mid m}} \underbrace{\Phi_d(x)}_{\text{by ind hyp}}\right) \cdot \Phi_m\left(\frac{1}{x}\right)x^{\varphi(m)} \cdot (1 - x)$$

$$-\prod_{d \mid m} \Phi_d(x) = \left(\prod_{\substack{1 < d < m \\ d \mid m}} \Phi_d(x)\right) \cdot \Phi_m\left(\frac{1}{x}\right)x^{\varphi(m)} \cdot (-\Phi_1(x))$$

Cancelling almost all the factors we get

$$\Phi_m(x) = \Phi_m\left(\frac{1}{x}\right)x^{\varphi(m)}$$

completing the induction.

Lemma　Let $p \nmid n$ and $m \mid n$ be a proper divisor of n (ie. , $m \neq n$). Then $\Phi_n(x)$ and $x^m - 1$ cannot have a

228

common root mod p.

proof By contradiction. Suppose a is a common root mod p. Then $a^m \equiv 1 \bmod p$ forces $(a,p) = 1$. Next

$$x^n - 1 = \prod_{d\mid n} \Phi_d(x) = \Phi_n(x) \prod_{\substack{d\mid n \\ d < n}} \Phi_d(x)$$

Notice that $x^m - 1 = \prod_{d\mid n} \Phi_d(x)$ has all its factors in the last product. So this shows $x^n - 1$ has a double root at a, ie. , $(x^n - 1) \equiv (x - a)^2 f(x) \bmod p$ for some $f(x)$. Then the derivative must also vanish at a mod p, so $na^{n-1} \equiv 0 \bmod p$. But $p \nmid n$ and $p \nmid a$, a contradiction.

Now, we're ready to prove the main theorem.

Theorem Let n be a positive integer. There are infinitely many primes congruent to 1 mod n.

Proof Suppose not, and let $p_1, p_2, \cdots, p_N$ be all the primes congruent to 1 mod n. Choose some large number l and let $M = \Phi_n(lnp_1 \cdots p_N)$. Since $\Phi_n(x)$ is monic, if l is large enough, M will be > 1 and so divisible by some prime p.

First, note that p cannot equal p_i for any i, since $\Phi_n(x)$ has constant term 1, and so p_i divides every term except the last of $\Phi_n(lnp_1 \cdots p_n) \Rightarrow$ it doesn't divide M. For the same reason we have $p \nmid n$. In face, $(p, a) = 1$ where $a = lnp_1 \cdots p_N$.

Now $\Phi_n(a) \equiv 0 \bmod p$ by definition, which means $a^n \equiv 1 \bmod p$. By the lemma, we cannot have $a^m \equiv 1 \bmod p$ for any $m \mid n, m < n$. So the order of $a \bmod p$ is

exactly n, which means that $n \mid p - 1$ since
$$a^{p-1} \equiv 1 \bmod p \Rightarrow p \equiv 1 \bmod n$$
exhibiting another prime which is $\equiv 1 \mod n$. Contradiction.

Note – we did not even need to assume that there's a single prime $\equiv 1 \bmod n$; if $N = q$ take the empty product, ie. , 1 , and we end up looking at $\Phi_n(ln)$ for large l.

一种正形置换的逐位递增
构造方法①

第
19
章

第 1 节 引 言

分组密码在密码学和通信领域具有广泛的应用. 分组密码的本质是一个置换. 文献[1,2]的研究表明, 精心设计的正形置换可以作为分组密码的核心单元——代换盒, 其良好的密码学性质能够帮助分组密码抵抗差分分析和线性分析.

正形置换目前还没有成熟的构造方法, 依靠计算机搜索只得到 2,3,4 – bit 正形置换的准确数量. 关于正形置换构造的研究成果主要有: 文献[4]给出了构造全部线性正形置换的方法, 并且给出了线性正形置换的计数表达式; 文献[2,5,6]通过改造最大线形正形置换得到非线性的正

---

① 本章摘自《中国科学院研究生院学报》, 2006 年, 第 23 卷, 第 2 期.

形置换；文献[7]提出了一种利用低次正形置换拼接得到高次正形置换的方法；文献[8,9]对正形置换构造的一般方法进行了讨论. 信息安全国家重点实验室（中国科学院研究生院）的徐海波，刘海蛟，荆继武，杜皎四位研究人员 2006 年从正形拉丁方截集角度出发，利用正形拉丁方的增长实现了正形置换的逐 bit 增长. 这个增长的过程也可以看作在相邻长度的正行置换之间建立了一种联系，是研究正形置换结构和构造方法的一个新思路.

　　本章的第 2 节给出了正形置换的相关定义，第 3 节描述了构造方法并证明其可行性，接下来根据构造方法给出了一个 2 – bit 正形置换增长为 3 – bit 正形置换的应用实例. 第 5 节，在证明过程的基础上，结合计算机统计结果，分析构造方法的性能和特点.

第 2 节　　正形置换的定义

　　定义 1　　正形拉丁方（orthomorphic Latin square）：一个 2^m 阶正形拉丁方 $L^0(e_{ij})$ 是一个 $2^m \times 2^m$ 方阵，它的第 i 行第 j 列的元素为 $e_{ij} = i \oplus j, i,j \in Z_{2^m}$.

　　定义 2（拉丁方截集定义）　　一个 2^m 阶拉丁方的截集（transversal）是从该拉丁方中选取的 2^m 个单元的集合，每行 1 个，每列 1 个，没有 2 个单元包含同样的符号.

　　定义 3　　一个 2^m 次正形置换是 2^m 阶正形拉丁方的一个截集.

第3节 构造方法及证明

1. 表示方法

（1）正形置换的表示

不妨设正形拉丁方水平方向为 X 轴，垂直方向为 Y 轴，其中的元素为 Z，则有 $Z = X \oplus Y$，对于 $n-\text{bit}$ 正形拉丁方有

$$z_{n-1}z_{n-2}\cdots z_0 = \overline{x_{n-1}x_{n-2}\cdots x_0} \oplus \overline{y_{n-1}y_{n-2}\cdots y_0}$$

一个 $n-\text{bit}$ 正形置换的表示为其对应的正形拉丁方截集的坐标的集合 $\{\overline{x_{n-1}x_{n-2}\cdots x_0}, \overline{y_{n-1}y_{n-2}\cdots y_0}\}$.

（2）扩展的表示

扩展的目的是将 $n-\text{bit}$ 正形拉丁方扩展为 $(n+1)-\text{bit}$ 正形拉丁方，扩展的同时，截集的每个元素扩展成 4 个，于是得到 $4 \times 2^n = 2^{n+2}$ 个候选项.

扩展的具体操作是任意选定 $n-\text{bit}$ 正形置换的 1bit 作为扩展位，依照下面 4 种扩展方法在不同的位置填充 1bit，将一个元素扩展为 4 个元素.

扩展方法有 4 种：$(\overline{x*}, \overline{*y})$，$(\overline{*x}, \overline{y*})$，$(\overline{*x}, \overline{*y})$，$(\overline{x*}, \overline{y*})$，其中 $*$ 表示填充位. $(\overline{x*}, \overline{*y})$ 表示 (x, y) 扩展为 $(\overline{x0}, \overline{0y})$，$(\overline{x1}, \overline{0y})$，$(\overline{x0}, \overline{1y})$，$(\overline{x1}, \overline{1y})$，另外 3 种方法类似.

（3）移位

仅考虑扩展后得到的 $2-\text{bit}$ 数据，4 个候选元素一定落在一个 4×4 矩阵中.

移位的目的是改变候选元素的值，表现为改变候选元素在 4×4 矩阵中的位置. 如果超出 4×4 矩阵的范围，从对边相应位置进入矩阵. $(\overline{x*}, \overline{*y})$ 右移 i 位

下移 j 位的坐标表示为

$$((\overline{x*}+i)\bmod 4,(\overline{*y}+j)\bmod 4)$$

显然,i,j 对结果真正起作用的只有末两位.

假设 $(\overline{x_1 x_0},\overline{y_1 y_0})$ 向右移 $\overline{i_1 i_0}$ 位,向下移 $\overline{j_1 j_0}$ 位,得到 $(\overline{x'_1 x'_0},\overline{y'_1 y'_0})$,则

$$x'_1=x_1\oplus i_1\oplus(x_0\&i_0),x'_0=x_0\oplus i_0$$

$$y'_1=y_1\oplus j_1\oplus(y_0\&j_0),y'_0=y_0\oplus j_0$$

若 $\overline{z'_1 z'_0}=\overline{x'_1 x'_0}\oplus\overline{y'_1 y'_0}$,则

$$z'_1=x_1\oplus y_1\oplus(x_0\&i_0)\oplus(y_0\&j_0)\oplus i_1\oplus j_1$$

$$z'_0=x_0\oplus y_0\oplus i_0\oplus j_0$$

2. 构造方法

一个 n – bit 正形置换增长 1bit 的算法 OPExpansion($\{\overline{x_{n-1}x_{n-2}\cdots x_0},\overline{y_{n-1}y_{n-2}\cdots y_0}\}$) 可以简单描述为:

（1）选择 $0\leqslant k\leqslant n$,将第 k bit 作为扩展位.

（2）在 $(\overline{x*},\overline{*y})$,$(\overline{*x},\overline{y*})$,$(\overline{x*},\overline{y*})$ 中任选一种扩展方法.

（3）对扩展结果进行平移,平移后得到 2^{n+2} 个候选项

$$\{(\overline{x_{n-1}x_{n-2}\cdots x_{k+1}x'_1 x'_0 x_{k-1}\cdots x_0},\overline{y_{n-1}y_{n-2}\cdots y_{k+1}y'_1 y'_0 y_{k-1}\cdots y_0})\}$$

（4）从候选元素中选出 2^{n+1} 个组成一个 $(n+1)$ – bit 正形拉丁方的截集,即得到一个 $(n+1)$ – bit 正形置换.

（5）根据正形置换的性质对（4）的结果进行变换,文献[3]中提供了若干种可用的正形置换的基本运算.

以上操作步骤都可以使用随机数控制,也可以用一串数字控制,即动态地产生正形置换.

用 2 – bit 正形置换作为种子，迭代调用 OPExpansion( )，可以得到 n – bit 正形置换，$n \geqslant 3$.

3. 构造方法证明

下面证明构造方法选取的结果是正形拉丁方的一个截集.

（1）扩展、移位结果的数量

考虑 x 坐标的填充，在 4 种扩展方法中，只有 $\overline{x *}$，$*x$ 两种扩展方式. 记 x 的填充位为 α，需要时将 α 按照 0，1 展开.

$\overline{x\alpha}$ 移位后得到：$x'_1 = x \oplus i_1 \oplus (\alpha \& i_0)$，$x'_0 = \alpha \oplus i_0$，按照 i_1, i_0 能够得到 4 个不同的 x 坐标；

$\overline{\alpha x}$ 移位后得到：$x'_1 = \alpha \oplus i_1 \oplus (x \& i_0)$，$x'_0 = x \oplus i_0$，由于 α 代表 0，1 两个值，按照 i_0, i_0 只能得到 2 个不同的 x 坐标.

（2）（$\overline{x *}, \overline{y *}$）型扩展

简记扩展结果为（$\overline{x\alpha}, \overline{y\beta}$）. 由上面的结果可知移位有 $4 \times 4 = 16$ 种可能的位置. 正形拉丁方中的候选元素为

$$z'_1 = (\alpha \& i_0) \oplus (\beta \& j_0) \oplus (x \oplus y \oplus i_1 \oplus j_1)$$
$$z'_0 = \alpha \oplus \beta \oplus i_0 \oplus j_0$$

按照 i_0, j_0 的不同情况展开，如表 1.

表 1 i_0, j_0 的展开结果

	$i_0 = 0$	$i_0 = 1$
$j_0 = 0$	$z'_1 = 0 \oplus (x \oplus y \oplus i_1 \oplus j_1)$，$z'_0 = 0 \oplus \alpha \oplus \beta$	$z'_1 = \alpha \oplus (x \oplus y \oplus i_1 \oplus j_1)$，$z'_0 = 1 \oplus \alpha \oplus \beta$
$j_0 = 1$	$z'_1 = \beta \oplus (x \oplus y \oplus i_1 \oplus j_1)$，$z'_0 = 1 \oplus \alpha \oplus \beta$	$z'_1 = \alpha \oplus \beta \oplus (x \oplus y \oplus i_1 \oplus j_1)$，$z'_0 = 0 \oplus \alpha \oplus \beta$

显然,当 $i_0 = j_0$ 时无法使 $\overline{z'_1 z'_0}$ 取到 $00, 01, 10, 11$ 的全部值. 因此,能够提供选择的位置减少为 $16 - 2 \times 2 \times 2 = 8$ 个.

（3）$(\overline{x*}, \overline{y*})$ 型扩展的选取

选取的目的:保证选出 2^{n+1} 个 $\overline{z'_n z'_{n-1} \cdots z'_0}$,取遍 $0, 1, \cdots, 2^{n+1} - 1$.

假设 $\overline{z_{n-1} z_{n-2} \cdots z_0}$ 的第 k 位被选择为扩展位,则根据 $\overline{z_{n-1} z_{n-2} \cdots z_{k+1} z_{k-1} \cdots z_0}$ 能够将扩展得到的候选项划分为 2^{n-1} 组,每组有 8 个候选项,其中 $z_k = 0$ 得到 4 个,$z_k = 1$ 得到 4 个. 选取要做的是从中选出 $00, 01, 10, 11$ 各一个.

考查 $j_0 = 0, i_0 = 1$ 的情况,如表 2.

表 2　α, β 的展开结果

$z_k = x \oplus y = 0$	$\alpha = 0$	$\alpha = 1$
$\beta = 0$	$z'_1 = 0 \oplus i_1 \oplus j_1$ $z'_0 = 1$	$z'_1 = 1 \oplus i_1 \oplus j_1$ $z'_0 = 0$
$\beta = 1$	$z'_1 = 0 \oplus i_1 \oplus j_1$ $z'_0 = 0$	$z'_1 = 1 \oplus i_1 \oplus j_1$ $z'_0 = 1$
$z_k = x \oplus y = 1$	$\alpha = 0$	$\alpha = 1$
$\beta = 0$	$z'_1 = 1 \oplus i_1 \oplus j_1$ $z'_0 = 1$	$z'_1 = 0 \oplus i_1 \oplus j_1$ $z'_0 = 0$
$\beta = 1$	$z'_1 = 1 \oplus i_1 \oplus j_1$ $z'_0 = 0$	$z'_1 = 0 \oplus i_1 \oplus j_1$ $z'_0 = 1$

考虑避免同一行或者同一列不出现两个元素,可以有两种选择方法能够得到 $00, 01, 10, 11$

$\{(z_k = 0, \alpha = 0, \beta = 0), (z_k = 0, \alpha = 1, \beta = 1),$
$(z_k = 1, \alpha = 1, \beta = 0), (z_k = 1, \alpha = 0, \beta = 1)\}$
和

$$\{(z_k = 0, \alpha = 1, \beta = 0), (z_k = 0, \alpha = 0, \beta = 1),$$
$$(z_k = 1, \alpha = 0, \beta = 0), (z_k = 1, \alpha = 1, \beta = 1)\}$$

考查 $j_0 = 1, i_0 = 0$ 的情况,类似的,有两种选择方法能够得到 $00, 01, 10, 11$.

因为 $z_{n-1}z_{n-2}\cdots z_0$ 取遍 $0, 1, \cdots, 2^n - 1$,所以通过选择得到的

$$\overline{z_{n-1}z_{n-2}\cdots z_{k+1}00z_{k-1}\cdots z_0}$$
$$\overline{z_{n-1}z_{n-2}\cdots z_{k+1}01z_{k-1}\cdots z_0}$$
$$\overline{z_{n-1}z_{n-2}\cdots z_{k+1}10z_{k-1}\cdots z_0}$$
$$\overline{z_{n-1}z_{n-2}\cdots z_{k+1}11z_{k-1}\cdots z_0}$$

取遍 $0, 1, \cdots, 2^{n+1} - 1$.

(4) $(\overline{x*}, \overline{y*})$ 型扩展的证明

① 每行只有 1 个元素,每列只有 1 个元素

假设第 k 位被选择为扩展位,扩展后,元素坐标为 $(\overline{x_{n-1}x_{n-2}\cdots x_k\alpha\cdots x_0}, \overline{y_{n-1}y_{n-2}\cdots y_k\beta\cdots y_0})$,每行每列有 2 个元素. 显然,平移将保持这种位置关系. 选取过程中,对 $(\overline{x_k\alpha}, \overline{y_k\beta})$ 依照由 α, β 确定的对角线选取,即每行每列只保留一个元素.

② 选中的元素中任意两个不相同

选取过程已经说明得到的 2^{n+1} 个元素取遍 $0, 1, \cdots, 2^{n+1} - 1$,即这 2^{n+1} 个元素两两不同.

依照定义 2 和定义 3 可知通过对 $n - \text{bit}$ 正形置换扩展、移位和选取得到了一个 $(n + 1) - \text{bit}$ 正形置换.

(5) $(\overline{x*}, *y), (*x, \overline{y*}), (*x, *y)$ 型扩展的结果

依照 $(\overline{x*}, \overline{y*})$ 型扩展的分析过程可以得到以下结果,如表 3.

表3 $(\overline{x*},\overline{*y}),(\overline{*x},\overline{y*}),(\overline{*x},\overline{*y})$ 型
扩展的结果

类型	不同位置的数量	每个位置可选出$(n+1)$ - bit 正形置换的数量
$(\overline{x*},\overline{*y})$	8	$2^{2^{n-1}}$
$(\overline{*x},\overline{y*})$	8	$2^{2^{n-1}}$
$(\overline{*x},\overline{*y})$	0	0

第4节 应 用 实 例

一个 2 - bit 正形置换的增长过程,如图 1 所示.

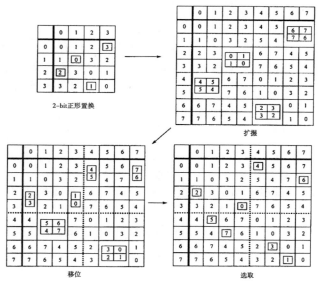

图 1 2 - bit 正形置换的增长过程

①任取一个 2 - bit 正形置换,取第 0 bit 作为扩展位.

②2 – bit 正形拉丁方增长为 3 – bit 正形拉丁方, 同时, 原有的 2 – bit 正形置换每个元素经过扩展方法 ($\overline{x*}$, $\overline{y*}$) 成为 4 个候选元素.

③ 忽略 3 – bit 坐标的最后两位, 可以把 3 – bit 正形拉丁方划分为 4 个 4 × 4 块, 已经用虚线标出, 将 2 – bit 正形置换扩展得到的方框在每个 4 × 4 块内右移 1 位.

④ 沿对角线选择 3 – bit 正形置换的元素. 这里通过不同选择的组合, 一共可以得到 4 个不同的 3 – bit 形置换. 下面只列出其中一个.

第 5 节　构造方法的性能分析

① 一个 n – bit 正形置换按照 ($\overline{x*}$, $\overline{y*}$), ($\overline{x*}$, $\overline{*y}$), ($\overline{*x}$, $\overline{y*}$) 方法能够得到 3 种异构的扩展结果; 其中每个扩展结果有 8 种不同的移位结果; 每个移位结果能够选择出 $2^{2^{n-1}}$ 个正形置换. 于是在 $n > 1$ 的情况下, 一个 n – bit 至少可以生成 $3 \times 8 \times 2^{2^{n-1}} = 6 \times 4^n$ 个 ($n + 1$) – bit 正形置换.

② 本章介绍的方法与已有的生成方法的出发点不同, 可以结合使用, 在得到某个长度的正形置换后对其进行增长, 生成特定长度的正形置换, 且保证足够多的可能性.

③ 文献[3] 给出了 1 ~ 4bit 正形置换的数量, 文献[4] 给出了 1 ~ 10bit 线性的正形置换的数量.

结合两篇文献的结果得到表 4.

表4　正形置换中线性置换的数量

长度/bit	正形置换的数量	线性正形置换的数量	线性正形置换的比例/%
1	0	0	—
2	8	2	25
3	384	48	12.5
4	244 744 192	4852	0.002

表4显示线性正形置换的比例随着长度的增加急剧减小. 试验表明,用本章提供的方法迭代产生的正形置换大部分是非线性的. 虽然线性置换的比例下降得没有表4快,但是在迭代5轮后,线性置换的比例已经接近0.

使用随机数控制产生过程,随机从 8 个 2 – bit 正形置换中挑选种子,实现构造方法,迭代产生10 000个 2 ~ 12 – bit 正形置换,统计其中的线性置换和非线性置换的比例,结果如图 2 所示.

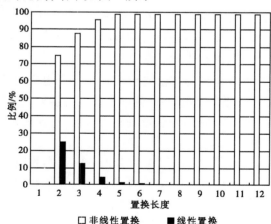

图2　生成的正形置换的比例分布

另外,试验数据表明,从 2 - bit 正形置换扩展能够得到全部的 3 - bit 正形置换.

第6节　结 束 语

从正形拉丁方截集的角度出发,提出了一种正形置换的逐 bit 增长的构造方法,迭代使用能够得到任意长度的正形置换. 该方法不仅是构造正形置换的一个新途径,因为在相邻长度的正形置换之间建立了联系,也是研究正形置换结构的一个新思路. 针对该构造方法有下列问题需要进一步研究:

① 每个 n - bit 正形置换最多能生成多少个不同的 $(n + 1)$ - bit 正形置换?

② 已知在选择合适的变换方法时,能够凭借 2 - bit 正形置换扩展得到全部的 3 - bit 正形置换,那么在 $n > 3$ 的情况下,是否任意 $(n + 1)$ - bit 正形置换都可以由某一个 n - bit 正形置换扩展得到?

参 考 文 献

[1] MITTENTHAL L. Block substitutions using orthomorphic mappings [J]. Advances in Applied Mathematics,1995,16:59-71.

[2] 刘振华,吕述望. 正形置换 [J]. 密码与信息,1998,2:8-12.

[3] DAI ZD,GOLOMB SW,GONG G. Generating all linear orthomorphisms without repetition [J]. Discrete Mathematics,1999, 205:47-55.

[4] GOLOMB SW,GONG G,MITTENTHAL L. Constructions of

Orthomorphisms of Z_2^n [J]. Finite Fields and Applications,2001: 178-185.

[5] 谷大武,肖国镇. 一种改进的非线性正形置换构造方法及其性能分析 [J]. 西安电子科技大学学报,1997,24(4):477-481.

[6] LIU ZH,SHU C,YE DF. A method for constructing orthomorphic permutations of degree 2^m [J]. Chinacrypt'96,1996:56-59.

[7] 冯登国,刘振华. 关于正形置换的构造 [J]. 通信保密,1996,2: 61-64.

[8] 邢育森,林晓东,杨义先,等. 密码体制中的正形置换的构造与计数 [J]. 通信学报,1999,20(2):27-30.

特征为 2 的有限域上一类
正形置换多项式的非存在性[①]

第

20

章

陕西师范大学数学与信息科学学院的李志慧教授 2008 年研究了特征为 2 的有限域上一类正形置换多项式的非存在性. 利用乘积多项式中次数的分布规律和整数的 m 进制表示的有关技巧, 证明了在有限域 F_{2^n} 上不存在次数为 $2^d - 1$ 的正形置换多项式的充分条件是: $n(\bmod d) \equiv 0,1$, 或者当 $n(\bmod d) \equiv r(1 < r < d, 1 < d < \log_2 n)$ 时, 这个多项式的 $2^r - 1$ 次项的系数为 0. 进一步, 给出了在有限域 F_{2^n} 上次数为 2^d 的多项式是正形置换多项式的必要条件: 当 $n(\bmod d) \equiv 0,1$ 时, 这个多项式的 $2^d - 1$ 次项的系数必为 0; 或者当 $n(\bmod d) \equiv r \quad (1 < r < d, 1 < d < \log_2 n)$

---

① 本章摘自《陕西师范大学学报(自然科学版)》,2008 年,第 36 卷,第 2 期.

且这个多项式的 $2^r - 1$ 次项的系数不为 0 时,它的 $2^d - 1$ 次项的系数为 0. 利用这个结果给出了有限域 F_{2^n} 上所有 4 次正形置换多项式的一个计数.

设 F_q 是一个 q 个元素的有限域,其中 $q = p^n$,p 是素数,n 是正整数. F_q 上的一个多项式是置换多项式,如果从 F_q 到 F_q 自身的诱导映射 $\alpha \mapsto f(\alpha)$ 是一个双射. 一个多项式 $f[x] \in F_q(x)$ 称作 F_q 上的一个正形置换多项式如果 $f(x)$ 和 $f(x) + x$ 均是 F_q 上的一个置换多项式. 由于正形置换多项式只有一个不动点,且对数据的输出具有很好的扩散能力,因此作为置换它具有比较好的密码学性质,它在构造互相正交的拉丁方的研究中有重要的作用. 因而研究正形置换多项式的表示及其构造是很有必要的. 由于有限域 F_{2^n} 和有限域 F_2 上的 n 维向量空间 F_2^n 是同构的,故 F_{2^n} 上的正形置换多项式也可作为 n 维向量空间 F_2^n 上一个特殊的置换(也称正形置换). 文献 [2] 利用矩阵的有关技巧给出了无重复生成 F_2^n 上所有线性正形置换的一个算法,文献 [3] 讨论了一类线性正形置换多项式的构造问题. 关于正形置换多项式在表示方面有如下结果:文献 [4] 中证明了当 q 为奇数时,有限域 F_q 上的一个正形置换多项式的约化次数(模 $x^q - x$)至多为 $q - 3$,文献 [5] 中证明了这个结果对 q 为偶数的情况也成立. 如果 $n \equiv 0,1 (\bmod d)$,文献 [6] 证明了在有限域 F_{2^n} 上不存在 $2^d - 1$ 次的正形置换多项式. 本章对 n 模 d 的各种情况,将给出在有限域 F_{2^n} 上不存在次数为 $2^d - 1$ 的正形置换多项式的充分条件,这里 $1 \leqslant d \leqslant \log_2 n$.

第1节　一类正形置换多项式的非存在性

为了叙述方便,将置换多项式和正形置换多项式的有关结论罗列如下:

引理 1　设 $f(x) \in F_q[x]$,则:

(1) $f(x)$ 为 F_q 上的置换多项式当且仅当映射 $\alpha \rightarrow f(\alpha)$ 是单射,其中 $\alpha \in F_q$;

(2) $f(x)$ 为 F_q 上的置换多项式当且仅当 $af(x + b) + c$ 为 F_q 上的置换多项式,其中 $a,b,c \in F_q$,且 $a \neq 0$;

(3) $f(x)$ 为 F_q 上的一个正形置换多项式当且仅当 $f(x) + r$ 为 F_q 上的一个正形置换多项式,其中 $r \in F_q$;

(4) $f(x) = ax + b$ 是 F_q 上的一个正形置换多项式当且仅当 $a \neq 0, a \neq q - 1$.

引理 2　设 $f(x) \in F_{2^n}[x]$,$f(x)$ 为 F_{2^n} 上的一个正形置换多项式当且仅当下列两个条件同时成立:

(1) $f(x)$,$f(x) + x$ 在 F_{2^n} 上都恰有一个根;

(2) 对任意的奇数 $t(1 \leqslant t \leqslant 2^n - 2)$

$$f(x)^t \bmod (x^{2^n} - x)$$

和

$$(f(x) + x)^t \bmod (x^{2^n} - x)$$

的约化次数 $\leqslant 2^n - 2$.

推论 1　若 $d > 1, d \mid 2^n - 1$,则在有限域 F_{2^n} 上不存在 d 次置换多项式,从而不存在 d 次正形置换多项式.

推论2 若 $d \mid n$,则在有限域 F_{2^n} 上不存在 $2^d - 1$ 次置换多项式,从而不存在 $2^d - 1$ 次正形置换多项式.

推论 2 指出,F_{2^n} 上不存在 $2^d - 1$ 次的正形置换多项式的一个充分条件是 d 满足 $d \mid n$. 以下给出当 d 只要满足 $1 < d < \log_2 n$ 时,在 F_{2^n} 上不存在 $2^d - 1$ 次的正形置换多项式的一个充分条件. 由引理 1 可知,我们只要讨论常数项为 0 的多项式.

以下约定 $1 < d < \log_2 n$.

定义1 设 $g(x) = x^l + b_{l-1}x^{l-1} + \cdots + b_1 x$ 是有限域 F_{2^n} 上的多项式,其中 $1 \leqslant l < 2^n$,称序列

$$(l, l-1, \cdots, 1) \tag{1}$$

为多项式 $g(x)$ 的次数序列.

由定义 1,令 $m = 2^d$,且设

$$f(x) = x^{m-1} + a_{m-2}x^{m-2} + \cdots + a_1 x \tag{2}$$

是有限域 F_{2^n} 上的多项式,若 i 满足

$$1 \leqslant i < n - \log_2(m - 1)$$

则 $f(x)^{2^i}$ 的次数序列为

$$(2^i(m-1), 2^i(m-2), \cdots, 2^i)$$

由此可以看出,当 $f(x)$ 的次数序列给定以后,则 $f(x)^{2^i}$ 的次数序列是对序列(2)中的每一个分量乘以 2^i.

定义2 设 $g(x) = x^l + b_{l-1}x^{l-1} + \cdots + b_1 x$ 是有限域 F_{2^n} 上的多项式,称矩阵

$$\boldsymbol{\sigma}_g = \begin{pmatrix} l & l-1 & \cdots & 2 & 1 \\ 2^{i_1}l & 2^{i_1}(l-1) & \cdots & 2^{i_1} \times 2 & 2^{i_1} \\ \vdots & \vdots & & \vdots & \vdots \\ 2^{i_k}l & 2^{i_k}(l-1) & \cdots & 2^{i_k} \times 2 & 2^{i_k} \end{pmatrix}$$

为多项式序列 $(g(x), g(x)^{2^{i_k}}, \cdots, g(x)^{2^{i_k}})$ 的次数矩阵,其中 $0 < i_1 < i_2 < \cdots < i_k < n - \log_2(l-1)$.

对式(2)中的 $f(x)$,它的次数矩阵为

$$\boldsymbol{\sigma}_f = \begin{pmatrix} m-1 & m-2 & \cdots & 2 & 1 \\ 2^{i_1}(m-1) & 2^{i_1}(m-2) & \cdots & 2^{i_1} \times 2 & 2^{i_1} \\ \vdots & \vdots & & \vdots & \vdots \\ 2^{i_k}(m-1) & 2^{i_k}(m-2) & \cdots & 2^{i_k} \times 2 & 2^{i_k} \end{pmatrix}$$

其中 $0 < i_1 < i_2 < \cdots < i_k < n - \log_2(m-1)$. 不难得到乘积多项式 $f(x)f(x)^{2^{i_1}} \cdots f(x)^{2^{i_1}}$ 中的 j 次项中的 j 满足条件

$$j \equiv 2^0 s_0 + 2^{i_1} s_{i_1} + \cdots + 2^{i_k} s_{i_k} \pmod{2^n} \qquad (3)$$

其中 $1 \leqslant s_v \leqslant m-1, v = 0, i_1, \cdots, i_k$. 这就是说乘积多项式 $(f(x)f(x)^{2^{i_1}} \cdots f(x)^{2^{i_k}})$ 中的 j 次项是一些乘积项的和,和中的每一项的次数 j 是式(3)的形式,即 j 是 $k+1$ 个元素的和,而且这 $k+1$ 个元素恰好取自 $f(x)$ 的多项式序列 $(f(x), f(x)^{2^{i_1}}, \cdots, f(x)^{2^{i_k}})$ 的次数矩阵 $\boldsymbol{\sigma}_f$ 中的每一行,每一行的元素取一次且只取一次. 另一方面,如果 j 为式(3)的表示形式,则乘积多项式中的 j 次项系数的代数和中必有对应的一项为 $a_{l_0}^{2^0} a_{l_{i_1}}^{2^{i_1}} \cdots a_{l_{i_k}}^{2^{i_k}}$,且 j 关于式(3)的表示形式有多少种,则乘积多项式中的 j 次项的系数必为对应的那些项的代数和.

设

$$n = kd + r \qquad (0 \leqslant r < d)$$

则有

$$2^n - 1 = 2^{kd+r} - 1 = 2^r(2^{kd}) - 1$$

247

$$= (2^r - 1)2^{kd} + 2^{kd} - 1$$
$$= (2^r - 1)(2^d)^k + (2^d - 1)(2^d)^{k-1} + \cdots +$$
$$(2^d - 1)2^d + (2^d - 1)$$

令 $m = 2^d$,故

$$2^n - 1 = (2^r - 1)m^k + (2^d - 1)m^{k-1} + \cdots +$$
$$(2^d - 1)m + (2^d - 1) \qquad (4)$$

由于 $0 \leqslant 2^d - 1 < m$,故由数论知识可知表示式(4)唯一.

定理 1 设 $f(x) = \alpha^u(x^{2^d-1} + a_{2^d-2}x^{2^d-2} + \cdots + a_1 x)$ 是有限域 F_{2^n} 上的多项式,其中 α 为 F_{2^n} 的本原元,$u \in Z_{2^n-1}$. 设 $n = kd + r$,这里 $0 \leqslant r < d$ 且 d 是满足 $1 < d < \log_2 n$ 的整数,则:

(1)当 $r = 0,1$ 时,$f(x)$ 不是有限域 F_{2^n} 上的正形置换多项式;

(2)当 $1 < r < d$ 时,若 $a_{2^r-1} \neq 0$,则 $f(x)$ 不是有限域 F_{2^n} 上的正形置换多项式.

证 令 $m = 2^d$,分以下两种情况:

(1)当 $r = 0$ 时,由推论 2 已证. 当 $r = 1$ 时,这时 $2^r - 1 = 1$. 令 $t = 1 + m + m^2 + \cdots + m^k$,则 $t < 2^n - 1$ 且 t 为奇数. 这时 $f(x)^t$ 中的 $2^n - 1$ 次项的系数是取自乘积多项式 $f(x)f(x)^m \cdots f(x)^{m^k}$ 中的 $2^n - 1$ 次项的系数,是一些乘积的代数和,且次数 $2^n - 1$ 是 $k + 1$ 个元素的和,而且这 $k + 1$ 个元素恰好取自多项式序列 $(f(x), f(x)^m, \cdots, f(x)^{m^k})$ 的次数矩阵中的每一行,每一行的元素取一次且只取一次,对 $(f(x) + x)^t$ 中的次数 $2^n - 1$ 可做类似的讨论. 另一方面,由于

$$2^n - 1 = (2^r - 1)m^k + (2^d - 1)m^{k-1} + \cdots +$$

248

$$(2^d - 1) m + (2^d - 1)$$

而且这样的表示唯一,这说明 $f(x)^t$ 中 $2^n - 1$ 次项只在乘积多项式 $f(x)f(x)^m \cdots f(x)^{m^k}$ 中出现一次,且其系数具体为

$$a_1^{m^k} (\alpha^u)^{\frac{m^{k+1} - 1}{m - 1}} \tag{5}$$

同样可得 $(f(x) + x)^t$ 中 $x^{2^n - 1}$ 的系数为

$$(a_1 + \alpha^{-u})^{m^k} (\alpha^u)^{\frac{m^{k+1} - 1}{m - 1}} \tag{6}$$

显然(5)和(6)两个式子不能同时为 0 ,由引理 2 可知这样的 $f(x)$ 不是有限域 F_{2^n} 上的正形置换多项式.

(2)当 $0 < r < d$ 时,对 $f(x)^t$ 和 $(f(x) + x)^t$ 中 $2^n - 1$ 次项的系数分别做类似(1)的讨论可得它们的 $2^n - 1$ 的次项系数均为

$$a_{2^r - 1}^{m^k} (\alpha^u)^{\frac{m^{k+1} - 1}{m - 1}} \tag{7}$$

由于 $a_{2^r - 1} \neq 0$,故式(7)不可能为 0 ,由引理 2 可知 $f(x)$ 不是有限域 F_{2^n} 上的正形置换多项式.

定理 1 说明,当 $n \equiv 0, 1 (\bmod d)$ 时,在有限域 F_{2^n} 上不存在次数为 $2^d - 1$ 次的正形置换多项式;当 $n = kd + r$,其中 r 满足 $1 < r < d$ 时,若 $a_{2^r - 1} \neq 0$,则在有限域 F_{2^n} 上不存在次数为 $2^d - 1$ 的正形置换多项式. 即定理 1 给出了有限域 F_{2^n} 上一类正形置换多项式的非存在性.

下面进一步讨论有限域 F_{2^n} 上次数为 2^d 的多项式为正形置换多项式的必要条件.

令 $n = kd + r$,其中 $0 < r < d$,且令 $m = 2^d, 1 < d < \log_2 n$. 对于次数为 m 的多项式

$$f(x) = \alpha^u (x^m + a_{m-1} x^{m-1} + \cdots + a_1 x)$$

它的多项式序列 $(f(x),f(x)^m,\cdots,f(x)^{m^k})$ 的次数矩阵为

$$\boldsymbol{\delta} = \begin{pmatrix} m & m-1 & \cdots & 2 & 1 \\ m\cdot m & m\cdot(m-1) & \cdots & m\cdot 2 & m \\ \vdots & \vdots & & \vdots & \vdots \\ m^k\cdot m & m^k\cdot(m-1) & \cdots & m^k\cdot 2 & m \end{pmatrix} \tag{8}$$

令 $t = 1 + m + m^2 + \cdots + m^k$. 由前面分析可知,如果 $f(x)^t = f(x)f(x)^m\cdots f(x)^{m^k}$ 中出现 $2^n - 1$ 次项(即此项系数不为0),则次数 $2^n - 1$ 必可表示为来自矩阵 $\boldsymbol{\delta}$ 的不同行中 $k+1$ 个元素的和,而且每行元素取一次且只取一次. 与式(4)不同的是,将 $2^n - 1$ 用 $1,m,\cdots,m^k$ 表示时,表示的系数取值可以达到 m,因为这时矩阵 $\boldsymbol{\delta}$ 的每一行中有形为 $2^i m$ 的元素,然而不管怎样,可以证明这种表示是唯一的.

引理 3 设 $n = kd + r (0 \leqslant r < d), m = 2^d$,则有
$$\begin{aligned} 2^n - 1 = (2^r - 1)m^k + (m-1)m^{k-1} + \cdots + \\ (m-1)m + (m-1) \end{aligned} \tag{9}$$

若
$$\begin{aligned} 2^n - 1 = b_k m^k + b_{k-1}m^{k-1} + \cdots + b_1 m + b_0 \\ 1 \leqslant b_i \leqslant m, 0 \leqslant i < k \\ 0 \leqslant b_k \leqslant m \end{aligned} \tag{10}$$

当且仅当 $b_k = 2^r - 1, b_i = m - 2, 0 \leqslant i \leqslant k - 1$.

证 首先易知式(9)显然成立,见式(4).

充分性显然,下面证明必要性.

(1)当 $r \neq 0$ 时,令 $c_k = \min\{b_k, 2^r - 1\}, c_i = \min\{b_i, m-1\}$,令 $c = c_k m^k + c_{k-1}m^{k-1} + \cdots + c_1 m + c_0$,

则

$$2^n - 1 - c = ((2^r - 1) - c_k)m^k +$$
$$(m - 1 - c_{k-1})m^{k-1} + \cdots +$$
$$(m - 1 - c_0)$$
$$= e_k m^k + e_{k-1} m^{k-1} + \cdots + e_0 \quad (11)$$

其中

$$e_k = 2^r - 1 - c_k, e_i = m - 1 - c_i$$
$$0 \leqslant i \leqslant k - 1$$
$$2^n - 1 - c = (b_k - c_k)m^k + (b_{k-1} - c_{k-1})m^{k-1} + \cdots +$$
$$(b_1 - c_1)m + (b_0 + c_0)$$
$$= g_k m^k + g_{k-1} m^{k-1} + \cdots + g_0 \quad (12)$$

其中 $g_k = b_k - c_k, g_i = b_i - c_i (0 \leqslant i \leqslant k - 1)$. 由于 $0 \leqslant 2^r - 1 - c_k < m, 0 \leqslant 2^d - 1 - c_i < m$ 以及 $0 \leqslant b_k - c_k < m, 0 \leqslant b_i - c_i < m (0 \leqslant i \leqslant k - 1)$. 这说明式(10) 和(11) 均是 $2^n - 1 - c$ 的 m 进制表示. 设式(11) 和(12) 的 m 进制表示的最高次数分别为 s, t, 即

$$2^n - 1 - c = e_s m^s + e_{s-1} m^{s-1} + \cdots + e_0 \quad (13)$$
$$2^n - 1 - c = g_t m^t + g_{t-1} m^{t-1} + \cdots + g_0 \quad (14)$$

下面证明 $s = t$. 否则, 若 $s < t$, 不妨设 $c_0 = b_0$, 则由式(13) 有

$$2^n - 1 - c = e_s m^s + e_{s-1} m^{s-1} + \cdots + e_0$$
$$= (e_s m^s + e_{s-1} m^{s-1} + \cdots + m) + e_0 - m$$
$$\leqslant m^{s+1} + e_0 - m < m^{s+1}$$

而由式(14) 有

$$2^n - 1 - c = g_t m^t + g_{t-1} m^{t-1} + \cdots + g_0$$

矛盾! 做 $s = t$. 对 $2^n - 1 - c$, 由于 m 进制表示的唯一

性,从而 $b_k = 2^r - 1, b_i = m - 1, 0 \leqslant i \leqslant k - 1$.

(2) 当 $r = 0$ 时,由式(8)有 $2^n - 1 = m^k - 1$. 下面证明式(9)中的 $b_k = 0$,否则,若 $1 \leqslant b_k \leqslant m$,则有

$$2^n - 1 \geqslant m^k + m^{k-1} + \cdots + m + 1 > m^k - 1$$

矛盾!因此,这时式(9)和(10)分别为

$$2^n - 1 = (m - 1)m^{k-1} + \cdots +$$
$$(m - 1)m + (m - 1) \tag{15}$$
$$2^n - 1 = b_{k-1}m^{k-1} + \cdots + b_1 m + b_0$$
$$1 \leqslant b_i \leqslant m, 0 \leqslant i < k \tag{16}$$

对式(15)和(16)按照证明(1)的方法可得 $b_i = m - 1$,其中 $0 \leqslant i \leqslant k - 1$ 且 $b_k = 2^r - 1 = 0$.

定理 2 设 $f(x) = \alpha^u (x^{2^d} + a_{2^d-1}x^{2^d-1} + \cdots + a_1 x)$ 是有限域 F_{2^n} 上的多项式,其中 α 为 F_{2^n} 的本原元,$u \in Z_{2^n-1}$. 设 $n = kd + r (0 \leqslant r < d)$,$d$ 是大于 1 的整数. 若 $f(x)$ 是有限域 F_{2^n} 上的正形置换多项式,则:

(1) 当 $r = 0, 1$ 时,必有 $a_{2^d-1} = 0$;

(2) 当 $1 < r < d$ 时,若 $a_{2^r-1} \neq 0$,则必有 $a_{2^d-1} = 0$.

证 令 $m = 2^d$,$t = 1 + m + m^2 + \cdots + m^k$,则 $t < 2^n - 1$,且 t 为奇数. 这时 $f(x)^t$ 中 $2^n - 1$ 次项的系数,即乘积多项式 $f(x)f(x)^m \cdots f(x)^{m^k}$ 中的 $2^n - 1$ 次项的系数是一些乘积的代数和;另一方面,由引理 3 可知 $2^n - 1$ 表示为矩阵 $\boldsymbol{\delta}$ 不同的行中 $k + 1$ 个元素的和时是唯一的,即

$$2^n - 1 = (2^r - 1)m^k + (m - 1)m^{k-1} + \cdots +$$
$$(m - 1)m + (m - 1)$$

这说明 $f(x)^t$ 的 $2^n - 1$ 次项的系数只在乘积多项式 $(f(x)f(x)^m \cdots f(x)^{m^k})$ 中出现一项.

（1）当 $r = 0$ 时，令 $t = 1 + m + \cdots + m^{k-1}$，由引理 3 可知 $2^n - 1$ 表示为式（9）的形式时是唯一的. 这时 $f(x)^t$ 和 $(f(x) + x)^t$ 中的 $2^n - 1$ 次项的系数均为

$$a_{m-1}^{1+m+\cdots+m^{k-1}} (\alpha^u)^{\frac{m^k-1}{m-1}}$$

若 $f(x)$ 是有限域 F_{2^n} 上的正形置换多项式，由引理 3 可知，则上式必为 0，即 $a_{m-1} = 0$.

当 $r = 1$ 时，$f(x)^t$ 和 $(f(x) + x)^t$ 中的 $2^n - 1$ 次项的系数分别为

$$a_1^{m^k} a_{m-1}^{1+m+\cdots+m^{k-1}} (\alpha^u)^{\frac{m^{k-1}-1}{m-1}}$$

$$(\alpha_1 + \alpha)^{-u^{m^k}} a_{m-1}^{1+m+\cdots+m^{k-1}} (\alpha^u)^{\frac{m^{k-1}-1}{m-1}}$$

由引理 2 可知，上面两式要同时为 0，必须 $a_{m-1} = 0$，即 $a_{2^d-1} = 0$.

（2）当 $1 < r < d$ 时，$f(x)^t$ 和 $(f(x) + x)^t$ 中的 $2^n - 1$ 次项的系数均为

$$a_{2^r-1}^{m^k} a_{m-1}^{1+m+\cdots+m^{k-1}} (\alpha^u)^{\frac{m^{k-1}-1}{m-1}}$$

若 $a_{2^r-1} \neq 0$，要使上式为 0，由引理 2 可知必须有 $a_{m-1} = 0$，即 $a_{2^d-1} = 0$.

第 2 节　　有限域 F_{2^n} 上的 4 次正形置换多项式的计数

由前面的准备工作以及引理 2 不难得到在有限域 F_{2^n} 上不存在 1 次和 2 次的正形置换多项式. 在定理 1 中令 $d = 2$，可知在有限域 F_{2^n} 上不存在 3 次正形置换多项式. 因此，本节主要研究有限域 F_{2^n} 上 4 次正形置换多项式，给出有限域 F_{2^n} 上 4 次正形置换多项式的计

数表示式.

由引理 1 可知,只要讨论形如
$$f(x) = \alpha^u(x^4 + a_3 x^3 + a_2 x^2 + a_1 x)$$
的多项式即可.

在定理 2 中令 $d = 2$,可得

推论 3 设 $f(x) = \alpha^u(x^4 + a_3 x^3 + a_2 x^2 + a_1 x)$ 是有限域 F_{2^n} 上的多项式,其中 α 为 F_{2^n} 的本原元,$u \in Z_{2^n-1}$. 若 $f(x)$ 是有限域 F_{2^n} 上的正形置换多项式,则 $a_3 = 0$.

引理 4 设 $f(x) = \alpha^u(x^4 + a_2 x^2 + a_1 x)$ 是有限域 F_{2^n} 上的多项式,其中 α 为 F_{2^n} 的本原元,$u \in Z_{2^n-1}$,则以下条件等价:

(1) $f(x)$ 是有限域 F_{2^n} 上的正形置换多项式;

(2) $f(x)$,$f(x) + x$ 在 F_{2^n} 上分别有一个 0 根;

(3) $g(x) = \alpha^u(x^3 + a_2 x + a_1)$ 和 $g(x) + x = \alpha^u(x^3 + a_2 x + a_1 + \alpha^{-u})$ 均在有限域 F_{2^n} 上不可约.

定义 3 设 S 是 Z_{2^n-1} 的一个子集,若当 $j \in S$ 时,多项式 $x^4 + x^2 + \alpha^j x$ 为正形置换多项式,则称 S 为多项式 $x^4 + x^2 + \alpha^j x$ 的正形置换点集.

显然,当 j 属于多项式 $x^4 + x^2 + \alpha^j x$ 的正形置换点集时,当且仅当多项式 $x^3 + x + \alpha^j$ 和 $x^3 + x + \alpha^j + 1$ 均在有限域 F_{2^n} 上不可约.

定理 3 若 $(3, 2^n - 1) = 1$,设 S 为多项式 $x^4 + x^2 + \alpha^j x$ 的正形置换点集,则有限域 F_{2^n} 上的多项式 $f(x) = \alpha^i(x^4 + b x^2 + c x)$,其中 $i \in Z_{2^n-1}$,为正形置换多项式当且仅当下列两个条件同时成立:

(1) $b = \alpha^{2k}$,$c = \alpha^m$,其中 $m - 3k \equiv s \pmod{2^n - 1}$,

$s \in S.$

$(2) \alpha^{m-3k} + \alpha^{-i-3k} = \alpha^l, l \in S.$

证 当 $b = c = 0$ 时, $f(x)$ 在 F_{2^n} 上有四重根 0,故 $f(x)$ 不是正形置换多项式;当 $bc = 0$, 而 b,c 不全为 0 时, 易验证当 $b \neq 0, c = 0$ 时, $f(x)$ 不是 F_{2^n} 上的正形置换多项式(有二重根 0);当 $b = 0, c \neq 0$ 时

$$f(x) = \alpha^i(x^4 + cx) = \alpha^i x(x^3 + c)$$

由 $(3, 2^n - 1) = 1$, 故多项式 $x^3 + c$ 在 F_{2^n} 上有根, 从而 $f(x)$ 在 F_{2^n} 上有至少两个根, 由引理 2 知 $f(x)$ 不是 F_{2^n} 上的正形置换多项式. 当 $bc \neq 0$ 时, 令 $b = \alpha^{2k}, c = \alpha^m$, $x = \alpha^k y$, 其中 $k \in Z_{2^n-1}$, 则

$$f(x) = \alpha^{i+4k}(y^4 + y^2 + \alpha^{m-3k}) = \alpha^{i+4k}g(y)$$
$$f(x) + x = \alpha^{i+4k}(y^4 + y^2 + (\alpha^{m-3k} + \alpha^{-i-3k})y)$$
$$= \alpha^{i+4k}h(y)$$

由引理 4,当且仅当 $m - 3k \equiv s \pmod{2^n - 1}$ 时, 其中 $s \in S, g(y)$ 为 F_{2^n} 上的置换多项式, 从而 $f(x)$ 为 F_{2^n} 上的置换多项式. 当 $f(x)$ 为 F_{2^n} 上的置换多项式时, 要使 $f(x) + x$ 为 F_{2^n} 上的置换多项式, 当且仅当 $\alpha^{m-3k} + \alpha^{-i-3k} = \alpha^l, l \in S.$

定理4 若 $3 \mid 2^n - 1$, 设 $f(x) = \alpha^i(x^4 + bx^2 + cx)$ 为有限域 F_{2^n} 上的多项式, 其中 $i \in Z_{2^n-1}$.

(1) 当 $bc = 0$ 时, $f(x)$ 是有限域 F_{2^n} 上的正形置换多项式当且仅当 $c \neq \alpha^{3k}$, 且 $c + \alpha^{-i} \neq \alpha^{3j}$, 其中, $k, j \in Z_{2^n-1}$;

(2) 当 $bc \neq 0$ 时, 设 S 为多项式 $x^4 + x^2 + \alpha^j x$ 的正形置换点集, 则 $f(x)$ 是有限域 F_{2^n} 上的正形置换多项式当且仅当下列两个条件同时成立:

①$b = \alpha^{2k}, c = \alpha^m$, 其中 $m - 3k \equiv s (\bmod 2^n - 1)$, $s \in S$;

②$\alpha^{m-3k} + \alpha^{-i-3k} = \alpha^l, l \in S$.

证 （1）当 $b = c = 0$ 时, $f(x)$ 在 F_{2^n} 上有四重根 0, 故 $f(x)$ 不是正形置换多项式; 当 $bc = 0$, 而 b, c 不全为 0 时, 易验证当 $b \neq 0, c = 0$ 时, $f(x)$ 不是 F_{2^n} 上的正形置换多项式 (有二重根 0); 当 $b = 0, c \neq 0$ 时

$$f(x) = \alpha^i(x^4 + cx) = \alpha^i x(x^3 + c)$$

以及

$$f(x) + x = \alpha^i(x^4 + cx) = \alpha^i x(x^3 + c + \alpha^{-i})$$

由 $3 \mid 2^n - 1$, 只要 $c, c + \alpha^{-i}$ 均不是 F_{2^n} 上某个非 0 元的三次方幂, 即 $c \neq \alpha^{3k}$, 且 $c + \alpha^{-i} \neq \alpha^{3j}$, 其中, $k, j \in Z_{2^n - 1}$, 则 $x^3 + c$ 和 $x^3 + c + \alpha^{-i}$ 均为 F_{2^n} 上的不可约多项式, 从而 $f(x), f(x) + x$ 均为置换多项式, 即 $f(x)$ 是有限域 F_{2^n} 上的正形置换多项式.

（2）当 $bc \neq 0$ 时, 证明和定理 3 的情形类似.

定理 5 设 S 为有限域 F_{2^n} 上的多项式 $x^4 + x^2 + \alpha^j x$ 的正形置换点集, 若 $(3, 2^n - 1) = 1$, 则有限域 F_{2^n} 上的四次正形置换多项式的数目为

$$2^n(2^n - 1) \mid S \mid (\mid S \mid - 1)$$

若 $3 \mid 2^n - 1$, 则有限域 F_{2^n} 上的四次正形置换多项式的数目为

$$2^n(2^n - 1) \mid S \mid (\mid S \mid - 1) +$$
$$\frac{4}{9}(2^n - 1)^2 - \frac{2}{3}(2^n - 1)$$

证 （1）若 $(3, 2^n - 1) = 1$, 设 $f(x)$ 是有限域 F_{2^n} 上的四次正形置换多项式, 则由定理 3, 可令

$$f(x) = \alpha^i(x^4 + \alpha^{2k}x^2 + \alpha^m x) + r$$

其中 $k \in Z_{2^n-1}, r \in F_{2^n}$. 对固定的 k, 存在 $|S|$ 个 m, 使得

$$m - 3k \equiv s \pmod{2^n - 1}$$

$s \in S$, 当 m 取值使 $m - 3k \equiv s$ 时, 存在 $|S| - 1$ 个 i 使

$$\alpha^{m-3k} + \alpha^{-i-3k} = \alpha^l \quad (l \in S)$$

而 r 可以取 F_{2^n} 上任意值, 故由定理 3 可知存在 $2^n(2^n - 1)|S|(|S| - 1)$ 个四次正形置换多项式.

(2) 若 $3 \mid 2^n - 1$, 由定理 4, 当 $bc = 0$ 时, 设有限域 F_{2^n} 上的四次正形置换多项式为 $f(x) = \alpha^i x(x^3 + c)$, 其中 $c \neq \alpha^{3k}$, 且 $c + \alpha^{-i} \neq \alpha^{3j}, k, j \in Z_{2^n-1}$. 这使得 $c \neq \alpha^{3k}$ 时 c 的取法有 $\frac{2}{3}(2^n - 1)$ 种, 而当 $c \neq \alpha^{3k}$ 时, 对固定的 c, 要使 $c + \alpha^{-i} \neq \alpha^{3j}$ 的 j 的取值有 $\frac{2}{3}((2^n - 1) - 1)$ 种, 故形为 $f(x) = \alpha^i x(x^3 + c)$ 的正形置换多项式的数目为 $\frac{2}{3}(2^n - 1)(\frac{2}{3}(2^n - 1) - 1)$ 种. 当 $bc \neq 0$ 时, 算法和 (1) 类似, 存在 $2^n(2^n - 1)|S|(|S| - 1)$ 个四次正形置换多项式. 故四次正形置换多项式的数目为

$$2^n(2^n - 1)|S|(|S| - 1) +$$
$$\frac{4}{9}(2^n - 1)^2 - \frac{2}{3}(2^n - 1)$$

由 (1) 和 (2) 可知, 命题得证.

第 3 节　结　语

本章证明了在有限域 F_2 上不存在次数为 $2^d - 1$ 的正形置换多项式的充分条件: 当 $n(\bmod d) \equiv 0, 1$, 或

者当 $n(\bmod d) \equiv r, 1 < r < d$ 时,这个多项式的 $2^r - 1$ 次项的系数为 0,这里 $1 < d < \log_2 n$. 给出了在有限域 F_{2^n} 上所有 4 次正形置换多项式的一个计数.

参 考 文 献

[1] MITTENTHAL L. Block substitutions using orthomorphic mapping [J]. Advance in Applied Mathematics,1995(16):59-71.

[2] DAI ZONGDUO,SOLONMEN W G. Generating all linear orthemorphisms without repetition[J]. Discrete Mathematics, 1999(5):47-55.

[3] 李志慧. 一类线性完全映射的构造[J]. 陕西师范大学学报(自然科学版),2006,34(2):23-25.

[4] NIEDERREITER H,ROBINSON K H. Complete mappings of finite fields[J]. Journal of Austral Mathematic Society(ser. A),1982,33:197-212.

[5] WAN DAQIN. On a problem of Niederreiter and Robinson about finite fields[J]. Journal of Australia Mathematics Sociery(ser. A),1986, 41:336-338.

[6] 袁媛,张焕国. 关于正形置换多项式的注记[J]. 武汉大学学报(自然科学版),2007,53(1):33-36.

[7] 李志慧,李瑞虎,李学良. 有限域 F_8 上正形置换多项式的计数[J]. 陕西师范大学学报(自然科学版),2001,29(4):13-16.

有限域上一类正形置换多项式[①]

第 21 章

第 1 节 引 言

置换理论在密码体制设计中有重要应用,任何没有信息扩张的密码体制都可以看作是置换的结果. 正形置换是特征为 2 的有限域上的完全映射,文献[1]指出正形置换有一种完全平衡性,文献[2]等研究表明正形置换具有良好的密码性能,现已成为分组密码和序列密码设计的基础置换. 国内外学者对正形置换的构造问题进行了大量讨论,给出了许多构造方法. 文献[3]从正交拉丁方截集的角度出发,给出了一种逐比特增长的构造正形置换的方法;文献[4]利用和阵给出了正形置换的一种枚举方法.

① 本章摘自《数学的实践与认识》,2015 年,第 45 卷,第 23 期.

另外,因为有限域 F_q 上的任意映射都可表示成一个次数小于 q 的多项式,文献[5]等从多项式的角度来研究正形置换. Mertens 在文献[5]给出:当 n 为大于等于 6 的偶数时,F_{2^n} 上不存在次数为 6 的置换多项式;文献[6]给出了 F_8 上所有的正形置换多项式. 文献[7]研究了 16 元有限域上正形置换多形式的次数分布;文献[8]讨论了 F_{2^n} 上不存在 $2^m - 1$ 次正形置换多项式,文献[9-10]给出有限域 F_{2^n} 上次数为 $2^d - 1$ 正形置换多项式不存在的充分条件和次数为 2^d 正形置换多项式存在的必要条件.

有限域 F_{2^n} 上,$g(x) = b_{2^d}x^{2^d} + b_{2^{d-1}}x^{2^{d-1}} + \cdots + b_2x^2 + b_1x + b_0$ 是 2^d 次仿射多项式,而 16 元域上 9 次正形置换多项式的分析最终归结为对形如 $xg(x)$ 的 9 次多项式的分析,因此,对该种形式的多项式进行研究很有必要. 广东外语外贸大学金融学院的袁媛教授 2015 年利用同余类知识和有限域上乘积多项式的次数分布规律,研究了 F_{2^n} 上形如 $xg(x)$ 的 $2^d + 1$ 次正形置换多项式,得到了一个存在的必要条件,并给出了该结果在 16 元域上的应用. 本章的结果进一步缩小了寻找具有较好密码学特性的正形置换的范围.

第 2 节　预 备 知 识

设 F_q 是有限域,其中 $q = p^m$,p 是素数.

定义 1　设 $f(x) \in F_q[x]$,如果多项式函数 $f: c \mapsto f(c)$ 是 F_q 上的一个置换,那么称 $f(x)$ 是 F_q 上的

置换多项式.

文献[11]给出了置换多项式的判定定理(埃尔米特判别定理):

定理 1 $f(x) \in F_q[x]$,$f(x)$ 是 F_q 上的置换多项式当且仅当下面两条同时成立:

(1)$f(x)$ 在 F_q 上只有一个根;

(2)$(t,p) = 1, 1 \leqslant t \leqslant q - 2$,$f(x)^t \bmod (x^q - x)$ 的次数都不超过 $q - 2$.

定义 2 设 σ 为 F_2^n 上的一个置换,I 为 F_2^n 上的恒等置换,若 $\sigma + I$ 仍是 F_2^n 上的一个置换,则称 σ 为 F_2^n 上的正形置换.

定义 3 设 $f(x) \in F_{2^n}[x]$,若 $f(x)$,$f(x) + x$ 都是 F_{2^n} 上的置换多项式,那么称 $f(x)$ 是 F_{2^n} 上的正形置换多项式.

容易验证,F_2^n 上的正形置换与 F_{2^n} 上的正形置换多项式有一一对应关系. 故 F_2^n 上的正形置换的研究就转化成了 F_{2^n} 上正形置换多项式的研究.

容易得到 F_{2^n} 上正形置换多项式的判别定理(埃尔米特判别定理):

定理 2 $f(x) \in F_{2^n}[x]$,$f(x)$ 是 F_{2^n} 上的正形置换多项式当且仅当下面两条同时成立:

(1)$f(x)$,$f(x) + x$ 在 F_{2^n} 上都只有一个根;

(2)t 为奇数,且 $1 \leqslant t \leqslant 2^n - 2$,$f(x)^t \bmod (x^{2^n} + x)$ 和 $[f(x) + x]^t \bmod (x^{2^n} + x)$ 的次数都不超过 $2^n - 2$.

推论 1 若 $d > 1, d \mid (2^n - 1)$,则 F_{2^n} 上不存在 d 阶置换多项式,从而不存在 d 阶正形置换多项式.

定义 4 F_{2^n} 上,称形如

261

$$l(x) = b_{2^d}x^{2^d} + b_{2^{d-1}}x^{2^{d-1}} + \cdots + b_2x^2 + b_1x$$

的多项式是线性多项式;称

$$g(x) = b_{2^d}x^{2^d} + b_{2^{d-1}}x^{2^{d-1}} + \cdots + b_2x^2 + b_1x + b_0$$

的多项式是仿射多项式,$b_0 \neq 0$.

定理 3 F_8 上的正形置换多项式均是仿射多项式.

第 3 节   主要结果和证明

$n > 1$,F_{2^n} 是特征为 2 的有限域,m 是任意大于 1 的正整数,k,t 是非负整数.

定义 5 设

$$g(x) = b_mx^m + b_{m-1}x^{m-1} + \cdots + b_1x + b_0$$

是有限域 F_{2^n} 上的一个多项式,其中 $1 \leqslant m < 2^n$,称序列 $(m, m-1, m-2, \cdots, 2, 1)$ 为多项式 $g(x)$ 的次数序列.

显然,当 $g(x)$ 的次数序列给定后,$g(x)^{2^k}$ 的次数序列是 $g(x)$ 次数序列的每一个分量的 2^k 次方构成的:$(m^{2^k}, (m-1)^{2^k}, (m-2)^{2^k}, \cdots, 2^{2^k}, 1^{2^k})$.

定义 6 设

$$g(x) = b_mx^m + b_{m-1}x^{m-1} + \cdots + b_1x + b_0$$

是有限域 F_{2^n} 上的一个多项式,其中 $1 \leqslant m \leqslant 2^n$,称矩阵

$$M_g = \begin{pmatrix} m & m-1 & m-2 & \cdots & 2 & 1 \\ 2^{i_1}m & 2^{i_1}(m-1) & 2^{i_1}(m-2) & \cdots & 2^{i_1} \cdot 2 & 2^{i_1} \\ \vdots & \vdots & \vdots & & \vdots & \vdots \\ 2^{i_k}m & 2^{i_k}(m-1) & 2^{i_k}(m-2) & \cdots & 2^{i_k} \cdot 2 & 2^{i_k} \end{pmatrix}$$

为多项式序列 $(g(x),g(x)^{2^{i_1}},g(x)^{x^{i-2}},\cdots,g(x)^{2^{i_k}})$ 的次数矩阵,其中 $0 \le 2^{i_1} < 2^{i_2} < \cdots < 2^{i_k} \le (2^n-1)/m$.

乘积多项式 $g(x) \times g(x)^{2^{i_1}} \times g(x)^{2^{i_2}} \times \cdots \times g(x)^{2^{i_k}}$ 中,x^j 的次数 j 满足

$$j \equiv 2^0 s_0 + 2^{i_1}s_1 + 2^{i_2}s_2 + \cdots + 2^{i_k}s_k (\bmod 2^n) \quad (1)$$

其中 $1 \le s_i \le m, i = 0,1,\cdots,k.$ 即乘积多项式 $g(x) \times g(x)^{2^{i_1}} \times g(x)^{2^{i_2}} \times \cdots \times g(x)^{2^{i_k}}$ 的 x^j 的次数是一些乘积项的和,和中的每一项次数 j 是式(1)的形式,即 j 是 $k+1$ 个元素的和,而且这 $k+1$ 个元素恰好分别取自 $g(x)$ 的多项式序列 $(g(x),g(x)^{2^{i_1}},g(x)^{x^{i_2}},\cdots,g(x)^{2^{i_k}})$ 的次数矩阵 $\boldsymbol{M}_g$ 中的每一行,且每一行的元素仅取一个.

另一方面,若 j 为式(1)的表示形式,则乘积多项式中的 j 次项系数的代数和中必有对应的一项为 $b_{s_0}^{2^0}b_{s_1}^{2^{i_1}}\cdots b_{s_k}^{2^{i_k}}$;由于 j 关于式(1)的表示形式有多种,则乘积多项式中 j 次项的系数比为对应项的代数和.

定理 3 $d > 0, g(x) = b_{2^d}x^{2^d} + b_{2^{d-1}}x^{2^{d-1}} + \cdots + b_2x^2 + b_1x + b_0$ 是 2^d 次仿射多项式,

(1)当 $2d \mid n$ 时,F_{2^n} 上不存在形如 $xg(x)$ 的 $2^d + 1$ 次正形置换多项式;

(2)当 $2d \nmid n$ 时,若 $xg(x)$ 是 F_{2^n} 上的 $2^d + 1$ 次正形置换多项式,则 $b_{2^d} = b_{2^{d-1}}^2$.

证 $g(x) = b_{2^d}x^{2^d} + b_{2^{d-1}}x^{2^{d-1}} + \cdots + b_2x^2 + b_1x + b_0$, $b_{2^d} \neq 0,$ 令 $f(x) = xg(x) = b_{2^d}x^{2^d+1} + b_{2^{d-1}}x^{2^{d-1}+1} + \cdots + b_2x^{2+1} + b_1x^2 + b_0x,$ 则有:

置换与 Dickson 多项式

（1）当 $2d \mid n$ 时，设 $n = 2kd$，则 $2^n - 1 = 2^{2kd} - 1$，易得 $(2^d + 1) \mid 2^n - 1$. 由推论 1 知 F_{2^n} 上不存在形如 $xg(x)$ 的 $2^d + 1$ 次正形置换多项式.

（2）$2d \nmid n$ 时，设 $n = 2kd + r, 1 \leqslant r < d$，则

$$2^n - 1$$
$$= 2^{2kd+r} - 1$$
$$= 2^{2kd+r-1} + 2^{2kd+r-2} + 2^{2kd+r-3} + \cdots + 2^2 + 2 + 1$$
$$= 2^{2kd+r-1} + 2^{(2k-1)d+r-1} + 2^{2kd+r-2} + 2^{(2k-1)d+r-2} + \cdots + $$
$$2^{(2k-1)d+r} + 2^{(2k-2)d+r} + 2^{(2k-2)d+r-1} + $$
$$2^{(2k-3)d+r-1} + 2^{(2k-2)d+r-2} + 2^{(2k-3)d+r-2} + \cdots + $$
$$2^{(2k-3)d+r} + 2^{(2k-4)d+r} + 2^{2d+r-1} + 2^{d+r-1} + 2^{2d+r-2} + $$
$$2^{d+r-2} + \cdots + 2^{d+r} + 2^r + 2^{r-1} + $$
$$2^{r-2} + \cdots + 2 + 1$$
$$= 2^{(2k-1)d+r-1}(2^d + 1) + 2^{(2k-1)d+r-2}(2^d + 1) + \cdots + $$
$$2^{(2k-2)d+r}(2^d + 1) + 2^{(2k-3)d+r-1}(2^d + 1) + $$
$$2^{(2k-3)d+r-2}(2^d + 1) + \cdots + 2^{(2k-4)d+r}(2^d + 1) + \cdots + $$
$$2^{d+r-1}(2^d + 1) + 2^{d+r-2}(2^d + 1) + \cdots + 2^r(2^d + 1) + $$
$$2^{r-1} + 2^{r-2} + \cdots + 2 + 1 \qquad\qquad (*)$$

对多项式

$$f(x) = b_{2^d}x^{2^d+1} + b_{2^d-1}x^{2^{d-1}+1} + \cdots + b_2 x^{2+1} + b_1 x^2 + b_0 x$$

令

$$t = 1 + 2 + \cdots + 2^{r-1} + 2^r + \cdots + 2^{d+r-2} + $$
$$2^{d+r-1} + 2^{d+r} + \cdots + 2^{2d+r-2} + $$
$$2^{2d+r-1} + 2^{(2k-4)d+r} + \cdots + 2^{(2k-3)d+r-2} + $$
$$2^{(2k-3)d+r-1} + 2^{(2k-2)d+r} + \cdots + 2^{(2k-1)d+r-2} + $$
$$2^{(2k-1)d+r-1}$$

则 $f(x)^t$ 的最高次数为

$$t(2^d + 1) = 2^{(2k-1)d+r-1}(2^d + 1) + $$

$$2^{(2k-1)d+r-2}(2^d + 1) + \cdots + 2^{(2k-2)d+r}(2^d + 1) + 2^{(2k-3)d+r-1}(2^d + 1) + 2^{(2k-3)d+r-2}(2^d + 1) + \cdots + 2^{(2k-4)d+r}(2^d + 1) + \cdots + 2^{d+r-1}(2^d + 1) + 2^{d+r-2}(2^d + 1) + \cdots + 2^r(2^d + 1) + 2^{r-1}(2^d + 1) + 2^{d+r-2}(2^d + 1) + \cdots + 2^r(2^d + 1) + 2^{r-1}(2^d + 1) + 2^{r-2}(2^d + 1) + \cdots + 2(2^d + 1) + (2^d + 1)$$

$$= 2^n - 1 + (1 + 2 + \cdots + 2^{r-1})2^d$$
$$= 2^n - 1 + (2^r - 1)2^d$$
$$= 2^n - 1 + 2^{r+d} - 2^d$$
$$< 2(2^n - 1)$$

故 $f(x)^t$ 的所有项中,次数模 2^n 后剩余为 $2^n - 1$ 的项只有次数为 $2^n - 1$ 的这一项. 进一步,根据式 $(*)$,乘积多项式

$$f(x)^t = f(x)f(x)^2 \cdots f(x)^{2^{r-1}} f(x)^{2^r} \cdots f(x)^{2^{d+r-1}} \cdots \cdot f(x)^{2^{(2k-2)d+r}} \cdots f(x)^{2^{(2k-1)d+r-1}}$$

中, $2^n - 1$ 次项的系数是两项的和,为

$$b_{2^d}^{2^r + \cdots + 2^{d+r-1} + \cdots + 2^{(2k-2)d+r} + \cdots + 2^{(2k-1)d+r-1}} b_0^{1+2+\cdots+2^{r-1}} +$$
$$b_{2^d}^{2^{r-1} + 2^{r+1} + \cdots + 2^{d+r-1} + \cdots + 2^{(2k-2)d+r} + \cdots + 2^{(2k-1)d+r-1}} b_{2^{d-1}}^{2^r} b_0^{1+2+\cdots+2^{r-2}}$$

故若 $f(x)$ 是正形置换多项式,由定理 2 得

$$b_{2^d}^{2^r + \cdots + 2^{d+r-1} + \cdots + 2^{(2k-2)d+r} + \cdots + 2^{(2k-1)d+r-1}} b_0^{1+2+\cdots+2^{r-1}} +$$
$$b_{2^d}^{2^{r-1} + 2^{r+1} + \cdots + 2^{d+r-1} + \cdots + 2^{(2k-2)d+r} + \cdots + 2^{(2k-1)d+r-1}} b_{2^{d-1}}^{2^r} b_0^{1+2+\cdots+2^{r-2}} = 0$$

即

$$b_{2^d}^{2^{r-1} + 2^{r+1} + \cdots + 2^{d+r-1} + \cdots + 2^{(2k-2)d+r} + \cdots + 2^{(2k-1)d+r-1}} b_0^{1+2+\cdots+2^{r-2}} \cdot$$
$$(b_{2^d}^{2^{r-1}} b_0^{2^{r-1}} + b_{2^{d-1}}^{2^r}) = 0$$

265

再根据定理2,显然$(f(x)+x)^t$中2^n-1次项的系数也为0,即

$$b_{2^d}^{2^{r-1}+2^{r+1}+\cdots+2^{d+r-1}+\cdots+2^{(2k-2)d+r}+\cdots+2^{(2k-1)d+r-1}}.$$

$$(b_0+1)^{1+2+\cdots+2^{r-2}}\cdot(b_{2^d}^{2^{r-1}}(b_0+1)^{2^{r-1}}+b_{2^{d-1}}^{2^r})=0$$

若$b_{2^d}\neq 0$,则有

$$\begin{cases}b_0^{1+2+\cdots+2^{r-2}}(b_{2^d}^{2^{r-1}}(b_{2^d}^{2^{r-1}}b_0^{2^{r-1}}+b_{2^{d-1}}^{2^r}))=0\\(b_0+1)^{1+2+\cdots+2^{r-2}}(b_{2^d}^{2^{r-1}}(b_0+1)^{2^{r-1}}+b_{2^{d-1}}^{2^r})=0\end{cases}$$

联立得$b_{2^d}=b_{2^{d-1}}^2$.

推论2 $g(x)=b_{2^d}x^{2^d}+b_{2^{d-1}}x^{2^{d-1}}+\cdots+b_2x^2+b_1x+b_0$是$2^d$次仿射多项式,16元域上不存在形如$xg(x)$的$2^d+1$次正形置换多项式.

证 16元有限域上,d的取值可能为1,2,3.

（1）$d=1$时,$g(x)=b_2x^2+b_1x+b_0$,$xg(x)=b_2x^3+b_1x^2+b_0x$的次数为3,显然$3\mid 15$,由推论1知$xg(x)$不是正形置换多项式.

（2）$d=2$时,$g(x)=b_4x^4+b_2x^2+b_1x+b_0$,$xg(x)=b_4x^5++b_2x^3+b_1x^2+b_0x$的次数为5,显然$5\mid 15$,由推论1知$xg(x)$不是正形置换多项式.

（3）$d=3$时,$g(x)=b_8x^8+b_4x^4+b_2x^2+b_1x+b_0$,根据定理1,若$xg(x)=b_8x^9+b_4x^5+b_2x^3+b_1x^2+b_0x$是正形置换多项式,则有$b_8=b_4^2$.

$(xg(x))^3=(b_8x^9+b_4x^5+b_2x^3+b_1x^2+b_0x)^3$中$x^{15}$的系数为$b_8b_2^2+b_4^3$. 根据定理2,有$b_8b_2^2+b_4^3=0$,结合$b_8=b_4^2$,得$b_4=b_2^2$.

$(xg(x))^7=(b_8x^9+b_4x^5+b_2x^3+b_1x^2+b_0x)^7$中

x^{15} 的系数为 $b_8^4 b_2^3 + b_8^4 b_1^2 b_4 + b_2^4 b_0^3 + b_1^4 b_2^2 b_0 + b_1^6 b_2 + b_1^4 b_0^2 b_4 + b_0^5 b_4^2 + b_1^4 b_2^2 b_4 + b_0^6 b_8$.

$(xg(x) + x)^7 = (b_8 x^9 + b_4 x^5 + b_2 x^3 + b_1 x^2 + (b_0 + 1)x)^7$ 中 x^{15} 的系数为 $b_8^4 b_2^3 + b_8^4 b_1^2 b_4 + b_2^4 (b_0 + 1)^3 + b_1^4 b_2^2 (b_0 + 1) + b_1^6 b_2 + b_1^4 (b_0 + 1)^2 b_4 + (b_0 + 1)^5 b_4^2 + b_1^4 b_2^2 b_4 + (b_0 + 1)^6 b_8$.

根据定理 2 有

$$\begin{cases} b_8^4 b_2^3 + b_8^4 b_1^2 b_4 + b_2^4 b_0^3 + b_1^4 b_2^2 b_0 + b_1^6 b_2 + \\ b_1^4 b_0^2 b_4 + b_0^5 b_4^2 + b_1^4 b_2^2 b_4 + b_0^6 b_8 = 0 \\ b_8^4 b_2^3 + b_8^4 b_1^2 b_4 + b_2^4 (b_0 + 1)^3 + b_1^4 b_2^2 (b_0 + 1) + b_1^6 b_2 + \\ b_1^4 (b_0 + 1)^2 b_4 + (b_0 + 1)^5 b_4^2 + b_1^4 b_2^2 b_4 + \\ (b_0 + 1)^6 b_8 = 0 \end{cases}$$

整理得 $b_2^4 (b_0^2 + b_0 + 1) + b_1^4 b_2^2 + b_1^4 b_4 + (b_0^4 + b_0 + 1)b_4^2 + (b_0^4 + b_0^2 + 1)b_8 = 0$,代入 $b_4 = b_2^2, b_8 = b_4^2$ 得 $b_8 = 0$.

参 考 文 献

[1] LOTHROP M. Block substitution using orthormorphic mapping [J]. Advances in Applied Mathematices,1995,16(1):59-71.

[2] 冯登国,刘振华. 关于正形置换的构造[J]. 通信保密,1996(2):61-64.

[3] 徐海波,刘海蛟,等. 一种正形置换的逐位递增构造方法[J]. 中国科学院研究生院学报,2006,23(2):251-156.

[4] 任金萍,吕述望. 正形置换的枚举与计数[J]. 计算机研究与发展,2006,43(6):1071-1075.

[5] MERTENS M. Permutationspolynome vom Grad 6 uber $GF(2^n)$ [D].

Diplomarbeit, University of Dortmund, 1993.

[6] 李志慧,李瑞虎,李学良. 有限域 F_8 上正形置换多项式的计数[J].
陕西师范大学学报(自然科学版),2001,29(4):13-16.

[7] YUAN YUAN, TONG YAN, ZHANG HUANGUO. Complete mapping polynomials over finite field F_{16} [C]. // Proceeding of International Workshop on the Arithmetic of Finite Fields, LNCS 4547, 2007: 147-158.

[8] 袁媛,张焕国. 关于正形置换多项式的注记[J]. 武汉大学学报,
2007,53(1):33-36.

[9] 李志慧. 特征为 2 的有限域上一类正形置换多项式的非存在性
[J]. 陕西师范大学学报(自然科学版),2008,36(2):5-10.

[10] 郭江江,郑浩然. 有限域 F_{2^n} 上的 2 类正形置换多项式研究[J].
计算机工程,2010,36(8):152-154.

[11] LIDL R, NIEDERREITER H. Finite Fields, Encyclopedia of Mathematics and Its Application[M]. London: Addison-Wesley Publishing Company, 1983.

第五编
正 形 置 换

关于正形置换的构造[①]

<table>
<tr><td rowspan="5">第 22 章</td><td></td></tr>
<tr><td>## 第1节 引 言</td></tr>
<tr><td></td></tr>
<tr><td>　　正形置换是一类完全映射,早在 1955 年,M. Hall 和 L. J. Paige[②] 就对完全映射进行了研究. 但将正形置换应用于密码方案的设计中是近年来的事情. 正形置换有着很好的密码学特征[③]. 刘振华,舒畅[④]引</td></tr>
</table>

---

①　本章摘自《通信保密》,1996 年,第 2 期.

②　M. HALL,L J. PAIGE. *Complete Mappings of Finite Groups.* Pacific J. Math,1995.

③　Lu Shuwang,Liu Zhenhua. *The Research Of 2^m – degree Orthomorphic Permutations*(1). 1994(Preprint).

Lothrop Mittenthal. *Block Substitutions Using Orthomorphic Mappings.* Advanced In Applied Mathematics,1995,16:59-71.

刘振华,舒畅. 正形置换的研究和应用,第五届通信保密现状研讨会论文集,西昌,1995,成都:电子部三十所国防科技保密通信重点实验室. 四川省电子学会,1995:39-43.

④　Liu Zhenhua,Shu Chang. *A Method for Constructing Orthomorphic Permutations of Degree* 2^m,Symposium on Theoretical Problems of Cryptology,SKLOIS,June 1995:214-231.

入了正形置换图（正形拉丁方）的截集的概念,给出了利用低次正形置换迭代地产生高次正形置换的一种方法,并给出了用这种方法产生的正形置换的个数的一个下界. 记 2^m 次正形置换的集合为 $S^v(m)$,我们在实验中,通过计算机搜索,已求得

$$| S^v(2) | = 2^2!!$$
$$| S^v(3) | = 2^3!!$$
$$| S^v(4) | = 2^4!!(23 + 32/45)$$

我们有个估计,$| S^v(m) | \geqslant 2^m!!$. 值得指出的是,目前已公布的构造正形置换的方法尚不多见.

中科院研究生院信息安全国家重点实验室的冯登国,刘振华两位研究员 1996 年从不同的角度出发,给出几种构造正形置换的方法. 文中限制在二元域 F_2 上讨论,当然这些讨论对一般的有限域亦成立.

第 2 节　正形置换的构造

设 $F(x) = F(x_1, x_2, \cdots, x_n)$ 是 F_2^n 上的一个置换,若 $F(x) \oplus I(x)$ 也是 F_2^n 上的一个置换,则称 $F(x)$ 是 F_2^n 上的一个正形置换. 其中 $I(x) = x = (x_1, x_2, \cdots, x_n)$ 是 F_2^n 上的恒等置换.

1. 构造方法一

F_2^n 上的任一置换 $F(x)$ 都可以由一组布尔函数 $\{f_i(x)\}_{i=1}^n$ 来实现, 即 $F(x) = (f_1(x), f_2(x), \cdots, f_n(x))$,要具体求出 $f_i(x)(1 \leqslant i \leqslant n)$ 一般来说是很困难的. 反过来,我们可以用一组布尔函数 $\{f_i(x)\}_{i=1}^n$ 来

构造一个置换,但并非任何一组布尔函数 $\{f_i(x)\}_{i=1}^n$ 都可以形成一个置换,只有满足一定条件的组布尔函数 $\{f_i(x)\}_{i=1}^n$ 才可以形成一个置换. 本小节利用布尔函数组给出构造正形置换的一种方法.

熟知, $F(x) = (f_1(x), f_2(x), \cdots, f_n(x))$ 是一个置换,当且仅当 $f_1(x), f_2(x), \cdots, f_n(x)$ 的任一非零线性组合是一个平衡布尔函数. 由此出发,我们有

构造方法一:任取 $n-2$ 元布尔函数 $h_2(x_3, x_4, \cdots, x_n)$, $n-3$ 元布尔函数 $h_2(x_4, x_5, \cdots, x_n)$, $\cdots$, 1 元布尔函数 $h_{n-1}(x_n)$.

令

$$f_1(x) = f_1(x_1, x_2, \cdots, x_n) = x_1 + d \quad (d \in F_2)$$
$$f_2(x) = f_2(x_1, x_2, \cdots, x_n) = x_1 + x_2 + c \quad (c \in F_2)$$
$$f_3(x) = f_3(x_1, x_2, \cdots, x_n) = x_2 + h_2(x_3, x_4, \cdots, x_n)$$
$$f_4(x) = f_4(x_1, x_2, \cdots, x_n) = x_3 + h_3(x_4, x_5, \cdots, x_n)$$
$$\vdots$$
$$f_n(x) = f_n(x_1, x_2, \cdots, x_n) = x_{n-1} + h_{n-1}(x_n)$$

显然, $F(x) = (f_1(x), f_2(x), \cdots, f_n(x))$ 是 F_2^n 上的一个置换

$$\begin{aligned}
F(x) \oplus I(x) &= (f_1(x) + x_1, f_2(x) + x_2, \cdots, \\
&\quad f_n(x) + x_n) \\
&= (x_1 + x_n + d, x_1 + c, x_2 + x_3 + \\
&\quad h_2(x_3, x_4, \cdots, x_n), \cdots, x_{n-1} + \\
&\quad x_n + h_{n-1}(x_n))
\end{aligned}$$

可见, $F(x) \oplus I(x)$ 亦为 F_2^n 上的一个置换. 因此 $F(x)$ 是 F_2^n 上的一个正形置换.

由这种方法可构造出 $2 \times 2 \times 2^{2^{n-2}} \times \cdots \times 2^2 = 2^{2^{n-1}}$

个正形置换,其中在比特级是线性的有 $2 \times 2 \times 2^{n-1} \times 2^{n-2} \times 2^2 = 2^{\frac{n(n-1)}{2}+1}$ 个,因而在比特级是非线性的有 $2^{2^{n-1}} - 2^{\frac{n(n-2)}{2}+1}$ 个.

上述通过选取恰当形式的布尔函数组构造出了一批正形置换,从这个思路出发,我们可以通过选取别的恰当形式的布尔函数来构造正形置换,这将为正形置换的构造提供一条新途径.

2. 构造方法二

选定有限域 F_{2^n} 上的一个基底后,F_{2^n} 上的元素可以和 F_2^n 中的元素之间建立一一对应关系,因此如果我们能构造出 F_{2^n} 上的一个正形置换,那么一定能构造出 F_2^n 上的一个正形置换.本小节借助于有限域上的置换多项式来构造一些正形置换.

构造方法二:设 $g(x)$ 是 F_{2^n} 上不含一次项 x 的多项式,令

$A_g = \{a \in F_{2^n} \mid g(x) + ax$ 是 F_{2^n} 上的一个置换多项式$\}$ 若 $A_g \neq \varnothing$,令 $B_g = A_g \cap (1 + A_g)$,若 $B_g \neq \varnothing$,则 $\{g(x) + ax \mid a \in B_g\}$ 中的每个元素都是 F_{2^n} 上的一个正形置换,从而可导出 F_2^n 上的一个正形置换.

特别的,取 $g(x)$ 为 F_{2^n} 上的常多项式,即 $g(x) = b \in F_{2^n}$,则 $B_g = B_b = F_{2^n}/\{0,1\}$,取定一个 $g(x) = b \in F_{2^n}$,可构造出 $2^n - 2$ 个 F_{2^n} 上的正形置换,故一共可构造出 $(2^n - 2) \times 2^n = 2^n(2^n - 2)$ 个 F_{2^n} 上的正形置换,这些置换在比特级是线性的.当 $n = 2$ 时,一共可构造出 8 个 F_{2^2} 上的正形置换,从而对应 F_2^2 上的 8 个正形置换,说明当 $n = 2$ 时,F_2^2 上的所有正形置换在比

特级都是线性的.

例:设 α 是 F_2 上的不可约多项式 $x^2 + x + 1$ 的根,则

$$F_{2^2} = \{0,1,\alpha,\alpha^2 = \alpha + 1\}$$

由上述方法可得到 F_{2^2} 上的 8 个正形置换: αx, $\alpha x + 1$, $\alpha x + \alpha$, $\alpha x + \alpha^2 = \alpha x + \alpha + 1$, $\alpha^2 x$, $\alpha^2 x + 1$, $\alpha^2 x + \alpha$, $\alpha^2 x + \alpha^2$. 为便于比较,列表如表 1 所示.

表 1

F_{2^2}	F_2^2（比特级）	$\{0,1,2,3\}$（整数级）
αx	$(x_2, x_1 + x_2)$	$\{0,2,3,1\}$
$\alpha x + 1$	$(x_2 + 1, x_1 + x_2)$	$\{1,3,2,0\}$
$\alpha x + \alpha$	$(x_2, x_1 + x_2 + 1)$	$\{2,0,1,3\}$
$\alpha x + \alpha^2$	$(x_2 + 1, x_1 + x_2 + 1)$	$\{3,1,0,2\}$
$\alpha^2 x$	$(x_1 + x_2, x_1)$	$\{0,3,1,2\}$
$\alpha^2 x + 1$	$(x_1 + x_2 + 1, x_1)$	$\{1,2,0,3\}$
$\alpha^2 x + \alpha$	$(x_1 + x_2, x_1 + 1)$	$\{2,1,3,0\}$
$\alpha^2 x + \alpha^2$	$(x_1 + x_2 + 1, x_1 + 1)$	$\{3,0,2,1\}$

由表 1 可清晰看出, S_4 中正形置换的三种表示之间的对应关系,说明构造正形置换可以由不同的途径入手.

3. 构造方法三

本节介绍从低维空间的正形置换构造高维空间的正形置换的一种直接拼接的方法.

我们知道,正形置换有一个良好的性质:

设 $F_1(x^{(1)}), F_2(x^{(2)}), \cdots, F_s(x^{(s)})$, 分别为 $F_2^{n_1}$, $F_2^{n_2}, \cdots, F_2^{n_3}$ 上的正形置换, 则 $F(x) = (F_1(x^{(1)}),$

$F_2(x^{(2)}),\cdots,F_s(x^{(s)}))$ 为 $F_2^{n_1+n_2+\cdots+n_s}$ 上的正形置换. 其中 $x=(x^{(1)},x^{(2)},\cdots,x^{(s)})$.

利用上述性质,可以从已有的正形置换构造出大量的新的正形置换.

比如,要构造 F_2^6 上的正形置换,可从以下几个方面来考虑:

(1) 由 F_2^2 上的正形置换来构造;

(2) 由 F_2^3 上的正形置换来构造;

(3) 由 F_2^4 和 F_2^2 上的正形置换来构造.

4. 构造方法四

本小节利用线性移位寄存器来构造一些正形置换,这些置换都是线性的.

设 $f(x)$ 是 F_2 上的一个 n 次不可约多项式 $F(x)=(f_1(x),f_2(x),\cdots,f_n(x))=(x_1,x_2,\cdots,x_n)$ 是 F_2^n 上的一个置换,将 $f_1(x),f_2(x),\cdots,f_n(x)$ 作为初态,由 $f(x)$ 来生成一个函数序列 $f_1(x),f_2(x),\cdots,$ $f_n(x),f_{n+1}(x),f_{n+2}(x),\cdots,f_{2n}(x),f_{2n+1}(x),\cdots,$ 则 $(f_i(x),f_{i+1}(x),\cdots,f_{i+n-1}(x))(2\le i\le T,T$ 为 $f(x)$ 的最小周期) 是 F_2^n 上的一个正形置换.

由上述方法可产生许多正形置换,每给定一个 n 次不可约多项式,就可产生 $T-1$ 个,而 n 次不可约多项式的个数为 $\dfrac{1}{n}\sum_{d/n}u(d)2^{\frac{n}{d}}$,用这种方法构造正形置换是很有效的,比较容易实现.

一种改进的非线性正形置换
构造方法及其性能分析[①]

第 23 章

　　一个分组长度为 n 的分组密码, 本质上体现为 $GF(2)^n$ 上的一组置换, 因此可以通过对置换的研究来度量和构造安全性的分组密码. 若干研究表明[②], 精心设计的正形置换具有良好的密码学性质, 可以作为分组密码的核心单元 —— 代换盒(S盒). 对于密码强 S 盒的设计有许多要求, 其中最基本最重要的要求是非线性, 因此, 研究非线性正形置换的构造及其度量对于分组密码算法的设计具有重要意义. L. Mittenthal 博士在这方面作了很好的工作, 首次公开地将正形置换的理论用于密码算

---

①　本章摘自《西安电子科技大学学报》,1997 年,第 24 卷,第 4 期.

②　L. Mittenthal. Orthomorphism Groups of Binary Numbers. *Personal Communication*, 1996.

　　L. Mittenthal. Block Substitutions Using Orthomorphic Mappings. *Advances in Applied Mathematics*, 1995(16):59-71.

　　Q. Zhai, K. Zeng. On Transformations with Halving Effect on Cenrtain Subvarieties of the Space $V_m(F_2)$. *Proceedings of China Crypt*'96. 1996:50-55.

法和保密通信系统的设计,他在研究报告中给出了一种非线性正形置换的构造方法. 西安电子科技大学信息保密所的谷大武,肖国镇两位教授 1997 年针对这一方法进行了分析,指出了方法中的不足并进行了改进,得到了一批非线性正形置换及其个数. 最后,通过引入差值非线性度的概念对这些非线性正形置换的密码性能进行了度量.

第 1 节　正形置换的定义、记号及有关结果

记 $GF(2)^n = \{x_0, x_1, \cdots, x_{2^n-1}\}$ 为 $GF(2)$ 上的全体 n 重的集合,且 x_i 与整数 i 的二进制表示一一对应,即可看作 $x_i = i$. 令 SYM_{2^n} 表示 $GF(2)^n$ 上的对称群. 显然 $(GF(2)^n, \oplus, e)$ 构成阿贝尔群,且 $e = x_0 = (0, \cdots, 0)$,这里 $\oplus$ 表示坐标分量模 2 加.

定义 1　设 $R \in SYM_{2^n}$,且令 $S(x) = x \oplus R(x)$,若 $S \in SYM_{2^n}$,则称 R 为 $GF(2)^n$ 上的正形置换,并记其全体为 OP_n. 同时称 S 为 R 的正交置换.

定义 2　设 $R \in OP_n$,若置换 R 的圈结构为 $(x_{i_0})(x_{i_1}, \cdots, x_{i_{2^n-1}})$(其中 $0 \leq i_j \leq 2^n - 1$),则称 R 为最大正形置换,并记其全体为 MOP_n.

定义 3　设 $R \in OP_n$,若对任意 $x, y \in GF(2)^n$,有
$$R(x \oplus y) = R(x) \oplus R(y)$$
则称 R 为线性正形置换,记其全体为 LOP_n.

定义 4　设 $R \in LOP_n, b \in GF(2)^n$,令 $R_b(x) =$

$R(x) \oplus b$，则称 R_b 是由 b 确定的仿射正形置换，记其全体为 AOP_n.

定义5　若 $R \in OP_n$，且 $R \in AOP_n$，则称 R 为非线性（非仿射）正形置换，并记其全体为集合 $NLOP_n$.

定义6　若 $R \in LOP_n$，且 $R \in MOP_n$，则称 S 为最大线性正形置换，记其全体为 $MLOP_n$.

定理1　设 $R \in MOP_n$，且 $R = (x_{i_0})(x_{i_1}, \cdots, x_{i_{2^n-1}})$，则 R 是线性的当且仅当存在某整数 p，使

$$G_R^n = (\{(e,e,e),(x_{i_{j-1}},x_{i_j},x_{i_{j-p}}) \mid$$
$$x_{i_{j-p}} = x_{i_{j-1}} \oplus x_{i_j}, 2 \leq j \leq 2^n\}, \oplus, (e,e,e))$$

构成 2^n 阶 Abel 群，且 $x_{i_0} = e$.

更一般的，对于线性正形置换，有

定理2　设 $R \in OP_n$，且表为 2^n 个等式

$$x_0 \oplus y_0 = z_0$$
$$x_1 \oplus y_1 = z_1$$
$$\vdots$$
$$x_{2^n-1} \oplus y_{2^n-1} = z_{2^n-1}$$

则 R 为线性置换当且仅当

$$G_R^n = (\{(e,e,e),(x_i,y_i,z_i) \mid y_i = R(x_i), z_i = x_i \oplus y_i, 0 \leq i \leq 2^n - 1\}, \oplus, (e,e,e))$$

构成 2^n 阶阿贝尔群，且 $x_0 = e$.

本章称 G_R^n 为 R 的表示群.

第 2 节　　$NLOP_n$ 的构造方法及其改进

定义 7　设 $R \in LOP_n$，且 $x_i \oplus y_i = z_i, i = 0, 1, \cdots,$ $2^n - 1$，若保持等式右边不变，通过调整等式左边第 1，2 列中各元素的顺序，能够得到非线性正形置换 $R' \in NLOP_n$，则称这一调整过程为构造腐化过程.

定义 8　设 $R \in LOP_n$，且 $x_i \oplus y_i = z_i$，若子集 $H = \{x_{i_j} \oplus y_{i_j} = z_{i_j}\}_{j=1}^l$ 可由构造腐化过程使 R 非线性化，则称 H 为可腐化集合.

以下均假定所讨论的正形置换 $R \in MLOP_n$，且 G_R^n 为 R 的表示群.

设 $G_0^k = \{(e, e, e), (y_{i_{j-1}}, y_{i_j}, y_{i_{j-p}}) \mid j = 1, 2, \cdots,$ $2^k - 1\}$ 是 G_R^n 的 2^k 阶子群. 令

$$A_k = \{e, y_{i_1-1}, y_{i_2-1}, \cdots, y_{i_{2^k-1}-1}\}$$
$$B_k = \{e, y_{i_1}, y_{i_2}, \cdots, y_{i_{2^k-1}}\}$$
$$C_k = \{e, y_{i_1-p}, y_{i_2-p}, \cdots, y_{i_{2^k-1}-p}\}$$
$$W_k = A_k \bigcap B_k$$

则 A_k, B_k, C_k, W_k 均是 $GF(2)^n$ 的子群. 将 G_R^n 按 G_0^k 作陪集分解

$$G_R^n = G_0^k \bigcup G_1^k \bigcup \cdots \bigcup G_{l-1}^k$$

其中 $G_j^k = (y_{j-1} \oplus A_k, y_j \oplus B_k, y_{j-p} \oplus G_k)$，且 $(y_{j-1}, y_j, y_{j-p}) \in G_R^n \backslash G_0^k, l = 2^n / 2^k = 2^{n-k}$. 不难证明以下结果：

定理 3　$G_i^k (i = 0, 1, \cdots, l - 1)$ 是可腐化集合当且仅当 $W_k \neq \{e\}$.

定理 4 $2^{2k-n} \leqslant | W_k | \leqslant 2^{k-1}$.

推论 1 设 G_0^k 是 G_R^n 的 2^k 阶子群,且 $G_R^n = \bigcup\limits_{i=0}^{l-1} G_i^k$,则当 $k > n/2$ 时,G_i^k 均是可腐化集合. 注意,当 $k \leqslant n/2$ 时,G_0^k 仍有可能是可腐化集合.

定义 9 设 $S_1 = \{ (y_{i_{j-1}}, y_{i_j}, y_{i_{j-p}}) \mid j = 1, 2, \cdots, k \}$, $S_2 = \{ (z_{i_{j-1}}, z_{i_j}, z_{i_{j-p}}) \mid j = 1, 2, \cdots, k \}$, 称 S_1, S_2 是相似子集,若存在某整数 l, 使 $z_{i_j} = y_{i_{j+l}}, j = 1, 2, \cdots, k$.

定理 5 设 G_i^2 是 G_R^n 的 4 阶可腐化子群 G_0^2 的一个陪集,且 H_{i+d}^2 是与 G_i^2 相似且不交之集,则 H_{i+d}^2 必是 G_R^n 的另一个可腐化子群 H_0^2 的陪集,且 $G_0^2 \cap H_0^2 = \{e\}$.

以下给出 $NLOP_n$ 的构造,给定 $R \in MLOP_n$, 且假定 $2^n - 1$ 不是素数.

第 1 步:选取 G_R^n 的任意 4 阶可腐化子群 G_0^2, 不失一般性,设为

$$e \oplus e = e, y_1 \oplus y_2 = y_{2-p}$$
$$y_{2^n-1} \oplus y_1 = y_{1-p}, y_{q-1} \oplus y_q = y_{q-p}$$

第 2 步:选取 $l \mid (2^n - 1)$ 作为移位长度 $(l \geqslant 4)$.

第 3 步:选取元素 $(y_{a-1}, y_a, y_{a-p}) \in G_R^n \backslash G_0^2$, 得到 G_0^2 的一个陪集 G_a^2 如下

$$y_{a-1} \oplus y_a = y_{a-p}, y_{c-1} \oplus y_c = y_{c-p}$$
$$y_{b-1} \oplus y_b = y_{b-p}, y_{d-1} \oplus y_d = y_{d-p}$$

第 4 步:计算 $a, b, c, d \mod l$, 若其中有某两个相等,则转到第 3 步.

第 5 步:由 G_a^2 导出 $(2^n - 1)/l$ 个相似陪集 $G_a^2(k)$, 形式如下

$$y_{a+kl-1} \oplus y_{a+kl} = y_{a+kl-p}, y_{c+kl-1} \oplus y_{c+kl} = y_{c+kl-p}$$

$$y_{b+kl-1} \oplus y_{b+kl} = y_{b+kl-p}, y_{d+kl-1} \oplus y_{d+kl} = y_{d+kl-p}$$

这里 $k = 0, 1, \cdots, \dfrac{2^n - 1}{l} - 1, G_a^2(0) = G_a^2$,给出了 G_R^n 中

的 $\dfrac{4(2^n - 1)}{l}$ 个元素(定理 5).

第 6 步:对每一个陪集 $G_a^2(k)$,令 $w_{kl} = y_{a+kl} \oplus$

$y_{b+kl}, k = 0, 1, \cdots, \dfrac{2^n - 1}{l} - 1$,将 w_{kl} 添加到 $G_a^2(k)$ 的第

$1, 2$ 个分量中,得到

$$(y_{a+kl-1} \oplus w_{kl}) \oplus (y_{a+kl} \oplus w_{kl}) = y_{a+kl-p}$$

$$(y_{b+kl-1} \oplus w_{kl}) \oplus (y_{b+kl} \oplus w_{kl}) = y_{b+kl-p}$$

$$(y_{c+kl-1} \oplus w_{kl}) \oplus (y_{c+kl} \oplus w_{kl}) = y_{c+kl-p}$$

$$(y_{d+kl-1} \oplus w_{kl}) \oplus (y_{d+kl} \oplus w_{kl}) = y_{d+kl-p}$$

第 7 步:保持 G_R^n 中的其余 $2^n - \dfrac{4(2^n - 1)}{l}$ 个元素

不变,便得到一个非线性正形置换 $R' \in NLOP_n$.

在以上构造中,有两点值得注意:第一,若 $R \in$

$MLOP_n$ 选取不当,这种构造方法有可能失效. 例如设

$n = 4, l = 5, R \in MLOP_4$,则容易验证,对 G_R^4 的任意 4

阶可腐化子群 G_0^2 构造的陪集 G_a^2, a, b, c, d 中均至少有

两个模 5 同余. 第二,若从第 5 步生成的 $\dfrac{2^n - 1}{l}$ 个相似

陪集中任选 $j = 1, 2, \cdots, \dfrac{2^n - 1}{l}$ 个陪集,并作第 6 步的

相应变形,则对这样的 $R \in MLOP_n$,共可得到

$$\begin{pmatrix} \dfrac{2^n-1}{l} \\ 1 \end{pmatrix} + \begin{pmatrix} \dfrac{2^n-1}{l} \\ 2 \end{pmatrix} + \cdots + \begin{pmatrix} \dfrac{2^n-1}{l} \\ \dfrac{2^n-1}{l} \end{pmatrix}$$

个非线性正形置换 R'

$x \oplus R(x) = S(x)$	$x \oplus R(x) = S(x)$
$0000 \oplus 0000 = 0000$	$0111 \oplus 1110 = 1001$
$0001 \oplus 0010 = 0011$	$1110 \oplus 0101 = 1011$
$0010 \oplus 0100 = 0110$	$0101 \oplus 1010 = 1111$
$0100 \oplus 1000 = 1100$	$1010 \oplus 1101 = 0111$
$1000 \oplus 1001 = 0001$	$1101 \oplus 0011 = 1110$
$1001 \oplus 1011 = 0010$	$0011 \oplus 0110 = 0101$
$1011 \oplus 1111 = 0100$	$0110 \oplus 1100 = 1010$
$1111 \oplus 0111 = 1000$	$1100 \oplus 0001 = 1101$

基于以上考虑,对原方法作如下改进.

第 1 ~ 4 步同前.

第 5 步:若遍历 $G_R^n \setminus G_0^2$ 中的所有元素,在 a,b,c,d 中仍有某两个模 l 同余,则转到第 1 步;否则转到第 7 步.

第 6 步:若取遍 G_R^n 的所有 4 阶可腐化子群,仍得不到合适的 a,b,c,d,则该方法不能导出 R 的非线性正形置换 R',停止;否则转到第 7 步.

第 7 步:同原算法第 5 步.

第 8 步:对 $j = 1$ 到 $\dfrac{2^n-1}{l}$,从 $\dfrac{2^n-1}{l}$ 个陪集中有放回地任选 j 个重复执行第 9,10 步,直到取遍所有组合数.

第 9 步:对每一个陪集 $G_a^2(k)$,令 $w_{kl} = y_{a+kl} \oplus y_{b+kl}, k = i_1, i_2, \cdots, i_j$,将 w_{kl} 添加到 $G_a^2(k)$ 的第 $1,2$ 个分

量中,得到

$$(y_{a+kl-1} \oplus w_{kl}) \oplus (y_{a+kl} \oplus w_{kl}) = y_{a+kl-p}$$

$$(y_{b+kl-1} \oplus w_{kl}) \oplus (y_{b+kl} \oplus w_{kl}) = y_{b+kl-p}$$

$$(y_{c+kl-1} \oplus w_{kl}) \oplus (y_{c+kl} \oplus w_{kl}) = y_{c+kl-p}$$

$$(y_{d+kl-1} \oplus w_{kl}) \oplus (y_{d+kl} \oplus w_{kl}) = y_{d+kl-p}$$

第 10 步:同原算法第 7 步.

第 3 节　$NLOP_n$ 的差值非线性度

以下讨论由上述方法构造的 $R \in NLOP$ 的某种非线性度

定义 10　设 $R \in NLOP_n$,定义 R 的差值非线性度

$$NL_R^n = \frac{1}{2} \#\{(x,y) \in GF(2)^{2n} \mid$$

$$R(x \oplus y) \neq R(x) \oplus R(y)\}$$

$$= 2^{2n-1} - \frac{1}{2} \#\{(x,y) \in GF(2)^{2n} \mid$$

$$R(x \oplus y) \neq R(x) \oplus R(y)\}$$

显然,当 $R(e) = e$ 时,有 $NL_R^n \leqslant 2^{2n-1} - 2^{n-1}$.

若 $R \in NLOP_n$,可由某 $R_1 \in MLOP_n$ 通过上述构造方法对 j 个相似陪集作相应调整(第 9 步)生成,则 R 在每个陪集内部仍保持线性关系,但在任意多个陪集之间或任一陪集与 $GF(2)^n$ 中剩余元素之间这种线性关系已被打破,因此

$$NL_R^n \geqslant \binom{4j}{2} 2! - \binom{j}{1}\binom{4}{2} 2! + \binom{j}{1}\binom{4}{1}\binom{2^n - 4j}{1}$$

$$= 16j^2 + (2^{n+2} - 2^5)j \quad (j = 1, 2, \cdots, \frac{2^n - 1}{l})$$

284

第 4 节　结 束 语

　　分组密码的设计要讲求艺术,更要注重科学. 以往出现的不少分组密码体制虽然有某种满意的对称结构,但往往很难用代数理论工具分析其安全特征,只得借助于试验或随机性测试方法来估计. 正形置换的提出开辟了分组密码的一个研究方向,使密码研究者有可能从整体上准确把握其安全性能,并用置换理论做出评价. 在正形置换的研究中,有许多问题亟待解决,其中与分组密码有关的是:(1) 非线性正形置换的有效构造;(2) 正形置换的安全平衡性与 S 盒的其他密码特性的关系;(3) 由正形置换产生的 S 盒的抗攻击性能等.

正形置换的刻画与计数①

第 24 章

密码学中置换理论的研究是近年密码学研究的热点之一. 一个密码体制的好坏主要取决于它所使用的密码函数的好坏, 对本质上是一个置换的分组密码则主要取决于它所使用的置换的好坏. 特别是差分分析和线性密码分析的提出以及对 DES 密码体制的破译, 迫使人们设计更好的密码算法, 寻找更好的置换源. 研究表明, 正形置换是一种比较理想的置换之一, 它有很好的密码学特性. 但关于正形置换的研究尚处在初级阶段, 西北工业大学数学系的李志慧, 李学良两位教授 2000 年在文献 [2-5] 等研究的基础上提出了正形置换多项式的概念, 证明了在特征为 2 的域上正形置换与正形置换多项式之间存在着一一对应关系, 得到了正形置换的计数表达式, 为正形置换的研究提供了一种新的方法.

① 本章摘自《西安电子科技大学学报 (自然科学版)》, 2000 年, 第 27 卷, 第 6 期.

第 1 节 预 备 知 识

定义 1 设 σ 为 Z_2^m 上的一个置换，I 为 Z_2^m 上的恒等置换. 若 $\sigma + I$ 仍为 Z_2^m 上的一个置换，则称 σ 为 Z_2^m 上的正形置换.

设 F_q 是一个有限域，这里 q 是一个素数的幂.

定义 2 $f(x) \in F_q[x]$ 称为 F_q 上的一元置换多项式，如果多项式函数 $f:c \to f(c)$ 为 F_q 上的一个置换.

引理 1 多项式 $f(x) \in F_q[x]$ 为 F_q 上的置换多项式当且仅当下列条件之一成立：(1) 函数 $f:c \to f(c)$ 为满射. (2) 函数 $f:c \to f(c)$ 为单射.

证 由置换多项式定义可知函数 $f:c \to f(c)$ 为一一对应，所以 (1)(2) 的必要性显然.

下证 (1) 的充分性：若多项式函数 $f:c \to f(c)$ 为满射，要证 $f(x)$ 为置换多项式，只要证多项式函数 $f:c \to f(c)$ 为单射即可. 若 $f(x_1) = f(x_2)$，$x_i \in F_q$，$i = 1,2$. 下证 $x_1 = x_2$：假如 $x_1 \neq x_2$，则一定有 $|\operatorname{Im} f| \leqslant |F_q|$，这与多项式函数 $f:c \to f(c)$ 为满射矛盾.

再证 (2) 的充分性：若多项式函数 $f:c \to f(c)$ 为单射，要证 $f(x)$ 为置换多项式，只要证多项式函数 $f:c \to f(c)$ 为满射即可. 下证多项函数 $f:c \to f(c)$ 为满射：假设 f 不是满射，则 $|\operatorname{Im} f| \leqslant |F_q|$，此式表明在定义域 F_q 中至少有两个不同的元素其象在值域 F_q 中是相等的，这与多项式函数 $f:c \to f(c)$ 为单射矛盾. 证毕.

第2节　　正形置换多项式及其性质

定义 3　　多项式 $f(x) \in F_q[x]$ 称为 F_q 上的正形置换多项式,如果 $f(x)$ 满足:(1)$f(x)$ 为置换多项式;(2)$\{f(c) - c \mid \forall c \in F_q\} = F_q$.

定理 1　$f(x)$ 是 F_q 上的正形置换多项式 $\Leftrightarrow f(x)$,$(f-I)(x)$ 为 F_q 上的置换多项式.

证　("$\Rightarrow$")若 $f(x)$ 是正形置换多项式,只要证明 $(f-I)(x)$ 是置换多项式. 由

$$\{f(c) - c \mid \forall c \in F_q\} = F_q$$

另一方面

$$\{f(c) - c \mid \forall c \in F_q\} = \mathrm{Im}(f - I)$$

从而 $\mathrm{Im}(f-I) = F_q$,由引理 1 知 $(f-I)(x)$ 为 F_q 上的置换多项式.

("$\Leftarrow$")若 $f(x)$,$(f-I)(x)$ 是置换多项式,由引理 1 有

$$\mathrm{Im}(f - I) = F_q$$

另一方面

$$\mathrm{Im}(f - I) = \{f(c) - c \mid \forall c \in F_q\}$$

因而 $\{f(c) - c \mid \forall c \in F_q\} = F_q$,从而 $f(x)$ 是 F_q 上的正形置换多项式.

推论 1　设 $f(x) = \alpha x \in F_q[x]$,其中 $\alpha \neq 0, 1$,则 $f(x)$ 是 F_q 上的正形置换多项式.

证　首先证明 $f(x)$ 是置换多项式,由引理 1 只要证明 $f(x)$ 是单射即可,若 $f(\alpha_1) = f(\alpha_2)$,$\alpha_1, \alpha_2 \in F_q$,

即 $\alpha\alpha_1 = \alpha\alpha_2$,从而 $\alpha(\alpha_1 - \alpha_2) = 0$,而 $\alpha \neq 0$,因此 $\alpha_1 - \alpha_2 = 0$,有 $\alpha_1 = \alpha_2$. 由定理 1 下证: $(f - I)(x)$ 是置换多项式,由引理 1 只要证明 $(f - I)(x)$ 是单射即可,若 $\alpha\alpha_1 - \alpha_1 = \alpha\alpha_2 - \alpha_2$,则有

$$(\alpha - 1)(\alpha_1 - \alpha_2) = 0$$

而 $\alpha \neq 1$,因此 $\alpha_1 - \alpha_2 = 0$,有 $\alpha_1 - \alpha_2$. 证毕.

定理 2 若 $f(x)$ 为 F_q 上的正形置换多项式,则 $f(x) + r$ 也为 F_q 上的正形置换多项式,其中 $r \in F_q$.

证 由于

$$\text{Im}\, f = \{f(0), f(\alpha), \cdots, f(\alpha^{q-1})\}$$

因而

$$\text{Im}(f + r) = \{f(0) + r, f(\alpha) + r, \cdots, f(\alpha^{q-1}) + r\}$$

易证 $\text{Im}(f + r)$ 中任意两个元素互不相等,从而

$$\text{Im}(f + r) = F_q$$

由引理 1 知 $f(x) + r$ 为置换多项式;另一方面由定理 1 知 $(f - I)(x)$ 是置换多项式,从上述过程同理可以推出 $(f - I)(x) + r$ 为置换多项式,即 $(f + r)(x) - I(x)$ 为置换多项式,从而由定理 1 知 $f(x) + r$ 为正形置换多项式.

定理 3 若 $f(x)$ 为 F_q 上的正形置换多项式,则 $f(x)$ 恰好存在一个不动点.

证 先证存在性. 由于 $f(x)$ 是正形置换多项式,有 $\{f(c) - c \mid \forall c \in F_q\} = F_q$,因而 $0 \in F_q$,所以 $\exists \beta \in F_q$ 满足 $f(\beta) - \beta = 0$,即 $f(\beta) = \beta$. 下证唯一性. 若存在 $\gamma \in F_q$ 满足 $f(\gamma) = \gamma$,则有

$$(f - I)(\gamma) = f(\gamma) - \gamma = 0 = f(\beta) - \beta = (f - I)(\beta)$$

由 $f(x)$ 是 F_q 上的一个正形置换多项式及定理 1 可知 $(f - I)(x)$ 是 F_q 上的置换多项式,从而 $\gamma = \beta$.

第3节　　正形置换的刻画

令 $q = p^m$，即 F_q 是一个特征为 p 的有限域. 设 $F_q = Z_p(y)/g(y)$，其中 $g(y)$ 是一个不可约多项式，且 $\partial(g(y)) = m$，令

$$h: F_q \to GF(p)^m$$

$$b_0 + b_1 y + \cdots + b_{m-1} y^{m-1} \to (b_0, b_1, \cdots, b_{m-1})$$

其中 $b_i \in GF(p)$，则 h 为一个自然同构.

设 σ 是 $GF(p)^m$ 上的一个置换，即 $\sigma: GF(p)^m \to GF(p)^m$ 是一个双射，易证由 σ 可以诱导出 F_q 上的一个置换 $h^{-1}\sigma h$.

定理 4　设 σ 是 $GF(p)^m$ 上的一个置换，则置换 $h^{-1}\sigma h$ 可唯一诱导出 $F_q[x]$ 上的一个置换多项式 $f(x)$，其中 $\partial(f(x)) \leqslant q - 1$. 若 $f(x)$ 是 $F_q(x)$ 上的一个次数小于等于 $q-1$ 的置换多项式，则 $f(x)$ 可以唯一诱导出 $GF(p)^m$ 上的一个置换.

证　设 $f(x) = a_{q-1} x^{q-1} + \cdots + a_1 x + a_0$，其中 $a_i \in F_q$. 令 $f(\beta) = h^{-1}\sigma h(\beta)$，$\beta \in F_q$. 由于 $F_q = \{0, \alpha, \alpha^2, \cdots, \alpha^{q-1}\}$，其中 α 是 F_q 的本原元，则 $f(x)$ 满足如下关系

$$\begin{cases} f(0) = a_{q-1} 0 + a_{q-2} 0 + \cdots + a_1 0 + a_0 1 \\ \qquad = h^{-1}\sigma h(0) \\ f(\alpha) = a_{q-1} \alpha^{q-1} + a_{q-2} \alpha^{q-2} + \cdots + a_1 \alpha + a_0 1 \\ \qquad = h^{-1}\sigma h(\alpha) \\ \vdots \\ f(\alpha^{q-1}) = a_{q-1}(\alpha^{q-1})^{q-1} + a_{q-2}(\alpha^{q-2})^{q-2} + \cdots + \\ \qquad\qquad a_1 \alpha^{q-1} + a_0 1 \\ \qquad = h^{-1}\sigma h(\alpha^{q-1}) \end{cases} \qquad (1)$$

方程组(1)的系数行列式为

$$\begin{vmatrix} 0 & 0 & \cdots & 0 & 1 \\ \alpha^{q-1} & \alpha^{q-2} & \cdots & \alpha & 1 \\ \vdots & \vdots & & \vdots & \vdots \\ (\alpha^{q-1})^{q-1} & (\alpha^{q-1})^{q-2} & \cdots & (\alpha^{q-1}) & 1 \end{vmatrix} =$$

$$(-1)^{q(q-1)/2} \alpha \alpha^2 \cdots \alpha^{q-1} \prod_{1 \leqslant j < i \leqslant q-1} (\alpha^i - \alpha^j) \neq 0$$

从而方程组(1)有唯一解,即系数 $a_0, a_1, \cdots, a_{q-1}$ 唯一确定,因而 $f(x)$ 唯一.

反之,若 $f(x)$ 是 $F_q(x)$ 上的一个次数小于等于 $q-1$ 的置换多项式,令 $\sigma(a) = hfh^{-1}(a)$,$\forall a \in GF(p)^m$,易证 σ 是 $GF(p)^m$ 上的一个置换. 由于 $f(x)$ 是 $F_q(x)$ 上的一个置换多项式,从而唯一性显然,证毕.

定义4 设 $f(x) \in F_q[x]$,称 $f(x)$ 为 $GF(p)^m$ 上置换 σ 的多项式,若 $f(x)$ 是由 σ 诱导出的多项式.

定理5 $GF(p)^m$ 上的一个置换 σ 是正形置换 $\Leftrightarrow$ 这个置换 σ 的多项式 $f(x)$ 是正形置换多项式.

证 ("$\Rightarrow$") 设 σ 是 $GF(p)^m$ 上的一个正形置换,由定理4知 σ 的多项式 $f(x)$ 一定是置换多项式,下面只要证明 $(f - I)(x) = f(x) - I(x)$ 是 $F_q[x]$ 上的置换多项式,由引理1只要证明 $f(x) - I(x)$ 是单射即可. 假设 $f(\alpha_1) - \alpha_1 = f(\alpha_2) - \alpha_2$,即

$$h^{-1} \sigma h(\alpha_1) - \alpha_1 = h^{-1} \sigma h(\alpha_2) - \alpha_2$$

其中 $\alpha_i \in F_q$,$i = 1, 2$. 又 h 是一个同构,所以

$$\sigma h(\alpha_1) - h(\alpha_1) = \sigma h(\alpha_2) - h(\alpha_2)$$

即 $(\sigma - I)(h(\alpha_1)) = (\sigma - I)(h(\alpha_2))$. 另一方面,由 σ 是 $GF(q)^m$ 上的一个正形置换,所以 $\sigma - I$ 是 $GF(q)^m$ 上的一个置换,则有 $h(\alpha_1) = h(\alpha_2)$,从而 $\alpha_1 = \alpha_2$.

（"⇐"）若 $f(x)$ 是正形置换多项式，由 $f(x)$ 定义可知 σ 一定是 $GF(q)^m$ 上的一个置换，要证 σ 是 $GF(q)^m$ 上的一个正形置换，由定义 1 只要证明 $(\sigma - I)(x)$ 是 $GF(q)^m$ 上的单射即可. 设 $(\sigma - I)(a_1) = (\sigma - I)(a_2)$，$a_i \in GF(q)^m$，$i = 1,2$. 由于 h 为同构，所以存在 $a_i \in F_q$，$i = 1,2$. 满足 $h(\alpha_i) = a_i$. 代入上式有 $\sigma h(\alpha_1) - h(\alpha_1) = \sigma h(\alpha_2) - h(\alpha_2)$，用 h^{-1} 作用等式两端有 $h^{-1}\sigma h(\alpha_1) - I(\alpha_1) = h^{-1}\sigma h(\alpha_2) - I(\alpha_2)$，即 $f(\alpha_1) - \alpha_1 = f(\alpha_2) - \alpha_2$，而 $(f - I)(x)$ 为置换多项式（由定理 1 及 $f(x)$ 是正形置换多项式得证），则有 $\alpha_1 = \alpha_2$，即 $a_1 = h(\alpha_1) = h(\alpha_2) = a_2$. 证毕.

第 4 节　有关正形置换的计数问题

以下用符号 $S^p(m)$ 表示有限域 F_q 上所有正形置换多项式形成的集合，其中 $q = p^m$ 用符号 $|S^p(m)|$ 表示有限域 F_q 上所有正形置换多项式的数目.

定理 6　有限域 F_q 上所有正形置换多项式的数目一定可以被 q 整除，即 $q \mid\mid S^p(m) \mid$.

证　令 $G = \{g_r \mid \forall r \in F_q\}$，在集合 G 上定义如下运算：$g_{r_1}g_{r_2} = g_{r_1+r_2}$，则易证 G 关于这样的乘法运算构成一个群，群 G 在 $S^p(m)$ 上的作用由

$$(g_r, f(x)) \rightarrow f(x) + r$$

给出，令 $H_{f(x)} = \{g_r \mid g_r f(x) = f(x)\}$，这里的 $H_{f(x)}$ 表示群 G 在点 $f(x)$ 处的稳子群，由文献[6]（第 91 页公式 (40)）有

292

$$| S^p(m) | = \sum_i [G : H_{f(x)_i}]$$

这里的求和是取遍轨道代表的一个集

$$\{f(x)_1, f(x)_2, \cdots, f(x)_k\}$$

而 $[G : H_{f(x)}]$ 表示稳子群 $H_{f(x)}$ 在群 G 中的陪集个数,不难求出

$$H_{f(x)} = \{g_0\}$$

从而

$$[G : H_{f(x)_i}] = [G] \quad (i = 1, 2, \cdots, k)$$

即有

$$| S^p(m) | = k[G] = kq$$

从而有 $q \mid | S^p(m) |$. 证毕.

定理 7　有限域 F_q 上正形置换多项式的数目一定大于等 $q(q-2)$,即 $| S^p(m) | \geqslant q(q-2)$.

证　由推论 1 和定理 2 可知

$$f(x) = \alpha x + \beta$$

$\alpha \neq 0, 1$ 是 F_q 上的正形置换多项式,容易求出这种正形置换多项式的个数,即

$$| \{f(x) \mid f(x) = \alpha x + \beta, \alpha \neq 0, 1\} | = q(q-2)$$

又

$$| S^p(m) | \geqslant | \{f(x) \mid f(x) = \alpha x + \beta, \alpha \neq 0, 1\} |^2$$

从而 $| S^p(m) | \geqslant q(q-2)$. 证毕.

由定义 1 及定理 5 可知 $| S^2(m) |$ 也等于 2^m 阶(或者 $GF(2)^m$ 上)正形置换的数目,利用定理 6 及定理 7 有:

推论 2　若 $m > 2$,则 $| S^2(m) | > 2^{m+1}$.

293

第5节　结　论

定理6实质对正形置换的计数问题给出了一个公式,当然轨道的个数还有待于研究;但另一方面有关多项式计数问题有比较丰富的结果,由这些结果结合文中定义6对 $|S^2(m)|$ 的研究会有比较大的帮助,这需要进一步研究. 计算机目前搜索的结果为

$$|S^0(1)| = 0, \quad |S^0(2)| = 8, \quad |S^0(3)| = 384$$

参 考 文 献

[1] 卢开澄. 计算机密码学 [M]. 2版. 北京:清华大学出版社,1998.

[2] 刘振华,舒畅. 正形置换的研究与应用[A]. 第五届通信保密现状研讨会文集. 成都:电子部30所国防科技保密通信重点实验室,四川省电子学会,1995:39-43.

[3] 冯登国,刘振华. 关于正形置换的构造[J]. 通信保密,1996(2):61-64.

[4] 亢保元,王育民. 线性置换与正形置换[J]. 西安电子科技大学学报,1998,28(2):254-255.

[5] 廖勇,卢起骏. 仿射正形置换的结构与记数[J]. 密码与信息,1996,24(2):23-25.

[6] JACOBSON N. 基础代数[M]. 上海师范大学数学系,译. 北京:高等教育出版社,1982.

[7] CHEN Z. On Polynomial Functions from Z_n to Z_m [J]. Discrete mathematics,1995(137):137-145.

[8] MULLEN G L. Polynomials Over Finite Fields Which Commute with Linear Permutations[J]. Proc. Amer. Math. Soc. ,1982,84(3):315-317.

正形置换的枚举与计数①

第 25 章

第 1 节 引 言

正形置换是分组密码和序列密码设计的一类基础置换. 1995 年, 美国 Teledyne Electronic Technologies 公司的 Mittenthal 博士首次公开地将正形置换的理论用于密码算法的设计中, 在他的研究报告中, 给出了一种正形置换的构造方法, 并指出了正形置换研究中仍存在一些未解决的问题, 如正形置换的枚举和计数问题; 最大圈正形置换的构造问题; 正形置换的圈结构问题等. 文章的发表在国内外引起了一股研究正形置换热, 但是不知是否出于保密的原因, 自 20 世纪 90 年代末, 国外研究正形置换的公开文章就见不到了. 但是可以肯定地说, 国外对正形置换的研究并没有停止, 美国 Teledyne 公司也已申请了用正形置换构造密码算法的专利.

---

① 本章摘自《计算机研究与发展》, 2006 年, 第 43 卷, 第 6 期.

置换与 Dickson 多项式

自 1995 年以来,国内对正形置换的研究主要集中在正形置换的构造与计数上. 文献[2]介绍了 4 种构造正形置换的方法,在文献[3]中,作者给出了一种最大线性正形置换的构造方法,并给出了 n 阶最大线性正形置换的一个下界 $n! \dfrac{\varphi(2^n - 1)}{n}$. 文献[4]描述了一种利用最大线性正形置换构造非线性正形置换的方法. 文献[5]给出了正形置换的级联迭代构造法,并给出了 n 阶正形置换个数的下界为 $2^{2^{n-1}} + C_{2^n-3}^2$. 文献[6]用正形置换多项式对正形置换进行了刻画,并给出了 2^m 阶正形置换的个数的下界为 2^{m+1}. 文献[7]给出了 n 阶正形置换的一个下界 2^{2^n},其作者认为这是当时最好的一个下界. 文献[8]主要研究了线性正形置换的构造[①].

从已公开发表的文章来看,我国对正形置换的理论研究还很不成熟,尚有很多未解决的问题,因此对正形置换的理论研究是很有必要的.

信息安全国家重点实验室(中国科学院研究生院)的任金萍,吕述望两位研究人员 2006 年对正形置换的枚举和计数进行了讨论,提出了和阵的概念,对和阵的性质进行了初步的讨论,并得出了和阵与正形置换的关系,从而利用和阵给出了正形置换的一种枚举方法(国内外相关文献中还未见到正形置换的枚举方法). 由该枚举方法我们得出了 n 阶正形置换个数 N_n

① S. Golomb, G. Gong, L. Mittenthal. Constructions of orthomorphisms of Z_2^n CACR 1999 - 61. http://www. cacr. math. uwaterloo. ca/techreports/1999/tech_reports99. html,1999.

的上界和下界,结果比迄今为止给出的结果都要好,是目前给出的最优的上下界

$$N_n \geqslant C_{2^{n-1}}^{2^{n-2}} \Big[\prod_{i=0}^{2^{n-2}-1} (2^{n-1} - 2i) \Big]^2$$

$$N_n \leqslant C_{2^{n-1}}^{2^{n-2}} \Big[2^{n-1} \times (2^{n-1} - 1) \prod_{i=1}^{2^{n-2}-2} (2^{n-1} - 2 - i) \Big]^2 \cdot$$

$$\Big[2^{n-2} \times (2^{n-2} - 2) \prod_{i=1}^{2^{n-3}-2} (2^{n-2} - 2 - i) \Big]^2$$

第 2 节　和　阵

1. 正形置换的定义

定义 1　设 $F = GF(2) = \{0,1\}$,$F^n = \{a_1, a_2, \cdots, a_n) \mid a_i \in F\}$,$\Omega$ 为 F^n 上的一个置换,如果对于 F^n 上的恒等置换 $I,I + \Omega$ 仍是一个 F^n 上的一个置换,则称 Ω 为 F^n 上的正形置换.

定义 2　正形置换 Ω 如果是线性变换,即满足对于任意 $X,Y \in F^n$,都有 $\Omega(X \oplus Y) = \Omega(X) \oplus \Omega(Y)$,则称 Ω 为线性正形置换.

2. 和阵及其特性

为讨论方便,F^n 的全部元素表示成 $0,1,\cdots,2^n - 1$.

定义 3　记矩阵 $A_n = (a_{ij})_{2^n \times 2^n}$,若 $a_{ij} = i \oplus j$,则称此矩阵 A_n 为 n 元和阵.

下面对和阵的性质进行一些初步的讨论.

性质 1　n 元和阵 A_n 为方阵,其级数为 2^n,其中 $a_{ij} = 0$,当 $i \oplus j = 2^n - 1$ 时,$a_{ij} = 2^n - 1$,即两个对角线

元素分别为 0 和 $2^n - 1$，且其转置矩阵 $A'_n = A_n$.

  证 由定义 3 易证.

  性质 2 当 $n \geqslant 1$，n 元和阵

$$A_n = \begin{pmatrix} A_{n-1} & A_{n-1} \oplus 2^{n-1} \\ A_{n-1} \oplus 2^{n-1} & A_{n-1} \end{pmatrix}$$

特别当 $n = 0$ 时和阵 $A_0 = (0)$，其中 $A_{n-1} \oplus 2^{n-1}$ 表示 A_{n-1} 的每个元素分别模 2 加 2^{n-1} 所组成的矩阵. 下面不再一一说明.

  证 由定义 3 易证.

  性质 3 当 $n \geqslant 1$ 时，记 $A_n = \begin{pmatrix} B_1 & B_2 \\ B_3 & B_4 \end{pmatrix}$，其中 B_i 的级数为 2^{n-1}，则 B_1 的元素是 $0 \sim 2^{n-1} - 1$，B_2 的元素是 $2^{n-1} \sim 2^n - 1$，并且 $B_1 = B_4 = A_{n-1}$，$B_2 = B_3 = A_{n-1} \oplus 2^{n-1}$.

  证 由性质 2 易证.

  对不同 n 情形下的 n 元和阵，我们举例如下：

  当 $n = 3$ 时，3 元和阵 A_3 为

$$A_3 = \begin{pmatrix} 0 & 1 & 2 & 3 & 4 & 5 & 6 & 7 \\ 1 & 0 & 3 & 2 & \underline{5} & 4 & 7 & 6 \\ 2 & 3 & 0 & \underline{1} & 6 & 7 & 4 & 5 \\ 3 & 2 & 1 & 0 & 7 & 6 & 5 & \underline{4} \\ 4 & 5 & 6 & 7 & 0 & 1 & \underline{2} & 3 \\ 5 & 4 & \underline{7} & 6 & 1 & 0 & 3 & 2 \\ 6 & 7 & 4 & 5 & 2 & \underline{3} & 0 & 1 \\ 7 & \underline{6} & 5 & 4 & 3 & 2 & 1 & 0 \end{pmatrix}$$

$$= \begin{pmatrix} A_2 & A_2 \oplus 2^2 \\ A_2 \oplus 2^2 & A_2 \end{pmatrix}$$

当 $n = 4$ 时,4 元和阵 A_4 为

$$A_4 = \begin{pmatrix}
0 & 1 & 2 & 3 & 4 & 5 & 6 & 7 & 8 & 9 & a & b & c & d & e & f \\
1 & 0 & 3 & 2 & 5 & 4 & 7 & 6 & 9 & 8 & b & a & d & c & f & e \\
2 & 3 & 0 & 1 & 6 & 7 & 4 & 5 & a & b & 8 & 9 & e & f & c & d \\
3 & 2 & 1 & 0 & 7 & 6 & 5 & 4 & b & a & 9 & 8 & f & e & d & c \\
4 & 5 & 6 & 7 & 0 & 1 & 2 & 3 & c & d & e & f & 8 & 9 & a & b \\
5 & 4 & 7 & 6 & 1 & 0 & 3 & 2 & d & c & f & e & 9 & 8 & b & a \\
6 & 7 & 4 & 5 & 2 & 3 & 0 & 1 & e & f & c & d & a & b & 8 & 9 \\
7 & 6 & 5 & 4 & 3 & 2 & 1 & 0 & f & e & d & c & b & a & 9 & 8 \\
8 & 9 & a & b & c & d & e & f & 0 & 1 & 2 & 3 & 4 & 5 & 6 & 7 \\
9 & 8 & b & a & d & c & f & e & 1 & 0 & 3 & 2 & 5 & 4 & 7 & 6 \\
a & b & 8 & 9 & e & f & c & d & 2 & 3 & 0 & 1 & 6 & 7 & 4 & 5 \\
b & a & 9 & 8 & f & e & d & c & 3 & 2 & 1 & 0 & 7 & 6 & 5 & 4 \\
c & d & e & f & 8 & 9 & a & b & 4 & 5 & 6 & 7 & 0 & 1 & 2 & 3 \\
d & c & f & e & 9 & 8 & b & a & 5 & 4 & 7 & 6 & 1 & 0 & 3 & 2 \\
e & f & c & d & a & b & 8 & 9 & 6 & 7 & 4 & 5 & 2 & 3 & 0 & 1 \\
f & e & d & c & b & a & 9 & 8 & 7 & 6 & 5 & 4 & 3 & 2 & 1 & 0
\end{pmatrix}$$

$$= \begin{pmatrix} A_3 & A_3 \oplus 8 \\ A_3 \oplus 8 & A_3 \end{pmatrix}$$

其中,"$a \sim f$"分别表示十进制数字 10 ~ 15.

3. 和阵与正形置换关系

在讨论和阵与正形置换的关系前,先给出一个定义:

定义 4 在 n 元和阵中选出不同行、不同列的 $\{0,1,\cdots,2^n - 1\}$ 的一种取法称为一种抽取.

由正形置换的定义不难看出,一个正形置换就是和阵中不同行、不同列的 $0,1,\cdots,2^n - 1$ 所在的行列位

置,即对应和阵的一种抽取. 因为由和阵定义可知,这 2^n 个不同的数正好表示置换进出口的和. 所以找出不同行、不同列的 $0,1,\cdots,2^n-1$ 就找出了一个正形置换,反之亦然. 故有下列结论:

定理 1　　F^n 上的正形置换的个数与 n 元和阵的抽取个数是一一对应的.

例如,A_3 中带下划线的数就是一种抽取(对应置换进出口的和数),而对应的正形置换 Ω 即是和数所处的行(进口)、列(出口)序数

$$\Omega = \begin{pmatrix} 0 & 1 & 2 & 3 & 4 & 5 & 6 & 7 \\ 0 & 4 & 3 & 7 & 6 & 2 & 5 & 1 \end{pmatrix}$$

Ω 进出口的和数为

$$0\ 5\ 1\ 4\ 2\ 7\ 3\ 6$$

A_4 中带下划线的数就是一种抽取,即是置换进出口的和数,对应的正形置换 Ω 为

$$\Omega = \begin{pmatrix} 0 & 1 & 2 & 3 & 4 & 5 & 6 & 7 & 8 & 9 & a & b & c & d & e & f \\ 0 & d & 6 & b & 5 & 8 & 3 & e & a & 7 & c & 1 & f & 2 & 9 & 4 \end{pmatrix}$$

Ω 进出口的和数为

$$0\ c\ 4\ 8\ 1\ d\ 5\ 9\ 2\ e\ 6\ a\ 3\ f\ 7\ b$$

通过本节的讨论,我们成功地将和阵与正形置换挂钩,从而将正形置换的计数问题转化为 n 元和阵的抽取个数的计数问题.

第 3 节　　正形置换的枚举法

由第 2 节可知,F^n 上正形置换的枚举就是寻找 n 元和阵 A_n 中不同行、不同列 $0,1,\cdots,2^n-1$ 的排列.

观察 A_n，因为要满足每行、每列只能选取一个数字，因此当我们选中其中某个 a_{ij} 时，i 行 j 列的其他元素都不能再选了，应予以划去．这样才能保证下一个元素选取时不会出现同行同列．

对于

$$A_n = \begin{pmatrix} B_1 & B_2 \\ B_3 & B_4 \end{pmatrix} = \begin{pmatrix} A_{n-1} & A_{n-1} \oplus 2^{n-1} \\ A_{n-1} \oplus 2^{n-1} & A_{n-1} \end{pmatrix}$$

我们有以下结果．

在 A_n 中枚举每个正形置换，也就是要成功地选取不同行、不同列的 $0,1,\cdots,2^n-1$，必须同时满足：

① 在 B_1 中选取不同行、不同列 $\{0,1,\cdots,2^{n-1}-1\}$ 中的 2^{n-2} 个元素，在 B_4 中选取不同行、不同列 $\{0,1,\cdots,2^{n-1}-1\}$ 中的其余 2^{n-2} 个元素；

② 在 A_n 中划去①所在元素的行和列后，在（划去行列后的）B_2 中选取不同行、不同列 $\{2^{n-1},2^{n-1}+1,\cdots,2^n-1\}$ 中的 2^{n-2} 个元素，在（划去行列后的）B_3 中选取不同行、不同列 $\{2^{n-1},2^{n-1}+1,\cdots,2^n-1\}$ 其余的 2^{n-2} 个元素．

上述过程可简单地归纳如下．

定理 2　满足不同行、不同列的 $0,1,\cdots,2^n-1$ 在 $A_n = \begin{pmatrix} B_1 & B_2 \\ B_3 & B_4 \end{pmatrix}$ 中分布的必要条件是在 B_1,B_2,B_3,B_4 均为 2^{n-2} 个．

证　从上述的结构可知，B_1,B_4 中的元素是 $\{0,1,\cdots,2^{n-1}-1\}$，这 2^{n-1} 个元素必须在 B_1,B_4 中选取，而 B_2,B_3 中的元素是 $\{2^{n-1},2^{n-1}+1,\cdots,2^n-1\}$，这 2^{n-1} 个

元素必须在 B_2，B_3 中选取. 用反证法：

（1）如果 B_1 中的元素多于 2^{n-2} 个，则划去这些元素所在的行和列后，B_2 所剩小于 2^{n-2} 个元素个行，B_3 所剩小于 2^{n-2} 个元素个列，就不可能在小于 2^{n-1} 个元素个行列的 B_2，B_3 中选出不同行、不同列 2^{n-1} 个元素，矛盾；

（2）如果在 B_1 中选择的元素少于 2^{n-2} 个，则在 B_4 中选择的元素就多于 2^{n-2} 个. 同理，B_2，B_3 所剩的列、行数少于 2^{n-1} 个元素，也就不可能在 B_2，B_3 中选出不同行、不同列 2^{n-1} 个元素，同样矛盾.

所以 B_1 中选取不同行、不同列 $\{0,1,\cdots,2^{n-1}-1\}$ 中的 2^{n-2} 个元素，其余 2^{n-2} 个元素在 B_4 中选取 B_2，B_3 亦为 2^{n-2} 个. 因此，要想在和阵中选取不同行、不同列的 $0,1,\cdots,2^n-1$，就必须满足上述条件. 证毕.

如对于 $A_4 = \begin{pmatrix} B_1 & B_2 \\ B_3 & B_4 \end{pmatrix}$ 产生一种抽取，必须满足：在 B_1 中选择 $\{0,1,\cdots,7\}$ 中的 4 个元素，在 B_4 中选择 $\{0,1,\cdots,7\}$ 中的另外 4 个元素，在 B_2 中选取 $\{8,9,\cdots,15\}$ 中的 4 个元素，在 B_3 中选择 $\{8,9,\cdots,15\}$ 中的另外 4 个元素.

从上面的讨论可以给出正形置换的一种枚举方法如下：

① 在 $\{0,1,\cdots,2^{n-1}-1\}$ 取定 2^{n-2} 个元素（共有 $C_{2^{n-1}}^{2^{n-2}}$ 种选取）；

② 在 B_1 中不同行、不同列选取 ① 取定的元素；

③ 划去 ② 选取元素在 A_n 的行和列；

④ 在 B_4 的不同行、不同列中选择 $\{0,1,\cdots,2^{n-1}-1\}$ 的其余 2^{n-2} 个元素；

⑤ 划去 ④ 选取元素在 A_n 的行和列；

⑥ 在 B_2 剩余的 2^{n-2} 个行、2^{n-2} 个列中选取不同行、不同列的 2^{n-2} 个互异元素；

⑦ 在 B_3 剩余的 2^{n-2} 个行、2^{n-2} 个列中选取不同行、不同列剩余的 2^{n-2} 个互异元素．

第4节　正形置换计数的上下界

从上述正形置换的枚举方法中不难看出正形置换计数的上下界．

定理 3　设 n 比特的正形置换个数为 N_n，则

$$N_n \geqslant \mathrm{C}_{2^{n-1}}^{2^{n-2}}\Big[\prod_{i=0}^{2^{n-2}-1}(2^{n-1}-2i)\Big]^2$$

$$N_n \leqslant \mathrm{C}_{2^{n-1}}^{2^{n-2}}\Big[2^{n-1}\cdot(2^{n-1}-1)\prod_{i=1}^{2^{n-2}-2}(2^{n-1}-2-i)\Big]^2 \cdot$$

$$\Big[2^{n-2}\cdot(2^{n-2}-2)\prod_{i=1}^{2^{n-3}-2}(2^{n-2}-2-i)\Big]^2$$

证　由枚举方法 ① 可知，在 $\{0,1,\cdots,2^{n-1}-1\}$ 取定 2^{n-2} 个元素共有 $\mathrm{C}_{2^{n-1}}^{2^{n-2}}$ 种选法．我们将其中一种选法的 2^{n-2} 个元素记为 $\{a_1,a_2,a_3,\cdots,a_{2^{n-2}}\}$，这 2^{n-2} 个元素在 B_1 中选取．下面分别讨论每个元素的取法：

第 1 个元素 a_1 的取法：在 B_1 中有 2^{n-1} 个 a_1 值，它们位于不同的行和列上，a_1 可以取其中的任何一个，因此有 2^{n-1} 种取法．

第 2 个元素 a_2 的取法：在 B_1 中有 2^{n-1} 个 a_2 值，划去已选取的 a_1 所在的行和列的元素后，还有 $2^{n-1} - 2$ 个 a_2 值，因此 a_2 有 $2^{n-1} - 2$ 种取法.

第 3 个元素 a_3 的取法：在 B_1 中划去选定的 a_1, a_2 所在的行和列的元素后，剩下的 a_3 元素的个数可能有两种情形：若某个 a_3 位于划去的行和列的某个交点上，则剩下 $2^{n-1} - 2 - 1$ 个 a_3 值；否则剩下 $2^{n-1} - 2 - 2$ 个 a_3 值，因此 a_3 最多有 $2^{n-1} - 2 - 1$ 种取法，最少有 $2^{n-1} - 2 - 2$ 种取法.

依此类推，可以得到其他元素的取法. 因此在 B_1 中选取这 2^{n-2} 个元素至少有 $2^{n-1}(2^{n-1} - 2)(2^{n-1} - 4)\cdots 2$ 种选取法，至多有 $2^{n-1}(2^{n-1} - 2)(2^{n-1} - 3)\cdots 2$ 种选取法. 同样，在 B_4 中选取余下的 2^{n-2} 个元素也是至少有 $2^{n-1}(2^{n-1} - 2)(2^{n-1} - 4)\cdots 2$ 种选取法. 至多有 $2^{n-1}(2^{n-1} - 2)(2^{n-1} - 3)\cdots 2$ 种选取法.

当 B_1 和 B_4 中的元素取定后，要考虑 B_2, B_3 中元素的选取情形.

划去 B_1 和 B_4 中选定元素所在的行和列后，B_2 和 B_3 中分别有 2^{n-2} 行和 2^{n-2} 列元素，因此 B_2 中的第 1 个元素可以取第 1 列中的任一个元素，因此有 2^{n-2} 种选法，第 2 个元素至多有 $(2^{n-2} - 2)$ 种选法，依此类推，故在 B_2, B_3 中选这 2^{n-2} 个元素均至多有 $2^{n-2}(2^{n-2} - 2)(2^{n-2} - 3)\cdots 2$ 种选取法. 因此就有式（2）（3）成立. 证毕.

由定理 3 我们得到了正形置换计数的上下界，例如：

当 $n = 2$ 时

$$N_2 \geqslant 2 \times 2^2 = 8$$
$$N_2 \leqslant 8$$

实际上 $2b$ 的正形置换的个数为 8;

当 $n = 3$ 时

$$N_3 \geqslant 384$$
$$N_3 \leqslant 1\ 536$$

实际上 $3b$ 的正形置换的个数为 384;

当 $n = 4$ 时

$$N_4 \geqslant C_8^4(8 \times (8 - 2)(8 - 4)(8 - 6))^2$$
$$= 11\ 796\ 480$$
$$N_4 \leqslant C_8^4(8 \times 6 \times 5 \times 4)^2(4 \times (4 - 2))^2$$
$$= 4\ 128\ 768\ 000$$

实际上 $4b$ 的正形置换的个数为 244 744 192.

第 5 节　结　束　语

　　正形置换的研究是密码学的一个研究方向,正形置换的研究有很多尚未解的问题,如正形置换的圈结构问题、最大非线性正形置换的构造问题、正形置换密码的抗攻击性能等.

　　本章给出了一个可以枚举所有正形置换的方法,虽然该方法在阶很大时工程实现比较困难,但我们通过该方法给出了正形置换计数的一个最优界. 在后来的工作中我们将继续研究这个枚举方法的工程实现和正形置换的圈结构问题.

参 考 文 献

[1] MITTENTHAL L. Block substitutions using orthomorphic mappings [J]. Advances in Applied Math, 1995, 16(1): 59-71.

[2] 冯登国, 刘振华. 关于正形置换的构造[J]. 通信保密, 1996(2): 61-64.

[3] 谷大武, 肖国镇. 关于正形置换的构造与计数[J]. 西安电子科技大学学报, 1997, 24(3): 381-384.

[4] 谷大武, 肖国镇. 一种改进的非线性正形置换的构造与计数[J]. 西安电子科技大学学报, 1997, 24(4): 477-481.

[5] 邢育森, 林晓东, 杨义先, 等. 密码体制中的正形置换的构造与计数 [J]. 通信学报, 1999, 20(2): 27-30.

[6] 李志慧, 李学良. 正形置换的刻画与计数[J]. 西安电子科技大学学报, 2000, 26(6): 809-812.

[7] 李志慧, 李瑞虎, 李学良. 正形置换的构造[J]. 陕西师范大学学报(自然科学版), 2002, 30(4): 18-22.

[8] DAI ZD, GOLOMB S, GONG G. Generating all linear orthomorphisms without repetition[J]. Discrete Mathematics, 1999, 205(1-3): 47-55.

关于正形置换的构造及计数[①]

第

26

章

现代密码学中常用的加密方法是分组代换(S 盒),它实质上体现为有限域 $GF(2)^n$ 上的自同构. 构造 S 盒的方法很多,但必须保证其安全性和实现速度. 正形置换已经被证明(文献[2])具有有用的密码学性质[②],如高度非线性性和完全平衡性等,可用于构造 S 盒,而且基于此种 S 盒的分组密码体制能抵抗密码分析中最强有力的攻击方法 —— 差分分析和线性分析,但所用的正形置换不能是线性的,否则将容易受到攻击. 若能给出一种非线性正形置换的有效构造方法是有价值的,但目前这个问题很难,只能退而求其次,先构造线性正形置换,然后再设法生成非线性置换. 线性正形置换的个数尚不能精确求出,

① 本章摘自《西安电子科技大学学报》,1997 年,第 24 卷,第 3 期.

② 吕述望,刘振华,等. 置换理论及其密码学应用. 北京:中国科学院 DCS 中心,1996.

只能给出其一个下界. 西安电子科技大学信息保密研究所的谷大武,肖国镇两位研究员 1997 年对线性正形置换及仿射正形置换进行了较深入的讨论,得出了几个有价值的结果.

第 1 节　正形置换的分类及其有关结果

定义 1　设 $R:GF(2)^n \to GF(2)^n$,且 $R \in SYM_{2^n}$(2^n 阶对称群),令 $S(x) = R(x) + x = (R + I)(x)$,若 $S = R + I \in SYM_{2^n}$,则称 R 是 $GF(2)^n$ 上的正形置换,并记其全体为 OP_n. 这里及以下提及的加法均指逐位模 2 加.

定义 2　$R \in OP_n$,若存在 $GF(2)$ 上的 $n \times n$ 可逆阵 P(记其全体为 IM_n),使 $R(x) = xP$($\forall x \in GF(2)^n$),则称 R 为 $GF(2)^n$ 上的线性正形置换,记其全体为 LOP_n.

定义 3　设 $R \in LOP_n$,令 $S_b(x) = R(x) + b = xP + b$,则称 S_b 是 $GF(2)^n$ 上由 b 确定的仿射正形置换,且记其全体为 AOP_n,显然 S_b 仍为正形置换.

定义 4　设 $R \in LOP_n$,$S(x) = R(x) + x$,且

$$S = \begin{pmatrix} 0 & x_1 & x_2 & \cdots & x_{2^n-2} & x_{2^n-1} \\ 0 & x_2 & x_3 & \cdots & x_{2^n-1} & x_1 \end{pmatrix}$$

$$(x_i \in GF(2)^n, i = 1,2,\cdots,2^n - 1)$$

则称 S 为最大线性正形置换,记其全体为 $MLOP_n$.

关于以上定义的各种置换,已有以下结果:

(1) $|SYM_{2^n}| = 2^n!$;

(2) $|IM_n| = \prod\limits_{i=0}^{n-1} (2^n - 2^i)$;

(3) $|AOP_n| = 2^n |LOP_n|$;

(4) $|AOP_n| = \begin{cases} 0 & (n = 1) \\ 8 & (n = 2) \\ 384 & (n = 3) \end{cases}$.

一般的,若设 $S = R + I$,则有以下等价结论:

结论 1 $R \in OP_n \Leftrightarrow S \in OP_n$.

结论 2 $R \in LOP_n \Leftrightarrow S \in LOP_n$.

结论 3 $R \in AOP_n \Leftrightarrow S \in AOP_n$.

结论 4 $R \in LOP_n \Leftrightarrow R^{2^l} \in LOP_n (l = 1, 2, \cdots)$.

结论 5 $OP_n - AOP_n \neq \varnothing$.

以上结论 1,2,3 的正确性容易证明,结论 5 可举例说明,以下仅证结论 4.

结论 4 的证明 先证 $R^2 \in LOP_n$,由于

$$R^2(x) + x = (R^2 + I)(x)$$

$$= (R^2 + 2R + I)(x) = (R + I)^2(x)$$

并且 $R \in LOP_n$,因此 $R + I \in LOP_n$,故 $(R + I)^2 \in SYM_{2^n}$,即 $R^2 \in LOP_n$,再利用归纳法得到 $R^{2^l} \in LOP_n (l = 1, 2, \cdots)$. 证毕.

第 2 节　LOP_n 及 $MLOP_n$ 的构造及计数

方法 1 LOP_n 的构造

设 $\{x_1, x_2, \cdots, x_n\}$ 是 $GF(2)^n$ 的一组给定基底,按表 1 的方式构造 S, R. 其中 x_{n+1} 及 $z_{n+1} (= x_n \oplus x_{n+1})$ 的

选取应保证使 $\{x_2,x_3,\cdots,x_{n+1}\}$ 和 $\{z_2,z_3,\cdots,z_{n+1}\}$ 均是 $GF(2)^n$ 的基. 下面计算这种选取的个数 $[J]$.

表 1 LOP_n 的构造

x	$\oplus$	$S(x)$	$=$	$R(x)$
0		0		0
x_1		x_2		$z_2(=x_1 \oplus x_2)$
x_2		x_3		$z_3(=x_2 \oplus x_3)$
$\vdots$		$\vdots$		$\vdots$
x_{n-1}		x_n		$z_n(=x_{n-1} \oplus x_n)$
x_n		x_{n+1}		$z_{n+1}(=x_n \oplus x_{n+1})$
$x_1 \oplus x_2$		$x_2 \oplus x_3$		$z_2 \oplus z_3$
$x_1 \oplus x_3$		$x_2 \oplus x_4$		$z_2 \oplus z_4$
$\vdots$		$\vdots$		$\vdots$
$x_1 \oplus x_n$		$x_2 \oplus x_{n+1}$		$z_2 \oplus z_{n+1}$
$x_2 \oplus x_3$		$x_3 \oplus x_4$		$z_3 \oplus z_4$
$\vdots$		$\vdots$		$\vdots$
$x_2 \oplus x_n$		$x_3 \oplus x_{n+1}$		$z_3 \oplus z_{n+1}$
$\vdots$				
$x_{n-1} \oplus x_n$		$x_n \oplus x_{n+1}$		$z_n \oplus z_{n+1}$
$x_1 \oplus x_2 \oplus x_3$		$x_2 \oplus x_2 \oplus x_4$		$z_2 \oplus z_3 \oplus z_4$
$x_1 \oplus x_2 \oplus x_4$		$x_2 \oplus x_3 \oplus x_5$		$z_2 \oplus z_3 \oplus z_5$
$\vdots$		$\vdots$		$\vdots$
$x_{n-2} \oplus x_{n-1} \oplus x_n$		$x_{n-1} \oplus x_n \oplus x_{n+1}$		$z_{n-1} \oplus z_n \oplus z_{n+1}$
$\vdots$				
$x_1 \oplus x_2 \oplus \cdots \oplus x_n$		$x_2 \oplus x_3 \oplus \cdots \oplus x_{n+1}$		$z_2 \oplus z_3 \oplus \cdots \oplus z_{n+1}$

设 $J = ((GF(2)_2^n - \mathrm{span}\{x_2,\cdots,x_n\}) \oplus x_n) \cap (GF(2)^n - \mathrm{span}\{z_2,\cdots,z_n\})$，则有以下定理：

定理 1 设 $e_1,\cdots,e_n$ 是 $GF(2)^n$ 的一组基底，则

$$(GF(2)^n - \mathrm{span}\{e_1,\cdots,e_n\}) \oplus e_n$$

$$= GF(2)^n - \mathrm{span}\{e_2,\cdots,e_n\} \oplus e_n$$

$$= GF(2)^n - \mathrm{span}\{e_2,\cdots,e_n\}$$

证　对于任意 $y \in (GF(2)^n - \mathrm{span}\{e_2,\cdots,$
$e_n\}) \oplus e_n$，则有 $y \oplus e_n \in GF(2)^n - \mathrm{span}\{e_2,\cdots,e_n\}$，故
$y \oplus e_n \bar{\in} \mathrm{span}\{e_2,\cdots,e_n\}$，即 $y \bar{\in} \mathrm{span}\{e_2,\cdots,e_n\} \oplus e_n$，
所以 $y \in GF(2)^n - \mathrm{span}\{e_2,\cdots,e_n\} \oplus e_n$，反之亦然.
证毕.

定理 2　设 $e_1,\cdots,e_n$ 是 $GF(2)^n$ 的一组基底，且
$z_i = e_{i-1} \oplus e_i (i = 2,\cdots,n)$，令 $A = \mathrm{span}\{e_2,\cdots,e_n\} \cap$
$\mathrm{span}\{z_2,\cdots,z_n\}$，则 $|A| = 2^{n-2}$.

　　证　设 $y \in A$，则

$$
\begin{cases}
y \in \mathrm{span}\{e_2,\cdots,e_n\} \Rightarrow y = \sum_{i=2}^{n} l_i e_i \\[2mm]
y \in \mathrm{span}\{z_2,\cdots,z_n\} \Rightarrow y = \sum_{i=2}^{n} m_i z_i \\[2mm]
\qquad\qquad\qquad = \sum_{i=2}^{n} m_i (e_{i-1} \oplus e_i)
\end{cases}
$$

故

$$
\begin{cases}
m_2 = 0 \\
m_3 = l_2 \\
m_4 = l_2 + l_3 \\
\vdots \\
m_n = l_2 + l_3 + \cdots + l_{n-1} \\
m_n = l_n
\end{cases}
\Rightarrow \sum_{i=2}^{n} l_i = 0
$$

因此

$$|A| = 2^{n-1-1} = 2^{n-2}$$

证毕.

由定理 2 易得

定理 3　设 $J = (GF(2)^n - \mathrm{span}\{e_2,\cdots,e_n\}) \cap$

$(GF(2)^n - \mathrm{span}\{z_2, \cdots, z_n\})$，则 $|J| = 2^{n-2}$.

不难证明，对有序基 $\{x_1, \cdots, x_n\}$ 作坐标位置置换

$$e = \begin{pmatrix} 1 & 2 & \cdots & n \\ e(1) & e(2) & \cdots & e(n) \end{pmatrix}$$

得到另一有序基 $\{x_{e(1)}, x_{e(2)}, \cdots, x_{e(m)}\}$，利有这组基按方法 1 构造出的置换均不相同. 不难看出，这样构造的置换 $R \in LOP_n$，因此由方法 1 构造出的线性正形置换的个数为 $2^{n-2}n!$，即 $|LOP_n| \geqslant 2^{n-2}n!$.

方法 2 $MLOP_n$ 的构造

仍设 $\{x_1, \cdots, x_n\}$ 是 $GF(2)^n$ 的一组给定的基，按表 2 的方法构造 S, R.

表 2 $MLOP_n$ 的构造

x	$\oplus$	$S(x)$	$=$	$R(x)$
0		0		0
x_1		x_2		z_2
$\vdots$		$\vdots$		$\vdots$
x_{n-1}		x_n		z_n
x_n		x_{n+1}		z_{n+2}
x_{n+1}		x_{n+2}		z_{n+2}
x_{n+2}		$\vdots$		$\vdots$
$\vdots$				
x_{2^n+2}		x_{2^n-1}		z_{2^n-1}
$x_{2^n}(=x_1)$		$x_{2^n}(=x_1)$		$z_{2^n}(=z_1)$

以上阵列中，$x_k = f(x_{k-n}, \cdots, x_{k-1})$ 的选取应保证 $(x_{k-n}, \cdots, x_{k-1}, x_k)$ 是 $GF(2)^n$ 的基（$\forall k \geqslant n+1$）. 可以证明，这样的 f 形如 $f(x_1, \cdots, x_n) = x_1 \oplus g(x_2, \cdots, x_n)$，且 g 为线性函数. 进一步，f 的个数等于 n 级最大 $LFSR$ 的个数 $= \dfrac{h(2^n - 1)}{n}$，且这样构造的 $S \in MLOP_n$，因此

$$|MLOP_n| \geqslant n! \frac{h(2^n - 1)}{n}$$

文献[1] 中有以下结论:

结论 6   若 $S \in MLOP_n$, 且 R 由方法 2 生成, $R = S + I$, 则 $R = S^l$ (对某 l), 且 $R \in LOP_n$.

由此可有:

结论 7   若 $S \in MLOP_n$, 且 R 由方法 2 生成, $S(x) = xP$, 则必存在某一整数 l, 使得 $P^l + P + I = 0$.

证 $R(x) = S(x) + x$, 则由结论 6 知, 必存在某整数 l, 使 $R = S^l$, 即 $S^l(x) = S(x) + x$, 因此 $P^l + P + I = 0$.

以下给出 OP_n 与密码特性的某种关系.

定义 5   设 $R \in SYM_{2^n}$, 称 R 是完全平衡的 (Perfectly balanced), 若对 $GF(2)^n$ 的任一 2^{n-1} 阶加法子群 G, 有

$$| R(G) \cap G | = | R(G) \cap (GF(2)^n - G) | = 2^{n-2}$$

定理 4   设 $R \in SYM_{2^n}$, 则 $R \in OP_n$ 当且仅当 R 是完全平衡的.

第 3 节   结 束 语

正形置换的概念很早就已提出, 但目前这方面的研究文章在国内的学术刊物上尚不多见, 美国的 Teledyne 电子技术公司在正形置换研究方面做了不少工作, 并且已将它用于密码算法的设计之中, 笔者认为, 精心设计的正形置换具有良好的密码学性质, 具有广阔的应用前景. 文中的工作希望能起到抛砖引玉的作用, 有关正形置换问题有不少方面亟待深入讨论, 以下仅提出几个值得探讨的问题:

（1）由方法 1 构造的所有线性正形置换不一定等于 LOP_n，例如当 $n=3$ 时，$|LOP_n|=48$，而 $2^{3-2}3!=12$。如何有效地逃选其他的有序基，而得到其余的线性正形置换？对 $MLOP_n$ 亦有类似的问题。

（2）求 $|LOP_n|$，$|MLOP_n|$，进而求 $|OP_n|$。

（3）如何确定结论 6 中的 l？

（4）在何种条件下，非线性正形置换的幂仍是正形置换？

参 考 文 献

[1] MITTENTHAL L. Block Substitutions Using Orthomorphic Mappings [J]. Advances in Applied Math, 1995(16):59-71.

[2] ZHAI OIBIN, ZENG KENCHENG. On Transformations with Halving Effect on Certain Subvarieties of the Space $V_m(F_2)$ [J]. Chinacrypt'96, 1996: 50-55.